Das Jagdrevier der Könige

Helmut Suter

DAS JAGDREVIER DER KÖNIGE

Die Schorfheide von 1820 bis zum Halali 1918

be.bra verlag

Für Kathrin und Markus

Bibliografische Information der Deutschen Nationalbibliothek
Die Deutsche Nationalbibliothek verzeichnet diese Publikation in der Deutschen Nationalbibliografie; detaillierte bibliografische Daten sind im Internet über http://dnb.d-nb.de abrufbar.

KulturBrauerei Haus 2
Schönhauser Allee 37, 10435 Berlin
post@bebraverlag.de
Lektorat: Matthias Zimmermann, Berlin
Umschlag: hawemannundmosch, Berlin
Satz: typegerecht, Berlin
Schrift: DTL Documenta 9/13,5 pt
Druck und Bindung: Finidr, Český Těšín
ISBN 978-3-89809-113-8

www.bebraverlag.de

INHALT

VORBEMERKUNG

Das Geheime Staatsarchiv in Berlin verlagerte 1945 einen Großteil seiner wertvollen Bestände, in der Hoffnung, sie nach dem Ende des Krieges unversehrt wieder zurückführen zu können. Der Bestand des Hofjagdamtes kam in das Schloss Monbijou, das während eines Fliegerangriffes einen Bombentreffer erhielt und ausbrannte. Dadurch sind nur noch wenige Akten erhalten geblieben, die heute dem Jagd- wie auch politisch-historisch Interessierten Auskunft geben können.[1]

Andere Unterlagen überlebten zum Beispiel in den Auslagerungsstätten in Potsdam und sind heute Bestandteil des Brandenburgischen Landeshauptarchivs. Die Ergebnisse der Auswertung dieser Unterlagen bildete die Grundlage für das vorliegende Buch.

Die zitierten Wörter und Texte sind teilweise der heutigen Schreibweise angepasst, schränken aber die ursprüngliche Aussage nicht ein. Die damals üblichen Flächenangaben in Morgen wurden umgerechnet, gerundet und in Hektar angegeben. Wenn in der weiteren Folge von Raummetern statt, wie damals üblich, von Festmetern gesprochen wird, so ist damit eine Holzmasse mit Zwischenräumen gemeint.[2]

Bei den männlichen Rotwildangaben werden, soweit keine Geweihendenzahlen angegeben sind, ebenfalls die damaligen Begriffe: kapitale Hirsche (ab 14 Geweihenden), starke (ab zwölf Enden), jagdbare (bis zwölf Enden) oder geringe Hirsche (ab Gabler) verwendet. Gleiches gilt für das Damwild, wo von starken, halbstarken oder geringen Hirschen gesprochen wurde. Zu den starken Hirschen zählten alle Hirsche, die über fünf Jahre alt waren. Geringe Hirsche mussten drei bis fünf Jahre und Spießer ein bis zwei Jahre alt sein.[3]

Die Angaben zu den Wildstandsstatistiken sind mit gewisser Vorsicht zu betrachten. Damals war es – wie noch heute – unmöglich, den tatsächlichen Bestand an Wild in der Natur zu zählen. Glaubwürdiger sind dagegen die Angaben zu den Abschüssen in den Hofjagdrevieren, die nach preußischer Manier genau aufgezeichnet und von der übergeordneten Dienststelle penibel nachgerechnet wurden. Die Wildbestandsangaben, die aufgrund von Wildzählungen hier wiedergegeben werden, dürfen ebenso nicht als absolut zuverlässige Grundlage für die Beurteilung der tatsächlichen Verhältnisse angesehen werden. Dennoch sind diese Wildzählungen, zum Beispiel zur Feststellung der Wildvermehrung und für die Festlegung des jährlichen Abschusses, ein wichtiger Faktor in der historischen Beurteilung.

Um die Kosten der Aufwendungen besser verdeutlichen zu können, sind die angegebenen Beträge teilweise in Euro umgerechnet worden.[4]

EINFÜHRUNG

Über die Schorfheide ist in der Vergangenheit bereits viel geschrieben worden. Deshalb soll mit diesem Buch nicht Altes wieder neu verfasst, sondern das Ergebnis jahrelanger Recherchen – für den Zeitraum von 1820 bis 1918 – vorgelegt werden. Vorrangig werden hier die Verhältnisse der Jagd- und Wildwirtschaft, speziell für das Gebiet der Schorfheide behandelt. Dabei werden, wegen der räumlichen und politischen Nähe zur Hauptstadt, auch Berliner Jagdgebiete berücksichtigt. Ebenso bleiben die politischen Treffen in der Schorfheide nicht unerwähnt.

Prunkvolle Hofjagden waren in Preußen seit dem Regierungsantritt des Soldatenkönigs Friedrich Wilhelm I. (1688, 1713–1740) wenig verbreitet. Das preußische Herrscherhaus übte in dieser Zeit sein Jagdrecht mehr zur Versorgung der Residenzen in Berlin, Königsberg und Potsdam aus, als sich mit Jagdstrecken zu rühmen.

Anfang des 19. Jahrhunderts befanden sich die preußischen Jagdgebiete in einem beklagenswerten Zustand. Jahrzehntelang betriebener Raubbau hatte nicht nur die Wälder, sondern auch den Wildbestand lichter werden lassen. Die Ursachen des Rückgangs beim Wild lagen indes nicht nur in der jagdlichen Misswirtschaft der zurückliegenden 60 Jahre begründet, sondern auch in der Zeit der Besetzung durch französische Truppen 1806 bis 1812. Allerdings waren nicht die französischen Soldaten allein für die Dezimierung des Wildstandes verantwortlich. Übereinstimmend wird vielmehr der hemmungslosen Wilderei während der Besatzungszeit die Hauptschuld gegeben. Als im Zuge der Befreiungskriege von 1813 bis 1815 die Landwehr in Preußen gegründet wurde, konnte jeder Untertan in den Besitz eines Gewehres gelangen. Eine Maßnahme, die zur Verteidigung gedacht war, wendete sich jetzt gegen den Wildbestand. Eine Registrierung oder Einführung eines Befähigungsnachweises zum Führen einer Waffe war nicht vorgesehen. Dadurch verblieb ein Großteil der Waffen nach dem Krieg in privater Hand. Das führte in den darauffolgenden Jahrzehnten zu einer ungehemmten Wilderei und nach 1848 zu einer dramatischen Verringerung der preußischen Hochwildbestände.

Die Förster und Jäger, schlecht bezahlt und ihrer bisherigen Nebeneinnahmen beraubt, zeigten sich unmotiviert. In zurückliegenden Zeiten hatten sie für einen überführten Wilderer noch 30 Taler Prämie bekommen, nun gingen sie leer aus. Der Landjäger Wartenberg etwa gab an, dass seit dem Wegfall dieser für die Förster sehr einträglichen Nebeneinnahme, das Wildererwesen zugenommen habe.[1]

Der schlechte Rotwildbestand wurde mit dem geringen Äsungsangebot, dem Holzeinschlag und dem Hütungsrecht durch die umliegenden Orte begründet. Beim Schwarzwild dagegen wurden der hohe Jagddruck der zurückliegenden Jahre und die ständige Unruhe durch den Eintrieb von Pferden, Rindern und Schafen als Ursache angesehen. Schon zu dieser Zeit wurde von einer Ausrottung des Schwarzwildes gesprochen.

Bis zum Ende der Regierungszeit von Friedrich II. (1712/1740–1786) hatte es eine Jagdverwaltung gegeben, in der die Jäger ihre Bestätigung und Anerkennung fanden. Oberster Jagdherr war immer der König; offiziell leitete er jede Jagd. Ihm unterstand ein Oberjägermeister/Oberstjägermeister für das ganze Königreich. Diese Stelle wurde immer nur an Personen mit hohem Rang verliehen, war mit einer weitreichenden Machtbefugnis ausgestattet und unterstand direkt dem König. Nur von ihm erhielt der Oberjägermeister, dessen Stellung der eines Ministers entsprach, seine Anweisungen.

Bis zur Einführung des einheitlichen Reichsjagdgesetzes 1934 galt in jedem deutschen Teilstaat ein eigenständiges Jagdgesetz. In Preußen war dies in wesentlichen Teilen die Holz-, Mast- und Jagdordnung aus dem Jahre 1720, die bis weit in die zweite Hälfte des 19. Jahrhunderts gültig war. Sie regelte, dass generell alles Wild vom 1. März bis 24. August zu schonen war. Ausgenommen davon waren Rehböcke, Keiler (männliches Schwarzwild), alle Raubtiere und -vögel. Rotwild fand darin noch gar keine Erwähnung, was in der Folge zu häufigen Diskussionen führte. Männliches Rotwild konnte deshalb zu jeder Zeit, ob mit oder ohne Geweih, geschossen werden. Dagegen galt es, in den königlichen Gehegen das Dam-, Elch- und Wisentwild zu schonen.[2] Nach einer Kabinettsorder vom 10. November 1838 konnte Schwarzwild ohne Rücksicht auf die Schonzeit erlegt werden, Rot- und Damwild dagegen nur mit Zustimmung der Provinzregierung.[3] Eine Ausnahme bildete die Revolutionszeit von 1848.

Bis dahin hatte die Jagd in Preußen als Regal bestanden, was nichts anderes bedeutete, als dass die Jagdausübung durch Privatpersonen nur mit staatlicher Verleihung oder, wie beim Adel, über ein Lehen ausgeübt werden durfte. Durch das Gesetz vom 31. Oktober 1848 wurden das Jagdregal und die Hege- und Schonzeiten aufgehoben. Damit wurde jedem Grundstückseigentümer auf seinem Grund und Boden das uneingeschränkte Jagdrecht zuerkannt.[4]

Dieses Jagdrecht war nicht an eine bestimmte Grundstücksgröße gebunden. Es spielte keine Rolle, ob der Jagdausübungsberechtigte Eigentümer von 100 Quadratmetern oder 1.000 Hektar war. Befand sich ein Stück Wild auf seinem Grundstück, konnte er es ohne Bedenken erlegen und verwerten. Da zeitgleich alle Schonzeiten aufgehoben waren, führte diese Form der Jagdausübung fast zur völligen Vernichtung der Schalenwildbestände. Rigoros wurde in den Wildstand eingegriffen. Muttertiere wurden vor den Kälbern, tragende Tiere noch vor dem Setzen erlegt. Betroffen waren vor allem das Reh-, Schwarz- und Rotwild, was auch in den königlichen Hofjagdrevieren deutlich zu spüren war.

Erst mit dem Jagdpolizeigesetz vom 7. März 1850 schufen konservative Teile der Monarchie ein Mittel, um der völligen Ausrottung des Wildes entgegenzuwirken. Zur Erhaltung eines verträglichen Wildstandes musste die Bildung von zu kleinen Jagdbezirken vermieden werden. Dabei war zu berücksichtigen, dass die Forderung aus den Revolutionsjahren, das Jagdrecht an Grund und Boden zu binden, nicht verletzt wurde.

Dieser Grundsatz blieb zwar erhalten, doch wollte der Eigentümer sein Recht zur Jagd wirklich ausüben, so war eine zusammenhängende Mindestflächengröße von 75 Hektar notwendig. Wer diese Mindestgröße nicht nachweisen konnte, verlor sein Jagdrecht zugunsten der Allgemeinheit, also der Gemeinden. Die war nun berechtigt, die Jagd über eine Jagdverpachtung ihrer Gemarkungsflächen an interessierte Jagdpächter abzugeben. Im Wesentlichen behielten alle späteren preußischen Jagdgesetze diese Regelung bei und sie blieb bis in unsere heutige Zeit gültig.

Die Wildschonzeiten wurden 1850 wieder in Kraft gesetzt, und so konnte sich der Wildstand – wenn auch nur langsam – wieder erholen. Trotzdem war es zum Beispiel in der Mark Brandenburg möglich, Hirsche und Rehböcke zu »besonderen« Festlichkeiten während der Schonzeit zu erlegen.[5] Immer noch lag alles

Typisches Waldbild der Schorfheide mit Rotwild zur Brunft, um 1910.

männliche Rotwild außerhalb der Gesetze und konnte zu jeder Jahreszeit erlegt werden. Der heute von Jagdgegnern so vehement kritisierte Trophäenkult war damals noch unbedeutend.

Erst unter Kaiser Wilhelm I. (1797/1861–1888) gelang es, mit dem Gesetz über die Schonzeit des Wildes vom 26. Februar 1870 einen weiteren Schutz des Hoch- und Federwildes zu erwirken. Die in der Zeit Kaiser Wilhelms II. (1859/1888–1918/1941) erneuerte Jagdordnung von 1904 und diejenige vom 15. Juli 1907 beinhalteten einige grundlegende Veränderungen.

Erstmals trat eine einheitliche Jagdordnung in Kraft, die für das ganze Königreich Preußen galt. Sie definierte auch den Begriff »Jagdbare Tiere«, zu denen unter anderem der Wolf nicht zählte. Er gehörte, wie auch alle Greifvogelarten, zum Bereich »Freier Tierfang«, unterlag dem Allgemeinen Landrecht, später dem Bürgerlichen Gesetzbuch und konnte von jedem gejagt und erlegt werden.

Das Schwarzwild dagegen zählte zum Jagdrecht, konnte aber bis zum Ende der Monarchie weiterhin in allen Altersklassen erbeutet werden. Vor allem in der Regierungszeit Friedrich Wilhelms III. (1770/1797–1840) und Friedrich Wilhelms IV. (1795/1840–1861) fand ein regelrechter Ausrottungsfeldzug gegen das Schwarzwild statt.

Die landschaftliche Schönheit, Ruhe und Erholsamkeit der Schorfheide ließen sich nicht nur Forstbeamte und das Herrscherhaus angedeihen, auch andere Persönlichkeiten fanden den Weg hierher. Schon nach 1815 erholten sich Gebhard Leberecht von Blücher, Fürst von Wahlstatt (1772–1819) und Staatskanzler Karl August Freiherr von Hardenberg (1750–1822) bei Jagdausflügen in der Region.[6] Es war der starke Bestand an Rotwild, der den Mythos dieses Gebietes über seine Grenzen hinaus verbreitete und den Nimbus des größten Rotwildgebietes entstehen ließ. Denn kündigten sich Treffen mit gekrönten Häuptern aus dem Ausland an, erging eine Weisung an das Hofjagdamt, Vorbereitungen für eine Hofjagd zu treffen. Je nach Aufenthaltsdauer des Gastes wurden die Hofjagdreviere Grunewald, Letzlingen oder die Schorfheide ausgewählt.

Am Rande solcher Jagden fanden sich dann immer Gelegenheiten, um mit dem Gast ins Gespräch zu kommen. Manch eine politische Entscheidung, die später in Europa ihre Auswirkung fand, wurde in der Schorfheide diskutiert oder gefällt. Erinnert sei nur an die Krim-Krise unter König Friedrich Wilhelm IV., die Auswirkungen der Revolution von 1848 oder die Einigungskriege von 1864, 1866 und 1870. Doch nicht die Diplomatie war in der Schorfheide zu Hause, sondern auch moderne Technikfragen wurden hier besprochen. So lernte Kaiser Wilhelm II. in der Schorfheide nicht nur das Autofahren kennen, er ließ sich auch von dem Pionier der Funktechnik, Adolf Slaby, diese Neuerung auf Hubertusstock erläutern.

Die sonnigen herbstlichen und winterlichen Naturgegebenheiten ließen manch starre Fürsten- und Diplomatennatur milder werden. Der besondere Reiz alter Baum- und der Anblick reichlicher Wildbestände sollten mögliche protokollarische Hemmschwellen beseitigen helfen.

Erst zum Ende des 19. Jahrhunderts wurde die Rominter Heide, zumindest was das jagdliche Gebiet betraf, die Nummer eins. Das noch ältere Jagdrevier Letzlinger Heide hatte zu dieser Zeit seinen mittelalterlichen Ruf als bedeutendes Hochwildrevier bereits eingebüßt.

Spätestens seit der Thronbesteigung Friedrich Wilhelms IV. entwickelte sich die Schorfheide zu einem Ort der großen, kleinen und geheimen Politik Deutschlands – und sollte es auch bis zum endgültigen Ende der Deutschen Demokratischen Republik (DDR) 1990 bleiben.

DIE GROSSE HEIDE WERBELLIN

Seit uralten Zeiten gilt das Gebiet der großen Heide Werbellin als eines der größten Jagdgebiete Deutschlands. Pate für die Namensgebung stand der Werbellinsee, um den sich dichte Waldungen zogen. Nach und nach wurde die große Heide Werbellin in die Altenhofer-, Biesenthaler-, Grimnitzer-, Kiehn-, Liebenwalder-, Pechteicher-, Reiersdorfer-, Schönebecker- und Zehdenicker Heide unterteilt.[7] Dabei ist das Wort »Heide« eigentlich für dieses Gebiet nicht zutreffend, denn es handelt sich um ein geschlossenes Waldgebiet. Im Zuge der Besiedlung aus dem westlichen Niederdeutschland übertrug sich diese mundartliche Bezeichnung auch auf das Waldgebiet. Ähnlich verhielt es sich mit der Bezeichnung »Schorf«. Der Ursprung ist aus dem althochdeutschen Wort »scorf« abgeleitet und bedeutet so viel wie raues, feuchtes, mit Gestrüpp bewachsenes Gebiet.[8] Daraus entstand der uns heute bekannte, geografische Name »Schorfheide«.

Der erste urkundliche Beleg zum Namen Schorfheide findet sich im Erbregister für das Kloster Himmelpfort vom 27. September 1574 und beschreibt ein Gebiet in der Nähe der Ortschaften Görlsdorf und Röddelin als »Kleine Schorfheide«.[9] Erst im 17. Jahrhundert wurde der Name Schorfheide in der unmittelbaren Nähe des Werbellinsees erwähnt. In einem Brief des Oberjägermeisters an den Kurfürsten Friedrich Wilhelm I. (1620/1640–1688) vom 14. November 1672 heißt es unter P.S.: »Jetzt gleich kommt der Heidereiter von Schönebeck zu mir und berichtet, dass all da, im Liebenwaldischen, Zehdenickschen und Grimnitzschen die Wilddiebe großen Schaden täten; auch waren allein in Grimnitz 5 Hirsche gefunden, auch anderen Ortes mehr, dass Wildbret, wenn sie Zeit haben begraben sie und nehmen nur die Häute, auf der Schorfheide hat der Heidereiter 2 Wilddiebe gesehen [...].«[10]

Ist die erwähnte Wortdeutung »Schorf« richtig, so ist damit das schmale und feuchte Wiesengebiet westlich des Werbellinsees gemeint, etwa von dem heuti-

Luftbild vom Werbellinsee und der Schorfheide, 2010.

gen Wildau über die Badestelle Spring bis zum privatisierten Jagdhaus der ehemaligen Reichspräsidenten Friedrich Ebert (1871–1925) und Paul von Hindenburg (1847–1934). Später, als das Jagdschloss Hubertusstock erbaut wurde, entstand für dieses Gebiet der Begriff »Engere Schorfheide« und bezeichnete damit das eigentliche, ursprüngliche Jagdgebiet.

Mit der Gründung des königlichen Hofjagdamtes im Jahr 1821 verallgemeinerte sich in den preußischen Beamtenstuben die Bezeichnung Schorfheide für das gesamte Gebiet. Man sprach 1846 von der »malerisch am Werbellinsee gelegene(n) eigentliche(n) Schorfheide«. Bis in die heutige Zeit hinein hat sich der Begriff Schorfheide auf das gesamte Gebiet der 1918 vorhandenen fünf Oberförstereien ausgedehnt.[11]

Heute wird davon ausgegangen, dass das zusammenhängende Waldgebiet der Schorfheide im Norden durch die Gemeinden Vietmannsdorf, Gollin, Ringenwalde und Glambeck, im Osten durch die A 11, unter Einbeziehung der angrenzenden Feldmarken von Golzow und Werbellin, im Süden durch den Oder-Havel-Kanal und im Westen durch die Havel begrenzt wird.

Die Bezeichnung Schorfheide gelangte in der Folge zu großer Bedeutung und inspirierte nicht nur Jäger oder Politiker, sondern auch Dichter, Maler und Naturfreunde. Im Abschätzungswerk der Oberförsterei Grimnitz von 1846 heißt es dazu: »In der eigentlichen Schorfheide [...] da, wo nicht künstliche Kulturen vorgenommen [wurden], bilden Birken, Kiefern und auf Stellen Eichen einen säumenden Bestand, der bei dem Alter und dem frostigen, oft ganz abnormen Wuchse der Bäume und dem wellenförmigen, mit nahrhaften Gräsern oft herrlich grün bewachsenes Terrain einzigartiges und malerisches Ansehen gewinnt, dessen Schönheit durch den freien Blick über den oft steilen im grünen belaubten Höhen umkränzten ... und nicht

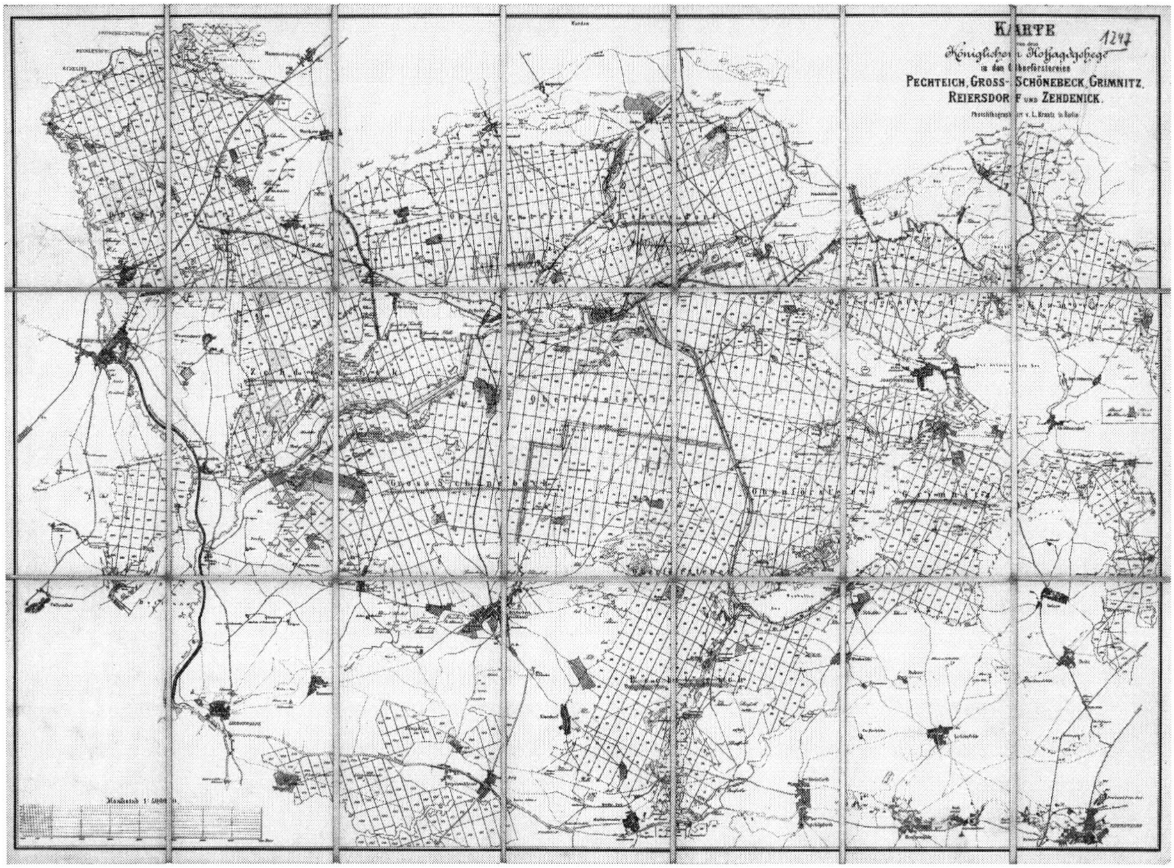

Karte der Oberförstereien Groß Schönebeck, Grimnitz, Pechteich, Reiersdorf und Zehdenick, Stand 1918.

selten mit vielen Schiffen bedeckten Werbellinsee, einen eigentlichen Reiz gewährt.«[12]

Um den Reiz der Schorfheide zu erhalten und gleichzeitig dem Wild eine gute Äsungsquelle zu schaffen, sorgten einige Revierverwalter dafür, dass mitten in monotonen Flächen Gruppen von Eichen und Birken gepflanzt wurden und einzelne markante Kiefern und Eichen erhalten blieben, die teilweise noch heute einen Hauch von unberührter Natur ausstrahlen können. Ihre Maßnahmen trugen wie auch spätere Ersatzpflanzungen wesentlich zur Abwechslung und Verschönerung des Landschaftsbildes bei.

Mit der überwiegenden Nutzung der Schorfheide als Jagdgebiet über Hunderte von Jahren blieb – abgesehen von den Siedlungsbereichen – das Areal als geschlossener Wald vor Rodungsvorhaben verschont. Die Fläche dieser »Großen Heide« wurde nie vermessen oder genau festgelegt. Als Hofjagdgebiet umfasste sie zuerst die Oberförstereien Groß Schönebeck, Grimnitz und Pechteich. Später folgten Reiersdorf und Revierteile aus der Oberförsterei Zehdenick. Aus diesen fünf Oberförstereien bildete sich das Hofjagdgehege Schorfheide. Als 1919 das Hofjagdamt aufgelöst wurde, hatte das Jagdgebiet Schorfheide eine Gesamtgröße von 40.171 Hektar erreicht.[13]

Unter König Friedrich Wilhelm IV. begann die Umwandlung in ein spezielles Jagdgebiet für das Herrscherhaus, in dem die Waldnutzung in den Hintergrund treten musste. Doch der Sinn für das Natürliche und Schöne dieser Waldlandschaft blieb bei allen folgenden Monarchen präsent und konnte sich bis ins 20. Jahrhundert Geltung verschaffen.

Den Kern des Jagdgebietes stellten die Jagen 1–12[14] der Oberförsterei Grimnitz mit einer Größe von 949,74 Hektar.[15] Dieser Waldteil wurde wegen der großen Rotwildbestände nach anderen forstwirt-

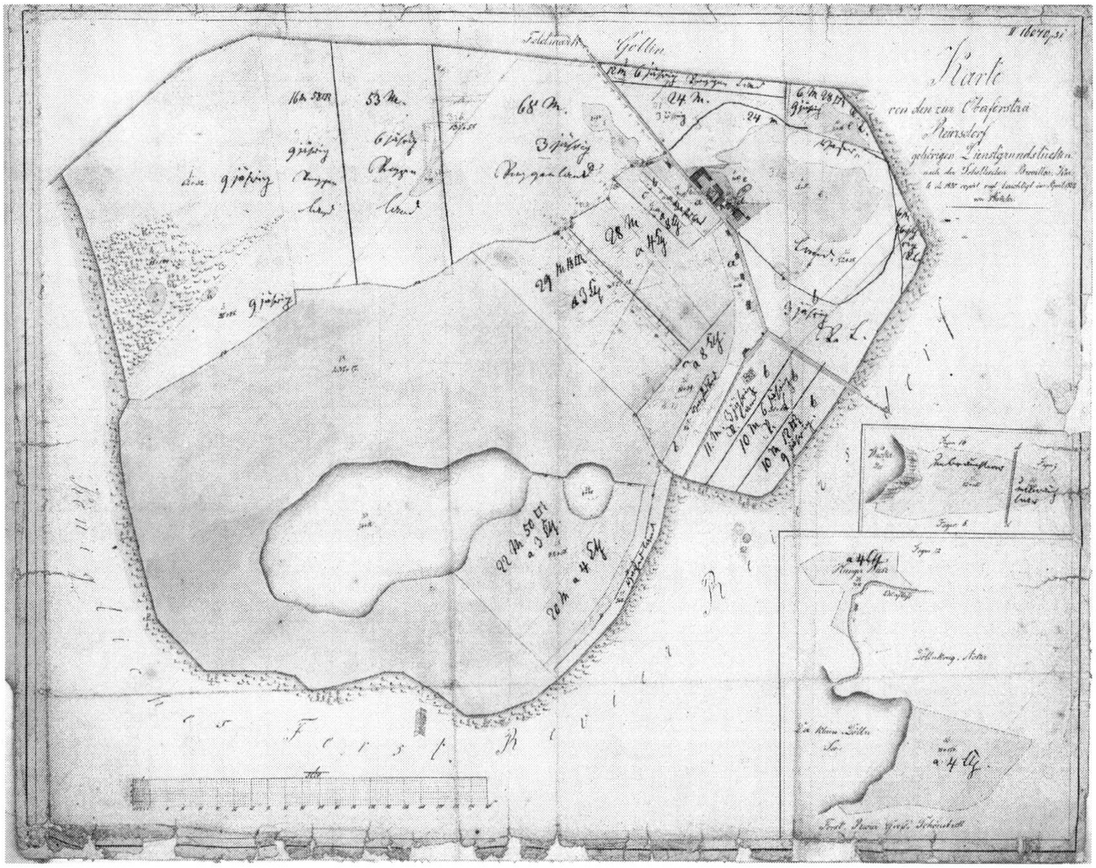

Dienstländereien der Oberförsterei Reiersdorf, 1837.

schaftlichen Regeln bewirtschaftet. Als Richtlinie galt damals die Erhaltung möglichst vieler Laubholzbestände. Der sehr romantisch und künstlerisch veranlagte König Friedrich Wilhelm IV. wünschte vorrangig den Anblick der reinen Naturschönheit in Verbindung von Wald und Wasser.

Die Einteilung in »Blöcke« und später in »Jagen«, die sich wie ein Gitternetz auf das Waldgebiet legte und speziell der forstlichen Orientierung diente, erfolgte für das Gesamtgebiet der Schorfheide ab 1782. Sinn dieser Einteilung war es, die Waldbestände noch besser nutzen und kontrollieren zu können. Damit waren auch Möglichkeiten eines schnelleren und kostensparenden Transports des eingeschlagenen Holzes gegeben. (S. 188)

Großen Einfluss auf die Entwicklung des Waldgebiets besaßen vor allem Naturkatastrophen, wenngleich in dieser Zeit im Wesentlichen nur Sturmschäden und Waldbrände zu verzeichnen waren, wenn von den sehr trockenen Sommern der Jahre 1865 und 1903 abgesehen wird. Ein starker Sturm richtete 1849 in den alten Jagen 20, 26 und 42 der Oberförsterei Groß Schönebeck mittlere Schäden an. Ein weiterer in Orkanstärke ereignete sich 1854. Ende Dezember herrschte bereits seit Tagen starker Sturm, der sich in der Neujahrsnacht 1854/55 zu einem Orkan entwickelte und in der Heide einen Schaden von 2.404,01 Raummetern Bruchholz anrichtete. Nur vier Jahre später, am 18. und 19. Februar 1859, ereignete sich erneut ein Orkan, bei dem 2.163,61 Raummeter Bruchholz anfielen. In der Nacht vom 8. zum 9. März 1868 überzog ein Orkan aus südwestlicher Richtung den westlichen Teil der Schorfheide. Betroffen war das Gebiet um den Werbellinsee bis in die Reviere Hüttendorf und Ziethen. Die dortigen Förstereien melden einen Schaden von rund 6.344 Raummetern Holz.

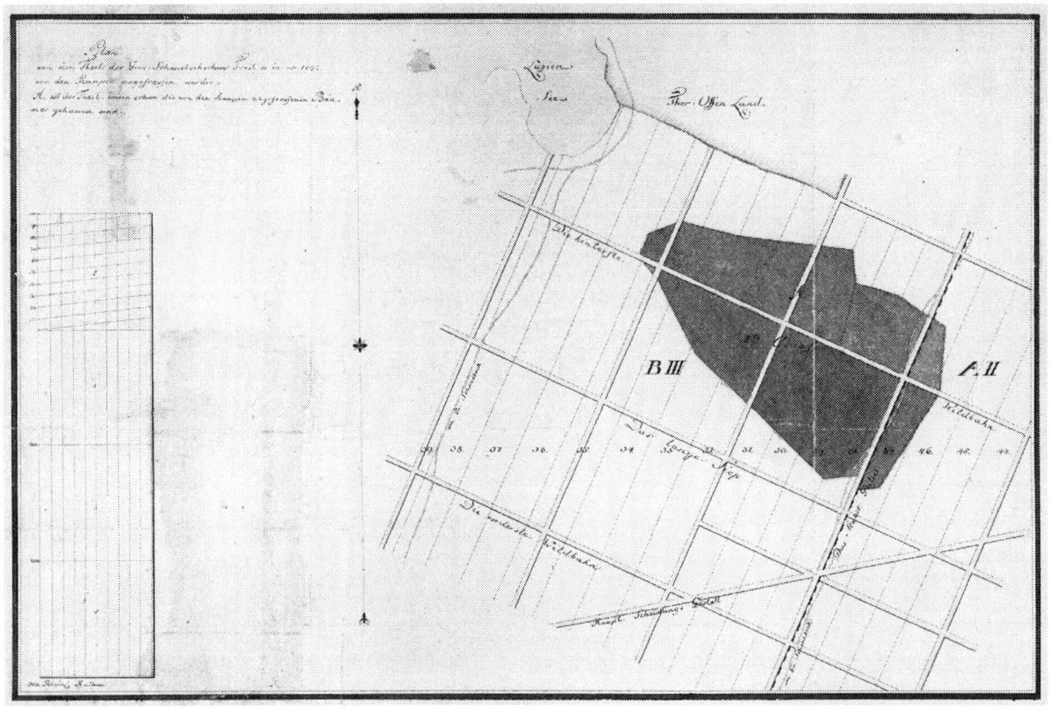

Karte (Ausschnitt) vom Raupenfraß in der Oberförsterei Groß Schönebeck, 1792.

Ein Gewitter mit Orkanböen aus west-, südwestlicher Richtung warf am 1. August 1877 in nur 15 Minuten über 40.000 Raummeter Holz. Dabei wurde das Revier Cölln mit 30.000 Raummetern am stärksten geschädigt. Es war der größte Sturmschaden, der bis dahin aus der Schorfheide überliefert worden war. Ein Jahr später konnten aus dem gesamten Bereich 43.830 Raummeter als aufgearbeitet gemeldet werden. Doch schon 1894 kam es erneut zu einem verheerenden Unwetter, bei dem am 12. Februar 23.000 Raummeter Holz einem Wintersturm zum Opfer fielen.[16] (S. 189)

Eine andere Gefahr bestand im Befall durch Insekten, namentlich durch Nonnenraupen. Diese fressen die Kiefernnadeln und können damit Kieferwaldbestände zum Absterben bringen. Allein in den Jahren von 1828 bis 1831 wurden in der Oberförsterei Groß Schönebeck 1.276 Hektar von der Nonne befallen. Die betroffenen Jagen werden deshalb noch heute als »Der Raupenfraß« bezeichnet. 1853 befiel die Nonnenraupe abermals Teile der Schorfheide. Auch der Kiefernspinner, ebenfalls ein forstliches Schadinsekt, trat immer wieder in unterschiedlicher Stärke auf. Während er 1864 noch mit Sorge registriert wurde, kam er ein Jahr später bereits in Massen vor. In den Revieren Dölln, Trämmersee und Prötze waren insgesamt 562 Hektar befallen. Im Jahre 1882 wurden in den Revieren Hirschberg, Rehluch und Prötze insgesamt 7.160 Bäume untersucht, von denen 1.707 befallen waren.[17]

Als Gegenmaßnahme ließ die Forstverwaltung Hausschweine in die betroffenen Bestände treiben, die den Boden nach Engerlingen durchwühlten. Ab Mitte des 19. Jahrhunderts nahmen die heute so seltenen Maikäfer derart zu, dass vor allem Eichenbestände völlig kahl gefressen wurden. Erst mit dem Beginn der chemischen Bekämpfung gingen die Bestände wieder zurück und erholten sich nicht mehr.

Eine weitere Gefahr bildeten Waldbrände, sie kamen aber in der Schorfheide seltener vor. So vernichtete am 15. März 1856 ein Waldbrand im Jagen 3 der Oberförsterei Grimnitz bei starkem Ostwind eine Fläche von 4,5 Hektar, die überwiegend mit Birken besetzt war. Die Untersuchung ergab später, dass der 16-jährige Kuhhirte August Janicke aus der Holländischen Papiermühle (Eichhorst) für den Brand verantwortlich war. Er hatte wegen des kalten Wetters Torf angezündet, um sich daran die Hände zu erwärmen, es aber unterlassen, es wieder zu löschen. Er wurde später als Brandstifter verurteilt und musste für ein Jahr ins Gefängnis. Am 13. August 1868 gab es gegen Mittag ein Feuer im Jagen 60, bei dem 2,5 Hektar Wald verbrannten. Entstanden war es, weil Fuhrleute unachtsam beim Rauchen gewesen waren. Einer der größten Brände ereignete sich ebenfalls durch Unachtsamkeit am 3. April 1901; etwa sechs Hektar einer Kiefernschonung wurden vernichtet. Als Täter konnten ein 13- und ein 17-jähriger Jugendlicher ermittelt werden.

Nicht ganz ungefährlich war der Bereich entlang der Waldbahnstrecke. Hier kam es immer wieder durch Funkenflug zu Bränden, so am 15. April 1917 im Jagen 42, als bei dem bis dahin größten Waldbrand sieben Hektar vernichtet wurden.[18]

Die Ressourcen des Waldes wurden im Laufe der Jahrhunderte auf verschiedene Weise genutzt. So schlug man die Kiefernbestände überwiegend, um sie zu Bauholz zu verarbeiten. Ebenso waren die Eiche sowie Eichenrinde begehrt und wurden von Berliner Holzhändlern aufgekauft. Aber auch Brennholz fand immer regen Absatz. Heute fast vergessen ist die Nutzung der Steine im Bereich der Oberförsterei Grimnitz. Hier gab es durch die letzte Eiszeit abgelagerte Feldsteine, die u.a. für den Straßenbau in Berlin Verwendung fanden.

Die am Werbellinsee gegründete »Adler-Deutsche Portland-Zement-Fabrik« produzierte Zement und

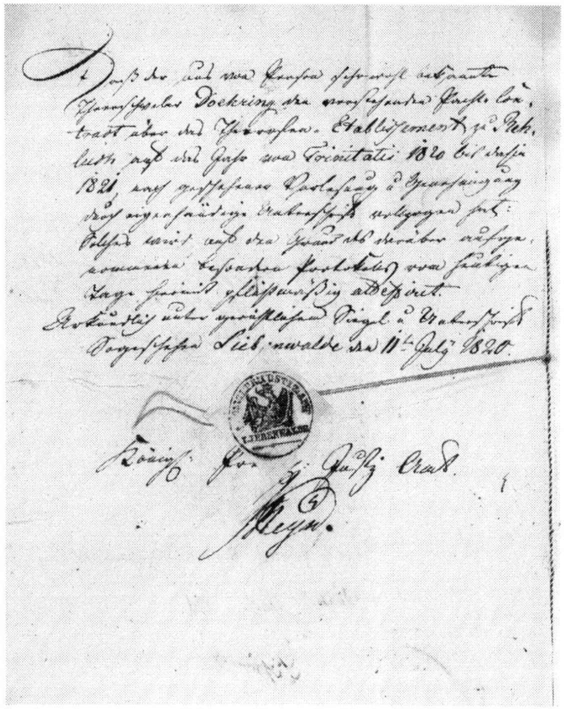

Bestätigung für den Pächter des Teerofens Rehluch, Döring, 1820.

Kalk, der per Kahn bis nach Berlin geliefert wurde. Der Konkurrenz aus Rüdersdorf konnte die Anlage aber nicht lange standhalten und ging 1892 ein.[19] Heute ist dieser Bereich als Wildau bekannt und gehört zum Ortsteil Eichhorst. Eine weitere Form der Verwertung natürlicher Ressourcen bildete die Förderung von Bernstein, einem Überbleibsel der letzten Eiszeit. Im Revier Prötze der Oberförsterei Groß Schönebeck wurde die Suche um 1815 forciert. Ab 1819 versuchte der Berliner Kaufmann Rosenberg, eine Grabungserlaubnis zu bekommen, scheiterte aber in seinen Bemühungen. 1840 erhielt dann Dr. Wintermann das Recht, vor Ort zu graben. Insgesamt zehn Arbeiter suchten in seinem Auftrag auf einer Fläche von rund 345 Hektar nach Bernstein. Bis zu einer Tiefe von 3,80 Metern fanden sie das begehrte Harzgestein, mussten dann jedoch die Suche wegen des anstehenden Grundwassers einstellen. Vom Beginn der Grabung 1842 und bis zum

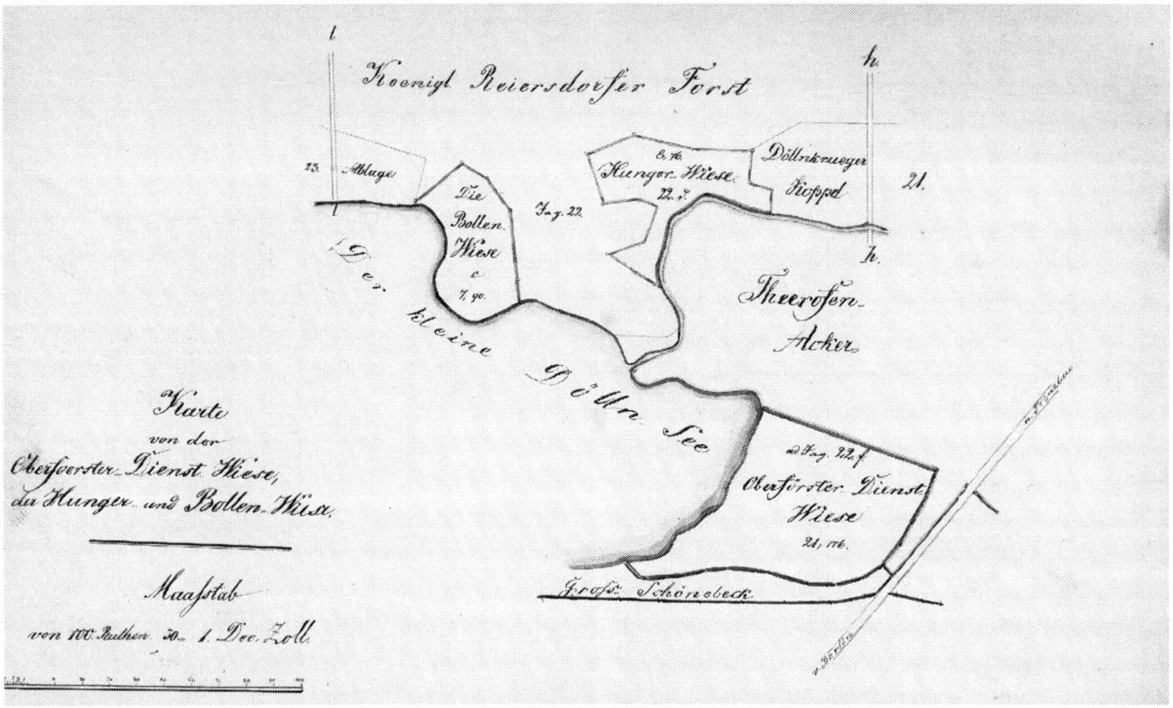

Oberförster-dienstland und Teerofenacker am Döllnsee.

Ende des Jahres 1847 wurden rund 901 Kilogramm Bernstein gefördert. Allein im ersten Jahr konnten 15.000 Bernsteine unterschiedlicher Größe gefunden werden.[20] Der spektakulärste Fund war ein Stück mit über einem Kilogramm Gewicht, das die Eigentümer dem König von Preußen als Geschenk überreichten.[21] Doch trotz aller Bemühungen blieb die Ausbeute zu gering, um die Suche gewinnbringend weiterführen zu können. Anfang Mai 1848 wurden die Arbeiten eingestellt.

Die jagdlichen Verhältnisse waren durch das Nutzvieh, das in die Wälder zur Waldweide getrieben wurde, überall eingeschränkt. In der Schorfheide durchzogen Herden von Rindern, Schweinen und Schafen den Wald. Tatsächlich hatte der Vieheintrieb schon zu Beginn des 18. Jahrhunderts derart zugenommen, dass der Wildstand drastisch zurückging. Das Wild fand nur noch wenig Äsung, die Wälder waren regelrecht kahlgefressen. Anpflanzungen mussten nicht wegen des Wildes, sondern aufgrund des Vieheintriebes eingezäunt werden. In der Oberförsterei Groß Schönebeck weideten im Jahre 1800 zum Beispiel auf einer Gesamtfläche von 9.477,08 Hektar waldwirtschaftlich nutzbarem Boden 25.782 Stück Vieh. (S. 189) Die Forstverwaltung war daher nicht abgeneigt, die Rechte der Hütungsberechtigten mit Landflächen außerhalb des Hofjagdgebietes abzulösen. Dass dadurch die Schorfheide teilweise den Charakter eines englischen Landschaftsgartens erhielt, war nicht verwunderlich. Aus diesem Grund kam in der ersten Hälfte des 19. Jahrhunderts das Schwarzwild nur noch als sehr seltenes Wechselwild vor. Und schon 1848 galt es in der Schorfheide als ausgerottet. Der Bestand an Rotwild verringerte sich ebenfalls so sehr, dass es nur noch in geringen Stückzahlen vorhanden war.

Jägerbrief für den späteren Förster Friedrich Hugo Reinhold Hoffmann.

Förster Otto Wetzel von der Försterei Grünberg in Forstuniform mit Hirschfänger.

Immerhin gelang es der Forstverwaltung nach 1861 mit Flächentauschaktionen, ein über Jahrhunderte andauerndes Ärgernis zu beseitigen. Die Kontrolle ihrer Reviere vereinfachte sich bedeutend, die Vernichtung der jungen Waldgeneration durch Nutzvieh war beendet. In der Folge erholte sich der Wildstand und die waldbaulichen und jagdlichen Verhältnisse verbesserten sich.

Eine weitere Form der Waldnutzung, die der Köhlerei, fand bereits in der Mitte des 19. Jahrhunderts ein Ende und konnte das Waldbild durch Kahlflächen nicht weiter schädigen. Die damals überwiegend als »Teerschwelerstellen« bezeichneten Orte wie zum Beispiel am Cöllnsee, am Döllnsee, im Revier Rehluch oder am Lotzin wurden nach 1845 nicht mehr verpachtet und gingen ein. Der Staat kaufte den Eigentümern die Gebäude ab und errichte darauf Revierförsterstellen.

Ein anderes Übel blieb dagegen bestehen: der Diebstahl von Holz- und anderen Waldprodukten, wozu auch die Wilddieberei zählte. In allen Oberförstereien stand die Bekämpfung dieses Problems an erster Stelle. Zwischen 1858 und 1863 wurden beispielsweise in der Oberförsterei Grimnitz 796 Forstdiebstahls- und Wildererfälle registriert. Für die konsequente Nachforschung der Förster in jedem einzelnen Fall sprach die hohe Aufklärungsrate von fast 100 Prozent. Von den genannten Fällen blieben nur fünf unaufgeklärt und acht endeten mit einem Freispruch. Von der Anzeige bis zur Verurteilung vergingen durchschnittlich gerade einmal acht bis zehn Monate.

Sehr angenehm war es für die Forstbeamten, wenn die Richter die Schuldigen zu Arbeiten in der Forstwirtschaft verurteilten. Dadurch gewannen sie zusätzliche Arbeitskräfte, die sie für schwere körperliche Arbeiten, zum Beispiel für die Anlegung von Entwäs-

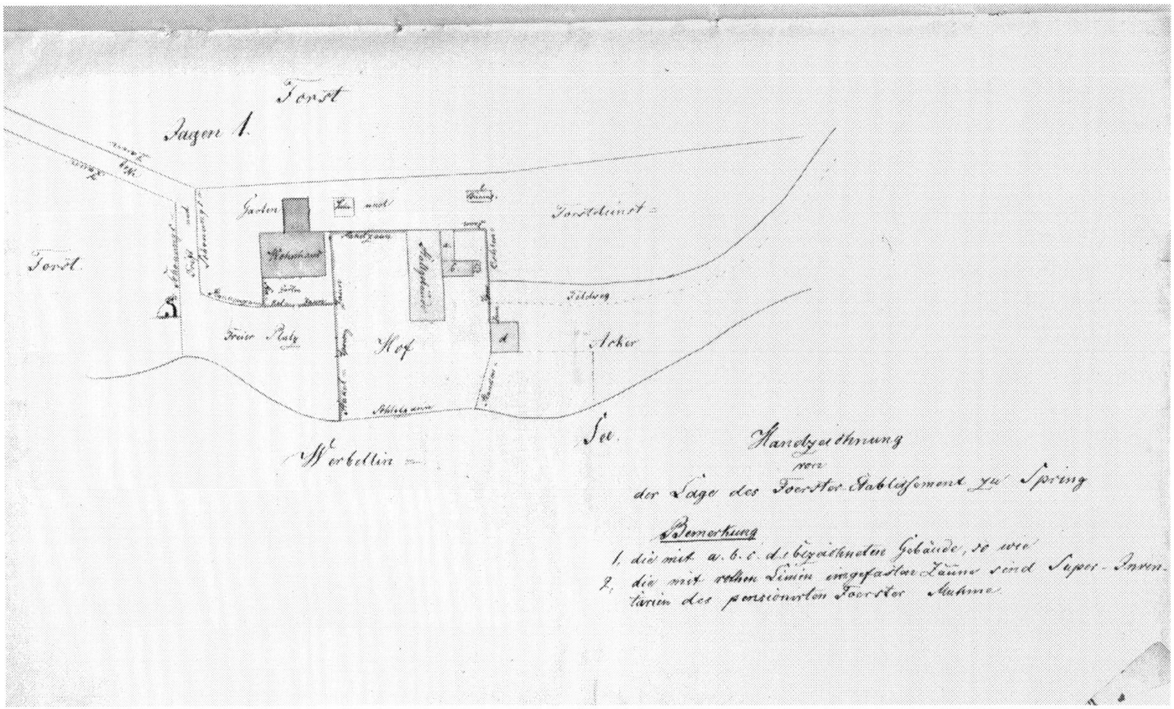

Plan der Försterei Spring am Werbellinsee, 1854.

serungsgräben oder zum Wegebau, einsetzen konnten. Verweigerten die Verurteilten die ihnen zugewiesenen Arbeiten, drohte ihnen das Gefängnis. Zwischen 1861 und 1863 kam es zu 1.624 Verurteilungen, etwa 541 pro Jahr. Davon erhielten 26 Prozent eine Geldbuße, 34 Prozent hatten Forstarbeiten zu leisten und 40 Prozent verbüßten Gefängnisstrafen.[22]

DES KÖNIGS FÖRSTER

Ein noch so gutes Revier ist nichts wert, wenn es nicht von erfahrenen, pflichtbewussten und loyal zum Dienstherrn stehenden Forstbeamten verwaltet wird. (S. 201) Der von der Bevölkerung der Region später geprägte Ausspruch »Erst kommt Gott, dann der Kaiser und dann die Förster der Schorfheide« hätte nicht treffender sein können. Die obersten Pflichten eines Försters waren Treue und Gehorsam gegenüber seinem König. Er hatte stets einen anständigen und sittlichen Lebenswandel zu führen und »[sich] besonders auch vor dem Laster des Spieles und Trunkes [zu] hüten und überhaupt durch sein Verhalten in und außer dem Amte der Achtung, des Ansehens und des Vertrauens, die sein Beruf erfordert, sich würdig [zu] zeigen«.[23]

Förster, die in einem Hofjagdgebiet ihren Dienst versehen durften, fühlten sich »ihrem« König nahe, und wenn Majestät ihnen noch huldvoll die Hand reichte, ja dann fühlte sich so ein kleines »Försterherz« überglücklich.

Die mit der Uniformordnung vom 20. Juni 1817 beginnende allgemeine Uniformierung der preußischen Staatsverwaltung führte in der Forstverwaltung zu einem verstärkten Standesdenken.[24] Förster fühlten sich zunehmend als direkte Vertreter des Königs und traten gegenüber der Bevölkerung auch so auf.

Forsthaus Spring am Werbellinsee, um 1900.

König Friedrich Wilhelm III. hatte 1819 der notwendigen Neuorganisation der Forstverwaltung definitiv seine Zustimmung erteilt.[25] Der aus Hessen kommende Oberlandforstmeister Hartig (1764–1837) hatte dazu die Grundlagen entworfen. Seine Vorschläge sorgten dafür, dass Preußen seine waldreichen Gebiete nicht privatisierte und damit auch den Erhalt der Schorfheide als geschlossenes Wald- und Jagdgebiet sicherte. Am 26. April 1840 hieß es auch vonseiten des Ministers Ladenburg in Bezug auf die personelle Besetzung der Hofjagdreviere um Berlin und Potsdam: »So wie ich bei der Besetzung der Oberförsterstellen darauf Rücksicht nehmen werde, daß in diesen Jagdrevieren geeignete Subjekte für die Zwecke der Jagd angestellt werden, so hat auch die Königliche Regierung darauf zu sehen, daß bei der von ihr ressortierenden Besetzung der Forstschutzbeamtenstellen nur solche Forstversorgungsberechtigte gewählt werden, welche als völlig zuverlässig und so qualifiziert für die Zwecke der Jagd in diesen Revieren bekannt sind.«

Damit wurde eindeutig ausgesprochen, dass nicht der reinen Forstwirtschaft der Vorzug in den Hofjagdrevieren zu geben war, sondern der Jagdwirtschaft. Dass darin bereits die Handschrift des Kronprinzen Friedrich Wilhelm zu finden war, darf vermutet werden, denn im Juni 1840 wurde er König von Preußen.

Durch diese Vorgaben, die später auf alle anderen exponierten Jagdgebiete ausgedehnt wurden, sollte sich nicht noch einmal der Zustand wiederholen, der zu Zeiten der Gründung des Hofjagdamtes geherrscht hatte. Die Förster, die sich damals mehr der Waldwirtschaft verschrieben hatten, wehrten sich heftig gegen diese Gründung. Sie waren gegen einen höheren Wildbestand und den Einfluss überwiegend jagdlich eingestellter Forstbeamter. Dieser Kampf war 1840 endgültig ausgefochten. Bis zum Ende der Monarchie

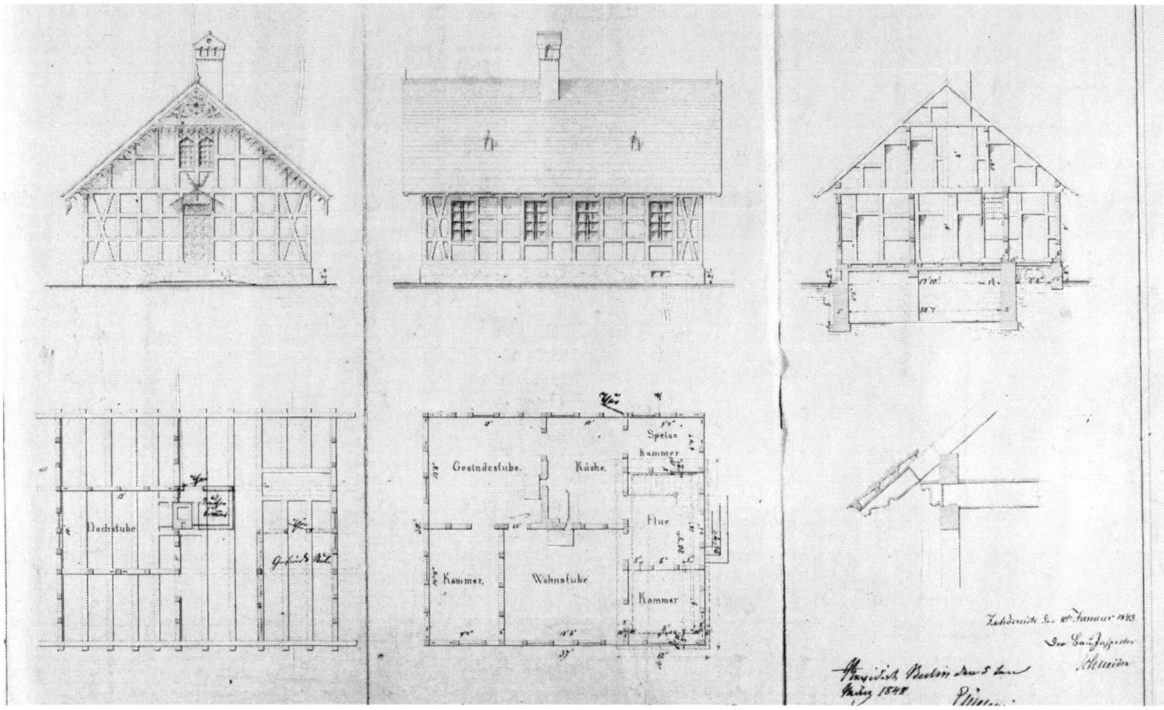

Bauzeichnung für die Försterei Wildfang, 1848.

dominierte die rein jagdliche Einstellung in den Hofjagdrevieren. Es heißt dazu weiter: »Sollte aber wider Erwarten einer oder der andere der Forstbeamten diesen Aufforderungen nicht gehörig genügen, so ist dies anzuzeigen, damit sein Ungehorsam nicht nur angemessen bestraft, sondern dessen Versetzung sofort eingeleitet werden kann.«[26]

Dieser Grundsatz hielt sich nicht nur in der Monarchie, sondern spielte in der Zeit der politischen Parteienbildung über die Zeit des Nationalsozialismus bis zur Auflösung der Staatsjagdgebiete 1990 in der DDR eine dominierende Rolle.

Zu Beginn des 19. Jahrhunderts wohnten die Förster noch überwiegend in den angrenzenden Dörfern der Schorfheide. Der preußische Staat begann – als Folge der Forstreform unter dem Oberlandforstmeister Georg Ludwig Hartig – ab 1820, immer mehr Unterkünfte für die Hüter des Waldes in den Revieren zu errichten.

Doch der Dienst im Revier war hart und entbehrungsreich, das Gehalt gering und der Lebensunterhalt nur mit einer zusätzlichen Landwirtschaft aufzubessern. Deshalb waren die Förstereien mit guten Bodenverhältnissen begehrte Stellen, die häufig nur durch Protektion zu bekommen waren. Die Förstereien lagen zumeist mehrere Kilometer von der nächsten Ortschaft entfernt, fernab jeglicher Kommunikation und heutiger Energieversorgungen.
In der Unterförsterei Spring am Werbellinsee befand sich zum Beispiel neben zwei Kammern und einer Küche sowie einer Stube und einem Flur eine Stube für einen Jägerburschen, die gleichzeitig Wand an Wand mit dem Kuh- und Schweinestall abschloss.[27]

Nach 1880 begann Preußen mit dem Bau neuer massiver Förstereien, die sich von ihrer Architektur her gut in die Landschaft einpassten. Damit schuf der Staat für seine Förster maßgebende Voraussetzungen zum

Leben und Arbeiten im Wald. Mit landwirtschaftlichen Nebengebäuden und Nutzflächen eines mittleren Bauern versehen, waren die Forstleute nunmehr in der Lage, sich selbst zu versorgen. Sie wurden dadurch finanziell unabhängiger und waren fast autark. Beispielgebend dafür sind die Förstereien Grünberg, Hirschberg oder Prötze. (S. 190)

Im September 1882 kaufte der Staat die zum Fabrikgrundstück gehörende »Stille Wiese« am Werbellinsee, mit dem Wohnhaus, in dem die Forstverwaltung die Revierförsterei Schorfheide einrichtete. Hier wurden, wenn die Unterbringungsmöglichkeiten zu den Jagden auf Hubertusstock knapp wurden, auch Jagdgäste einquartiert.[28] Das Försterehepaar zog dann auf den Boden und überließ das Schlafzimmer den Gästen. Ende der 1920er-Jahre wurden alle Gebäude abgerissen. Zur Stillen Wiese ist noch zu bemerken, dass am 18. Januar 1827 der Holzhändler Theodor Buschius den Antrag stellte, sie zu pachten oder zu kaufen. Er hatte sich mit dem Grafen de la Rivalière zusammengeschlossen, der ein Patent für die »Fabrikation hydraulischen Kalkes und künstlicher Puzzulane« besaß und eine entsprechende Anlage am Werbellinsee errichten wollte.[29] Doch die Porzellanproduktion rentierte sich nicht und ging ein.

1852 wandte sich Forstmeister Schmidt aus Eberswalde an die Regierung und legte dar, dass »Gratifikationen« für tüchtige Förster so gut wie aufgehört hätten, die finanzielle Unterstützung für in Not geratene oder hilfsbedürftige Förster aber weiterhin geleistet würden. Hauptsächlich kritisierte er, dass die Unterstützungen zumeist an immer dieselben Beamten gezahlt wurden, die es nicht verstünden, selbst aus ihrer Bedürftigkeit herauszukommen, nicht einmal, wenn sie das doppelte Einkommen zur Verfügung hätten. Dagegen vermochten es tüchtige Beamte, ihre »Häuslichkeit« so einzurichten, dass sie mit Wenigem auskommen könnten. Diese Situation hatte, so Schmidt weiter, zu Unverständnis und Unmut unter den Förstern geführt. Er schlug deshalb vor, auszuzeichnende Beamte den Titel »Hegemeister« zu verleihen. Dieser Titel, der bereits in früheren Jahren an verdienstvolle Förster vergeben worden war, so zum Beispiel 1847 an den Förster Rumler in Kappe, war jedoch bis dahin eine Ausnahme.

Revierförster Friedrich Bosdorf mit Familie vor der Försterei Klein Dölln, um 1920.

Die Forstverwaltung im Ministerium begegnete dem Vorschlag recht aufgeschlossen, war doch damit keine Gehaltserhöhung verbunden. Voraussetzung war jedoch, dass die vorgeschlagenen Förster absolut treu, ehrlich und charakterfest sein mussten. So stimmte Potsdam den Vorschlägen Schmidts zu und verlieh den Förstern Christian Friedrich Wilhelm Klose, Klein Dölln, 63 Jahre alt und Teilnehmer der Feldzüge von 1806/07 und 1813/14, sowie August Balcke, Wucker, 61 Jahre alt und seit 1827 auf dieser Stelle, den begehrten Titel.

Ab 1902 entschied das Ministerium, in einem größeren Umfang als bisher und vor allem ältere Förster

Förster Purbs mit Ehefrau im Wohnzimmer der Försterei Hirschberg.

für ihre guten Dienste auf diese Weise zu ehren. Zum Ende des Jahres 1914 waren im gesamten Regierungsbezirk Potsdam insgesamt 253 Förster angestellt. Davon trugen 65 den Titel Hegemeister. Dienstältester war mit 69 Jahren der Hegemeister Schulz aus Zerpenschleuse Oberförsterei Liebenwalde.

Die tiefe Verbundenheit und große Verehrung der Förster für den Monarchen wuchs, vor allem nach dem siegreichen Krieg mit Frankreich 1870/71, noch weiter an. Das Hofjagdamt wusste um die Liebe der Förster zum Königshaus und veranlasste die Erlegung von Damwild für den in Paris weilenden, zukünftigen Kaiser. Im Dezember 1870 schickten sie ihm ein Stück Wild aus der Schorfheide nach Versailles und im Januar 1871 ein weiteres.[30]

Jeweils ein Fünftel des jährlichen Abschusses gestand der König seinen Verwaltern in den Hofjagdrevieren der Schorfheide zu. Jedem Oberförster genehmigte er jährlich den Abschuss eines jagdbaren Rothirsches, der zwölf Enden nicht überschreiten durfte. Gejagt werden konnte aber erst nach der Brunft und nach den Hofjagden.

Das veranlasste Oberförster von Hövel später dazu, sich an die Regierung zu wenden. Er bat darum, diese Abschussbeschränkung aufzuheben und verwies darauf, was der König selbst bestimmt hatte, dass der Abschuss nicht beschränkt, die Jäger fachgerecht und die Jagdhunde auf der roten Fährte ausgebildet werden sollten. Zur Ausbildung der Jäger schrieb er: »Die Ausbildung der Jägerei gipfelt im Abschuss an männlichem Damwild in der Feistzeit, da somit eine wirkliche Aufmerksamkeit und Gewandtheit im Finden, Erkennen, Anschleichen und Schießen verbunden ist. Ich pflege eine dahin gesamte Erlaubnis gleichzeitig als Belehrung für sorgsamen Schutz und weidmännisches Benehmen zu benutzen, und kann behaupten, dass

Förster Wetzel (r.) und Angestellte beim Brennholzstapeln in der Försterei Grünberg, 1915.

solche Erlaubnis ein ganz besonderer Sporn für den Jagdschutz gewesen ist.«[31]

Dass der Staat konsequent gegen Unachtsamkeit vorgehen konnte, erlebte Oberförster Sachse. Ihm oblag nicht nur die Jagdvorbereitung für eine große Jagd, sondern ebenso die Versorgung und Vermarktung des erlegten Wildes. Darauf vertrauend, dass seine Untergebenen nach bestem Gewissen das Wild versorgen würden, wandte er sich nach einer Hofjagd anderen Aufgaben zu. Dazu kam, dass die Witterung zu dieser Jahreszeit sehr mild war und deshalb das Wild zügig verkauft und verwertet werden musste. Zwar befand sich im Jägerhaus auf dem Schloss in Groß Schönebeck ein Wildkeller, doch konnten dort nur kleinere Mengen gelagert werden. Sachse organisierte deshalb unverzüglich Pferdegespanne, um am folgenden Tag das Wild nach Berlin fahren zu können. In der Metropole angekommen, musste er aber feststellen, dass die Wildhändler seine Preisvorstellungen nicht teilten und als zu überzogen empfanden, zumal einige Stücke bereits, aus Mangel an ausreichender Lüftung, zu verderben drohten. Durch die im Herbst häufigen Jagden herrschte ein überhöhtes Wildbretangebot in Berlin und es gelang ihm nur, einen einzigen Hirsch zu verkaufen.

Der Oberförster, nun verärgert, begab sich mit seinen 32 Rothirschen und 13 Stücken Kahlwild unverrichteter Dinge auf den Heimweg. Inzwischen waren drei Tage vergangen und Sachse musste seine 45 Stück Rotwild so schnell als möglich loswerden. In einer eiligst zusammengerufenen Auktion versteigerte er das Wild an Einwohner in Groß Schönebeck und der umliegenden Gemeinden. Nach preußischer Gründlichkeit wurden die Einnahmen sorgfältig in das Kassenbuch eingetragen und das Geld an die Forstkasse abgeführt. Dort staunten die Beamten nicht schlecht, dass von dem eigentlichen Taxwert in Höhe von

Balduin von Hövel Oberförster von Grimnitz, um 1880.

447 Talern nur 43,6 Taler eingezahlt wurden. Sachse selbst wähnte die Angelegenheit schon als vergessen, als er ein Schreiben aus Potsdam erhielt. Darin wurde ihm Unregelmäßigkeit vorgeworfen. Die Regierung forderte ihn auf, den Differenzbetrag aus eigener Tasche zu bezahlen, andernfalls würde es ihm freistehen, sich selbst mit der Bitte um Niederschlagung an den Finanzminister zu wenden. In dem Schreiben heißt es unter anderem: »Einmal steht fest, dass Sie sich am Abend des 25. September um das Aufbrechen und Lüften des Wildes persönlich gar nicht bemüht haben und somit den etwas angegangenen Zustand, in welchem das Wild nach Berlin kam, zum Teil selbst verschulden, sodann aber war Ihr Entschluss mit dem Wilde [...] zurückzukehren, [...] durch nichts gerechtfertigt und keinesfalls gut überlegt.«[32]

Wie die Angelegenheit ausging, ist aus den Unterlagen nicht ersichtlich. Das Referat war nur bereit, ihn beim Finanzminister zumindest wegen der widrigen Witterungsumstände zu unterstützen.

Einer der später bekanntesten Jagdschriftsteller, der in der Schorfheide seine Referendarzeit absolvierte, war Forstmeister Ferdinand von Raesfeld. 1879/80 leistete er dem Oberförster Witte auf Schloss Groß Schönebeck tatkräftige Hilfe und erlernte von ihm die Jagd auf das Rotwild. Wie von Raesfeld später angab, hatte er in dieser Zeit seinen ersten Hirsch geschossen, und gestand, ihn gewildert zu haben. In seinen Büchern und den zahlreichen Beiträgen in Zeitschriften nahm er zu aktuellen Fragen der Weidgerechtigkeit und Wildbewirtschaftung Stellung, insbesondere zu dem von ihm geprägten Begriff der Hege mit der Büchse. Damit schuf er nicht nur für die Förster der Schorfheide, sondern auch für den gesamten Jagdbetrieb im preußischen Staat grundlegende Veränderungen. Nun galt es zum Beispiel als weidgerecht, wenn junges und schwaches Wild vor altem Wild erlegt wurde. Er gilt heute noch als der herausragendste Altmeister des deutschen Weidwerks. Seine ersten Erfahrungen hatte er in der Schorfheide gesammelt.[33]

Kaiser Wilhelm II. (1859/1888–1918/1941) zeigte sich seinen Förster gegenüber dankbar und bedankte sich bei passenden Gelegenheiten gern mit einer kleinen »Gratifikation«. Im September 1898 erhielt der Förster Regling aus seinen Händen ein terrestrisches Fernglas, das er aus Anlass der Erlegung seines 1.000 Rothirsches übergab. 1904 erhielt ein Großteil der Hegemeister und Förster das Kreuz des Allgemeinen Ehrenzeichens.[34] 1906 wurden mit einem Hirschfänger die Förster Brandt, Klose, Kempe, Lange, Pysall und Rauch für treue Dienste beschenkt. Das Ehrenzeichen erhielten die Förster Hoffmann, Lange und Scholz.[35]

Unter den vielen Oberförstern, welche die Schorfheide forstlich und jagdlich prägten, war Balduin von Hövel der herausragendste. Er ließ sich aus dem Regierungsbezirk Magdeburg hierher versetzen und war vom 1. April 1879 bis zum 1. April 1919 Oberförster

Eröffnung der Hövelsammlung 1928 im Jagdschloss Hubertusstock. 3.v.l. Balduin von Hövel.

von Grimnitz. In dieser Zeit gewann er das Vertrauen des späteren Kaisers und Königs Wilhelm II. Das führte soweit, dass Wilhelm II. sich in jagdlichen Angelegenheiten von von Hövel beraten ließ und beide sich auf der Jagd – nicht in der Öffentlichkeit – mit freundschaftlichem »Du« ansprachen.

Waldbaulich hatte von Hövel eine große Zuneigung zur Eiche und ließ sie auf mehreren großen Flächen anbauen, um Äsung für das Rotwild zu schaffen. Dadurch erreichte er es, dass sein Revier zum dominantesten Einstandsgebiet des Rot- und Damwildes und zum Lieblingsrevier des Kaisers wurde.

Von Hövel machte aus seiner besonderen Stellung nie einen Hehl und wurde zum »gefürchtetsten« Forstbeamten innerhalb der Hofjagdverwaltung. Wenn auch die Abschaffung der aufwendigen und kostspieligen eingestellten Jagen auf von Hövel zurückzuführen ist, so gelang es ihm nicht, seinen obersten Jagdherrn von der Sinnlosigkeit der Kreuzungsversuche mit ungarischem und Schorfheider Rotwild zu überzeugen.

Die Versuche von Hövels und seines Amtskollegen Fischer aus Zehdenick, mittels einer Verwaltungsreform die Stellung des Oberförsters zu erhöhen, trafen innerhalb des Ministeriums auf heftigen Widerstand. Wilhelm II., der die Reform zuerst unterstützte, wankte und der Beginn des Ersten Weltkriegs vereitelte die Pläne gänzlich.

Ein Denkmal setzte sich Forstmeister von Hövel mit seinen Forschungen zum Verhalten des Rotwildes, die er in Vorträgen und der Fachpresse veröffentlichte. Sein Nachfolger im Amt, Dr. Hausendorff, gründete 1928, noch zu Lebzeiten von Hövels, die Hövelsammlung, die in den Räumen des alten Jagdschlosses Hubertusstock ihren Platz fand.

Der Kaiser ehrte seinen treuen Forstmeister mit der höchsten jagdlichen Auszeichnung und verlieh ihm

Unbekannter Revierförster mit anderen Kriegsveteranen von 1871, vor dem Kriegerehrenmal auf dem Lindenplatz in Groß Schönebeck, nach 1918.

Königlich Preußisches Hofjagdehrenzeichen I. Klasse, Ausgabe 1909 im Originaletui.

den »Sehr edlen Orden vom Weißen Hirschen Sancti Huberti«. Dieser exklusive Orden war 1859 als private Stiftung von Prinz Friedrich Karl von Preußen (1828–1885) ins Leben gerufen und 1889 von Wilhelm II. neu statuiert worden. Nach den Regeln des Ordens durften ihm nur 26 Personen angehören. Von Hövel nahm seinen Sitz als Ritter neben dem Großherzog von Mecklenburg-Schwerin, dem Herzog zu Trachenberg, dem Fürsten Dohna-Schlobitten oder dem Fürsten von Pleß ein. Der Wahlspruch lautete: »VIVE LE ROY ET CHASSEURS« – »Es lebe der König und seine Jäger«.

Eine weitere hohe jagdliche Auszeichnung erfuhr er durch die Verleihung des »Königlich Preußischen Hofjagdehrenzeichens«, das ebenfalls auf 26 Personen begrenzt war. Es wurde in drei Klassen vergeben und durfte nur an der Forstuniform, nicht am zivilen Rock getragen werden.[36] Auch diese Auszeichnung trug von Hövel als einziger Oberförster der Schorfheide. Nach seinem Ableben im Jahr 1932 sandte der abgedankte Kaiser an die Hinterbliebenen ein Telegramm mit dem handschriftlichen Zusatz: »Ich gedenke des Entschlafenen in herzlicher Dankbarkeit als des treu bewährten alten Garde-Jägers, Meines erfahrenen Lehrmeisters im Waidwerk [...]. Was ich von Waldwirtschaft-Wildhege, Pürsche weiss, habe ich alles ausnahmslos meinem treuen Hövel zu danken, der mich Jahrzehnte lang auf Pürschfahrten- und Gängen stets begleitete. Waidmannsdank!«[37]

Der Weg bis zu einem eigenen Revier war damals steinig. Eine Ausbildungsstätte gab es für den Försterdienst in ganz Preußen nicht. Wer eine Försterlaufbahn einschlagen wollte, war daher auf Protektion und gutes Ansehen bei der »Obrigkeit« angewiesen. In der Regel bewarben sich bis ins 19. Jahrhundert hinein für den Förster- oder Unterförsterdienst ausgemusterte,

Forstschule mit Hofansicht in Groß Schönebeck, 1903.

verletzte Soldaten oder Unteroffiziere aus dem Garde-Jägerbataillon. Preußen schuf damit, seit der Zeit König Friedrich Wilhelms I., Versorgungsposten für treue Untertanen. Sie erhielten von ihrem Kommandeur einen sogenannten Versorgungsschein, mit dem sie sich bei der Forstverwaltung um eine Stelle bewerben konnten. Da sie teilweise über keine oder nur geringe Kenntnisse aus der Forstwirtschaft verfügten, mussten sie in einer Prüfung zumindest einige forstliche und jagdliche Fragen beantworten können. Übliche Prüfungsfragen waren zum Beispiel:

- Welche Bücher und Schriften haben Sie über das Forstwesen gelesen?
- Welches sind die in den Forsten gewöhnlichen Holzarten?
- Welche Holzarten gehören zu den harten und welche zu den weichen Hölzern?
- Wann blüht die Kiefer, die Erle, die Birke, die Else und wann wird der Samen reif?
- Welche Nutzungen gewährt der Wald?
- Welche Viehsorten sind dem Walde am nachteiligsten bei ihrer Hütung?
- Welche Sorten Wild gehören zur Hohen und welche zur Niederen Jagd?
- Was gibt es hierzulande an Raubtieren und Raubvögeln und wie wird ihnen Abbruch getan?[38]

Aus Sicht des heutigen Lesers mögen die Fragen relativ einfach klingen. Es muss hier jedoch berücksichtigt werden, dass es in der damaligen Zeit keine theoretische Ausbildungsstätte gab, weder in Preußen noch sonstwo im Deutschen Reich. Zudem war Fachliteratur kaum vorhanden und für untere Schichten nicht bezahlbar. Ausbildungswillige, damals Jägerburschen genannt, waren also ganz auf die praktische Lehre an-

Forstschüler und Ausbilder des Jahrgangs 1903–1905; 1. Reihe sitzend: Hausvater Pagel, Lehrer Will, Hahn und Grothe, Forstmeister von Minckwitz, Pfarrer Lange, Forstaufseher Birkenstadt und Purbs.

gewiesen und das, was ihnen Oberförster zu den einzelnen Themenkomplexen mündlich vermittelten. Für Preußen änderte sich das erst im Jahr 1877. Ein einfacher Dorfschullehrer namens Karl Friedrich Kortenbeitel aus Groß Schönebeck verfasste am 22. Dezember 1877 eine Denkschrift, in der er die Grundzüge für die »Ausbildung der Anwärter zu den Försterstellen« darstellte. Damit thematisierte er ein Grundbedürfnis der Forstbeamtenschaft, die bislang überhaupt keine Möglichkeit hatte, ihre Kinder einer forstlichen Ausbildung zuzuführen.

Aus ganz Preußen erhielt Kortenbeitel positive Zuschriften und Anmeldungen. Oberforstmeister von Massow schrieb: »So gehen den Wäldern die besten und treuesten Diener verloren. Es liegt somit ein längst gefühltes Bedürfnis vor, mittellosen Forstbeamten zur Vorbildung ihrer Söhne im jüngeren Alter und zu einer tüchtigen, theoretischen und praktischen Fachbildung eine entsprechende und möglichst billige Gelegenheit zu verschaffen.«[39]

Die königliche Regierung stimmte seinen Vorschlägen zu und gestattete dem Lehrer, ab dem 1. Oktober 1878 für die Dauer von drei Jahren eine »Forstlehrlingsschule« im Dorf zu betreiben. Damit wurde Groß Schönebeck zum Gründungszentrum der forstlichen Ausbildung für die Revierförsterlaufbahn in ganz Preußen. 1881 kamen von 195 Forstschülern 107 aus Försterfamilien. Schon 1882 wurde die Schule von einer privaten in eine staatliche umgewandelt.

Der Stundenplan umfasste alle damals üblichen Forstwirtschaftsbereiche u.a. Waldbau, Forstschutz und, als Voraussetzung zur späteren Eigenversorgung, Landwirtschaft, Obstbau und Bienenzucht.[40]

Der Schulbetrieb begann um sechs Uhr, war unterbrochen durch praktische Arbeitsstunden und endete um 18:30 Uhr. Der Besuch von Wirtshäusern war nur mit der Genehmigung des Direktors gestattet, Orte mit weiblicher Bedienung waren unbedingt zu meiden, auch Rauchen war verboten. Bedingungen, die damals durchaus Akzeptanz fanden.

Doch wie sollte es anders sein, wenn die Kontrolle fehlt, nutzte die Jugend gern andere Freizeitvergnügungen. Oberförster Witte erhielt eines Tages einen anonymen Brief, in dem der Schreiber berichtete, dass sich die Auszubildenden am Abend in einer kleinen Stube beim Gastwirt Schön trafen und »wie das so üblich ist im Dorf [...] wider aller Ordnung es mit Frauensleuten treiben, Kartenspielen, Trinkgelage feiern und beim Wirt sehr stark in der Kreide stehen«.[41]

Am Sedanstag 1885 ereignete sich ein folgenschwerer Unfall.[42] Wie jedes Jahr war an diesem Tag schulfrei. Die ganze Gemeinde rüstete sich für die örtlichen Feierlichkeiten, wobei die Forstschüler ein Schießen auf dem Schützenplatz veranstalten wollten. Einige Auszubildende befanden sich bereits auf dem Schulhof und warteten auf die noch fehlenden Kameraden. Forstschüler Baumann prahlte inzwischen vor ihnen mit seinen Waffen- und Schießkenntnissen. Seine Kameraden wollten ihm nicht so recht Glauben schenken und winkten ab. Baumann, enttäuscht und verärgert, stieg durch das offene Fenster der Waffenkammer und nahm sich dort eine Waffe aus dem Ständer. Mit dem Mauser-Jagdgewehr zielte er durch das Fenster und erklärte den Neugierigen die Handhabung der Waffe. Mit einem lauten Knall aus dem Gewehr war die Vorstellung urplötzlich beendet. Als sich der Pulverdampf schließlich verzogen hatte, lagen zwei Kameraden getroffen am Boden. Sie hatten Glück, denn das Geschoss hatte dem ersten die Schulter durchschlagen und der zweite einen Lungenschuss. Die Getroffenen überlebten, Baumann musste die Schule verlassen und sich einen anderen Beruf suchen.

In einem anderen Fall kam es zu Rangeleien auf dem Schulhof, in deren Folge ein Schüler sein Augenlicht und ein anderer einen Finger verlor. Damit waren Ausbildung und die Aussicht auf einen sicheren Arbeitsplatz nicht nur für den Übeltäter, sondern auch für die Opfer beendet. Die Forstausbildung fand für viele nicht nur infolge von Disziplinlosigkeiten ein Ende, auch der Mangel an Wissen konnte den Ausschluss nach sich ziehen. 1907 erhielten fünf Schüler die Mitteilung, dass sie wegen Untauglichkeit nicht in das Jägerkorps aufgenommen werden könnten, womit ihnen die Försterlaufbahn verwehrt blieb.

Im selben Jahr musste auch die Schule ihre Lehrtätigkeit einstellen. Ein Grund dafür war der immer wiederkehrende Wildschaden auf den landwirtschaftlichen Flächen angrenzender Gemeinden. Vor allem die Gemeinde Groß Schönebeck wollte nicht zukünftige Förster unterstützen, die später ihre Sorgen mit dem Wild nicht teilten. Sie verweigerte einen Erweiterungsbau, worauf die Schule geschlossen werden musste; sie siedelte nach Spangenberg in die Nähe von

Prüfungskommission für den Jahrgang 1907; v.l., oben Oberförster Brewer, 2. R. Forstmeister Kottmeier und Peters, unten Forstrat Hettenhausen, Oberforstmeister Runnebaum und Forstmeister Kampmann.

Jagdhornbläsergruppe der Forstschule Groß Schönebeck mit dem Ausbilder Förster Zurth (Mitte) im Hof der Schule, um 1905.

Hannover um. Damit endete die Geschichte der Ersten Preußischen Forstschule ruhmlos.

Dennoch war sie beispielgebend für Preußen und wurde Vorbild für andere Länder. So erwähnte Oberförster Goebel, der 1906 die bayrische Forstschule Lohr besuchte, in seinem Reisebericht, dass Bayern 1880 dem Beispiel Preußens gefolgt sei und nach dem Modell der Forstschule Groß Schönebeck fünf Forstschulen eingerichtet habe. Von den bayrischen Lehrern in Lohr wurde die in Preußen übliche »Ordnung mit Internat, Turnen und militärischer, strenger Zucht« hervorgehoben.

DAS HOFJAGDAMT

DIE JAGDLICHEN VERHÄLTNISSE BIS 1824

Die wachsende Bevölkerung und die intensive Bautätigkeit in Berlin waren Ursachen dafür, dass zum Ende des 18. Jahrhunderts auch in der Mark immer mehr Waldflächen gerodet werden mussten. Nur so war es möglich, den steigenden Bedarf an Brenn- und Bauholz zu decken. Auf wenigen und überwiegend jagdlich interessanten Flächen konnte die Waldvernichtung durch das Herrscherhaus verhindert werden. Dazu gehörte das Gebiet der Schorfheide. Ohne geordnete Forstverwaltung bislang waren willkürliche Holznutzungen, die ausgedehnte Waldhütung und der Abschuss von Wild nach Bedarf indes üblich gewesen.

Es verwundert nicht, dass bei der Jagd zunächst der Grundsatz galt, starkes vor schwachem und altes vor jungem Wild zu erlegen. Wild wurde erbeutet, wo es anzutreffen war, unabhängig davon, ob es der Bestand zuließ oder nicht. Nicht der Erhalt eines Wildbestandes war die damalige Maxime, sondern die Absicherung des eigenen Lebensunterhaltes und die des Hofes in Berlin. Dazu war ausreichend Wildbret zu beschaffen.

Schon unter König Friedrich II. verlor das Gebiet zunehmend an jagdlicher Bedeutung. Ein eigenes Forstministerium gab es noch nicht. Erst unter König Friedrich Wilhelm III., der jagdlich interessiert war, veränderten sich die Verhältnisse langsam. Besuchten fürstliche Gäste Preußen und wollten auf die Jagd gehen, war geeignetes Wild allerdings immer noch Mangelware. So geschehen im Jahre 1824, als schon im Frühjahr bekannt wurde, dass der Kronprinz mit dem Großfürsten Nikolaus von Russland auf Hochwild jagen wollte. Erschwerend kam hinzu, dass der Großfürst in Begleitung seiner Gemahlin reiste und das Ereignis nicht bis in den Herbst, die eigentliche Jagdzeit, hinausgeschoben werden konnte. Der Termin musste also vorverlegt werden. Damit war eine reine »Vergnügungsjagd« auf Hasen und Füchse ausgeschlossen, denn die »Untertanen« wären nicht dazu bereit gewesen, ihre eigenen Feldfrüchte durch die Verpflichtung zu Treiberdiensten niedertreten zu müssen.

Wieder und wieder gingen Anfragen in die betreffenden Reviere und regelmäßig kam eine Absage nach der anderen. Vorwürfe aus dem Finanzministerium, dem damals die Forstverwaltung unterstand, dass das Hofjagdamt nicht in der Lage sei, die gewünschten Jagden zu organisieren, blieben nicht aus. Das Ministerium behauptete stets, dass ein ausreichender Wildbestand vorhanden sei, was sich anhand der eingehenden Beschwerden über Wildschäden belegen lasse.

Der Oberforstmeister von Stockhausen in Merseburg, in der Provinz Sachsen, schrieb in einem offenen Brief, frei von den sonst üblichen Höflichkeitsfloskeln: »Was [...] die Jagd auf Rot-und Schwarzwild betrifft, so habe ich [...] bereits angezeigt, daß ich hiervon gar keinen günstigen Erfolg versprechen kann, in dem die früheren starken Wildbestände teils durch den Krieg, teils durch unsere Administration ganz aufge-

Ein Rudel Rothirsche.

braucht sind. Von jeher [davon] ausgehend, daß Forst-, Jagd- und Feldwirtschaft Hand in Hand gehen müssen und können, [...] kann [ich] aber davon dem Ministerio, in welchem kein Jäger ist, täglich gegen die Jagd ausgesprochenen Hasse, und den dort häufig vorgebrachten, [...] Klagen [...] hiesiger Einwohner über Wildschäden nicht beipflichten. [...] da die Klagen nicht nur über Rot- und Schwarzwild sondern auch schon über Rehe und Hasen [...] aus solchen Gegenden kommen, in welchen das wenigste Wild, dagegen eine Menge von unruhigen Köpfen und Advokaten [vorhanden] ist.«[1]

Wohl nicht ohne Ironie erwähnte er, dass der König von Sachsen an einem Tag Schwarzwild zu Hunderten Stück hetze und diese Wildart dadurch so sehr abgenommen habe, dass in den Gegenden von Sitzenroda und Annaburg nur »höchst selten noch ein solch schwarzes Gesicht gesehen wird«. Er beschwerte sich außerdem darüber, dass seinem Wunsch auf eine Untersuchung der Zustände nicht Gehör geschenkt werde. Letztendlich verwies er auf den Rotwildbestand in der Seida-Annaburger Heide, wo auf einer Fläche von ca. 38.298 Hektar etwa 200 Stück Rotwild vorhanden seien. Er erkannte, dass nicht nur durch die langen Kriegsjahre, sondern auch durch die eigene Misswirtschaft im Jagdwesen die Forstleute einen Anteil an dem Niedergang des Wildstandes hatten. Er schob also die Schuld nicht allein auf die Wilddieberei, wie es allgemein üblich war.

Für Graf von Moltke kam die rettende Nachricht aus Colbitz. Von dort schrieb der zuständige Oberforstmeister von Laviene über die Möglichkeit einer Jagd in der zusammenhängenden Colbitz-Letzlinger Heide, »die Allerhöchsten Herrschaften [könnten] in den Stand gesetzt [werden], auf einer Pirschfahrt, also ohne alle Unbequemlichkeit, Rot-, Damwild und Rehe nach Gefallen zu schießen. [...] An Gelegenheit zum Schießen soll es nicht fehlen [...].«[2] Oberjägermeister von Moltke antwortete: »Es ist demnach nicht zu bezweifeln, daß der Zweck ganz erreicht werden dürfte, wenn die Jagd dort stattfinden soll. Der Großfürst beabsichtigt jedoch schon im Oktober die Rückreise nach Petersburg.«

Der Oberforstmeister war sogar bereit, seine Wohnung für den Kronprinzen und seine Gästen zu räumen; die Dienerschaft sollte dagegen in den Gasthöfen untergebracht werden. Das alte Letzlinger Jagdschloss stand zur Unterbringung noch nicht zur Verfügung. Erst als König ließ es Friedrich Wilhelm IV. umbauen und nutzte es bei seinen dortigen Jagdaufenthalten.

Über der vorbereitenden Jägerschaft schwebte bis zum Jagdtermin immer die Frage: Wird die Jagd überhaupt stattfinden? Auch im vorliegenden Fall scheint es so gewesen zu sein, dass die Jagd wieder einmal abgesagt wurde. Jedenfalls gibt die Akte keine weitere Auskunft darüber.

Nach einer Bestandsübersicht aus dem Jahre 1828 zeigte sich gegenüber 1822 ein weiteres Absinken der

Wildbestände. (S. 190) Eine planmäßige Wildbewirtschaftung, wie vom Hofjagdamt gewünscht, steckte noch in den Kinderschuhen. Sie war auch in einer Zeit des jagdlichen Niedergangs schwer zu vermitteln. Viele Forstleute sahen sich mehr der wirtschaftlich wichtigen Holzaufzucht verpflichtet, als sich all zu sehr der Hege des Wildes zu widmen. Die Oberförsterei Groß Schönebeck etwa sah es als möglich an, den Rotwildbestand auf etwa 2,3 Stück je 100 Hektar erhöhen zu können. Zehdenick dagegen war der Auffassung, dass der Rotwildbestand von 1,68 Stück auf 1,18 Stück je 100 Hektar gesenkt werden sollte, also von 150 auf 105 Stück.

Für den gesamten Regierungsbezirk Potsdam waren für 1828/29 folgende Abschüsse vorgesehen:

Forstinspektion	Rot-,	Dam-,	Schwarz-,	Rehwild
1. Potsdam	13	67	24	53
2. Wusterhausen	44	68	17	29
3. Berlin	35	52	15	86
4. Eberswalde	67	-	13	32
5. Zehdenick	98	19	19	58
6. Rheinsberg	-	-	4	11
Gesamt	257	206	92	269[3]

Schwarzwild war, wie ersichtlich, stark reduziert und in den umliegenden Revieren von Berlin und Potsdam eine Seltenheit. Noch 1841 stellte deshalb Oberjägermeister Fürst von Carolath fest: »In Folge dieser Allerhöchsten Bestimmung ist das Schwarzwild in den entfernt gelegenen Forst-Revieren fast gänzlich vertilgt und nur in den nahe von Berlin und Potsdam befindlichen Forst-Revieren dadurch teilweise erhalten worden, daß in Rücksicht der bestehenden Parforcejagden auf Schwarzwild, die [...] Ausrottung [...] im geringeren Umfange zur Ausführung gebracht worden (ist). Es ist daher vorauszusehen, daß das im Freien noch vorhandene Schwarzwild sich von Jahr zu Jahr vermindern wird [...].«[4]

In der Nähe der Residenzstadt Berlin unterhielt der Hof sieben Reviere, die als »Küchengehege« bezeichnet und aus denen hauptsächlich die Hofküche mit Wild versorgt wurde. Zu diesen Revieren zählten:

1. Britz, Tempelhof, Schöneberg, Wilmersdorf und die Fasanerie;
2. Hasenheide zwischen dem Potsdamer, Cottbuser, Strahlower und Frankfurter Tor;
3. Biesdorf, Friedrichsfelde und Lichtenberg;
4. Blankenburg, Französisch Bucholz, Mahlow und Weissensee;
5. Heinersdorf, Pankow und Schönhausen;
6. Dahlem und Lübars;
7. Gatow, Pichelsdorf, Seeburg, Staken und Spandow.[5]

Vom Jahr 1838 an befanden sich im damaligen Landkreis Niederbarnim weitere Küchengehege: Bockshagen, Blankenburg, Französisch Buchholz, Dahlsdorf, Friedrichsfelde, Heinersdorf, Malchow, Neu Vogtland, Nieder Schönhausen, Lichtenberg, Lichtenhagener Kietz, Louisenbrunnen, Lübars, Pankow, Rummelsburg, Stralow, Wedding und Weissensee. Im Landkreis Teltow lagen Buckow, Charlottenburg, Glienicke, Johannisthal, Nassenheide, Neu und Alt Schöneberg, Ricksdorf und Rudow.[6] Es handelte sich um Orte, in denen heute reger Stadtverkehr und pulsierendes Bürgerleben herrscht und wo nur selten jemand daran denkt, dass sich dort einmal Jagdgebiete befanden. Die entfernteren, waldreichen Jagdgebiete wie Letzlingen oder die Schorfheide spielten zu dieser Zeit noch eine untergeordnete Rolle. Eine Jagdreise in diese Gebiete mit Gästen und allem was dazugehörte, um eine fürstliche Jagd auszurichten, war für einen kurzzeitigen Ausflug zu beschwerlich. Chausseen waren selten und die Eisenbahn befand sich noch nicht einmal auf dem Reißbrett. In dieser Zeit erlebte der Mythos des reichen Wildbestandes der Schorfheide eine Renaissance. Noch 1867 wurde behauptet, dass 1826 in der Schorfheide zur Brunft 3.000 Stück Rotwild mit etwa 150 jagdbaren Hirschen gestanden hätten.[7] Eine Zahl, die durch keine glaubwürdige historische Quelle belegt werden kann. Für die Oberförsterei Pechteich wurde vielmehr 1824 angegeben, Rotwild komme nur als Wechselwild mit 230 Stück vor, ansonsten gebe es kein Damwild und kein Schwarzwild. Der Rehwildstand wurde mit 130 Stück beziffert.[8]

Kommen wir zurück zu den Zuständen am Anfang des 19. Jahrhunderts. Damals war die Jagdzeit auf sechs Monate im Jahr festgelegt. Die Jäger hatten sich mit der Hofküche abzustimmen, was wöchentlich an Wildbret benötigt wurde, um es dann zeitnah liefern zu können. Der Abschussplan für das Jahr 1825 sah zum Beispiel nur einen Damhirsch, einen Damspießer, fünf Rehböcke, 169 Hasen und 215 Rebhühner vor. Als das Hofmarschallamt dann aus Anlass einer großen Tafel mit 160 Gästen einen zusätzlichen Bedarf von einem Stück Damwild, einem Rehbock und sechs Hasen anmeldete, war die Jägerei nicht in der Lage zu liefern.

Für die Jahre 1828 und 1829 ergab der Beschussplan für die Küchengehege gegenüber dem tatsächlichen Abschuss folgendes Ergebnis:

	Rotwild	**Rehwild**	**Hasen**	**Rebhühner**
1828				
geplant	5	11	460	715
geschossen	1	8	255	426
1829				
geplant	-	7	440	470
geschossen	-	12	336	429

1830 wurden in den Hofküchen-Revieren 1 bis 6 48 Stück Rehwild, 992 Hasen und 680 Rebhühner geschätzt. Acht Jahre später belief sich in diesen Revieren die Strecke noch auf 14 Stück Rehwild, 360 Hasen, einen Fasan und 906 Rebhühner. Aus diesen Zahlen lässt sich entnehmen, dass um Berlin Dam-, Reh- und Schwarzwild nur noch als Wechselwild vorkamen. Beim Hasen war derart in den Bestand eingegriffen worden, dass die Abschusszahlen immer weiter zurückgingen. Der Fasan war in der freien Wildbahn ebenfalls sehr selten geworden, sodass noch nicht einmal die geforderten 20 Stück geliefert werden konnten.[9] Rotwild gab es bereits 1831 um die Residenzen Berlin und Potsdam nicht mehr.

Am 20. Februar 1820 hatte Graf von Moltke als preußischer Oberjägermeister König Friedrich Wilhelm III. einen Plan zur Verbesserung des preußischen Jagdwesens vorgelegt. Der König stand den Vorstellungen des Grafen von Anfang an aufgeschlossen gegenüber und leitete diese zur Stellungnahme an den Staatskanzler Fürst von Hardenberg weiter: »Ich stelle Ihnen anheim, den in der Anlage [...] eingereichten Plan, nach welchem derselbe zur Verbesserung der Verwaltung des Jagdwesens die Errichtung eines eigenständigen Hof-Jagd-Amtes vorschlägt, durch das betreffende Ministerium prüfen zu laßen, u. mir alsdann darüber Vortrag zu machen. Friedrich Wilhelm.«[10]

In der »heiligen Pflicht«, Schaden und Nachteile vom Königshaus abzuwenden, nahm von Moltke in seiner Niederschrift keine Rücksicht auf bestehende Strukturen und legte die jagdlichen Zustände offen. Er beklagte, dass die Jagdverwaltung den einzelnen Provinzregierungen übertragen worden war, wo sie von zwei Oberforstmeistern geleitet würde, die überwiegend nur mit der Forstverwaltung beschäftigt seien. Damit liege das Jagdwesen nicht selten in den Händen von Unkundigen, bei denen es zudem oft zu Unregelmäßigkeiten komme. Sie würden »bedeutende Nachteile« hervorbringen, die »Jagden ruinieren« und damit die Staatseinnahmen vermindern. Diesem »Übel«, so von Moltke, könne nur mit der Errichtung eines selbstständigen Hofjagdamtes begegnet werden, das von jagdlich Sachkundigen geleitet werden müsse.

In einigen nahe der Residenzstadt Berlin leergeschossenen Revieren beabsichtigte er, den Wildstand durch Wildfänge aus anderen Revieren wieder aufzufüllen. Damit sollte die kurzfristige Versorgung der Hofküche mit Wildbret spürbar verbessert werden.

Seinem Schreiben fügte er eine ihm anonym zugespielte Abhandlung bei, die seinen Ausführungen noch mehr Gewicht verleihen sollte.

Der Oberjägermeister erteilte alle Anordnungen in Bezug auf das Jagdwesen. In der Regel gingen diese an einen Jagdzeugmeister, der der eigentliche erste Jäger des Königs war und zum Hofstaat gehörte. Zu seinem Aufgabengebiet zählten unter anderem: die Wildbretlieferungen für die Hofküche, die Vorbereitung großer Jagden, Jagden, die infolge von Beschwerden der Untertanen einberufen wurden, der Fang und die Ausrottung von Wölfen und Greifvögeln, die Kontrolle des Jagdzeuges, die Inspektion der Reviere und des Wildstandes, die Verwaltung der Jagdgelder und die Einziehung der Jagdpachten.[11]

Zur Jagdverwaltung zählten weiterhin zwölf Jagdzeugjäger. Sie durften »nicht ganz ohne Schulkenntnisse und moralische Bildung« sein. Sie hatten dem Jagdzeugmeister in allen Fällen zu assistieren und waren verpflichtet, sich in theoretischen wie jagdpraktischen Angelegenheiten weiterzubilden. Ausdrücklich wurde erwähnt, es handele sich nicht etwa um Versorgungsposten, deren Inhaber später zum reinen Nichtstun berechtigt seien.

Die Jagden wurden in Vergnügungs- und notwendige Jagden unterschieden. Letztere teilten sich nochmals in Jagden zur Ausrottung von vermeintlich schädlichen Raubtieren, wie dem Wolf, und in Jagden zur Eindämmung von Wildschäden auf den landwirtschaftlichen Flächen auf. In diesen Fällen hatte der Jagdzeugmeister bei der Organisation und Durchführung fast freie Hand. Dagegen konnte er für die sogenannten »Vergnügungsjagden« erst einmal nur Vorschläge unterbreiten. Zu diesem Zweck hatten ihm die jeweiligen Revierförster auf Anfrage unverzüglich Meldung über den Wildstand zu machen.

Den Revierverwaltern war damals der eigenständige Verkauf des Wildbrets noch nicht erlaubt. Sie hatten alles erlegte Wild an den Jägerhof in Berlin abzuliefern. Dort wurde das Wild begutachtet und die besten Stücke der Hofküche zugeführt. Die für nicht gut befundenen und überflüssigen Stücke gelangten anschließend in den Verkauf. Reb- und Haselhühner wurden nicht verkauft, sondern grundsätzlich in der Hofküche verwertet.

Zeitgenössische Darstellung einer Wolfsfalle.

Federwild, besonders der Fasan, war schon länger selten und im Ankauf teuer geworden. Die Fasanerie in Charlottenburg konnte den Bedarf nicht mehr decken. Obwohl sie sich zu dieser Zeit noch in gutem Zustand befand, verfiel sie in kurzer Zeit, sodass selbst ausgebildete Jäger später nur noch geringe Kenntnisse von der Aufzucht des Fasans hatten. Sie war bald so sehr heruntergewirtschaftet, dass von ihr als der kostenintensivsten Anstalt im ganzen Staat gesprochen wurde. Um 1820 wurde sogar behauptet, ein einziger Fasan aus der Fasanerie koste den König 100 Taler. Der Berliner Hof war daher gezwungen, Fasane aus der Provinz Ostpreußen und anderen Landesteilen kommen zu lassen, was immer mit hohen Kosten verbunden war. Deshalb zählte der Fasan zu verschiedenen Zeiten zur Hohen Jagd und war fürstlichen Tafeln vorbehalten.

Ebenfalls zur Hohen Jagd zählte der Schwan, obwohl er nicht auf der Speisekarte des Königs zu finden

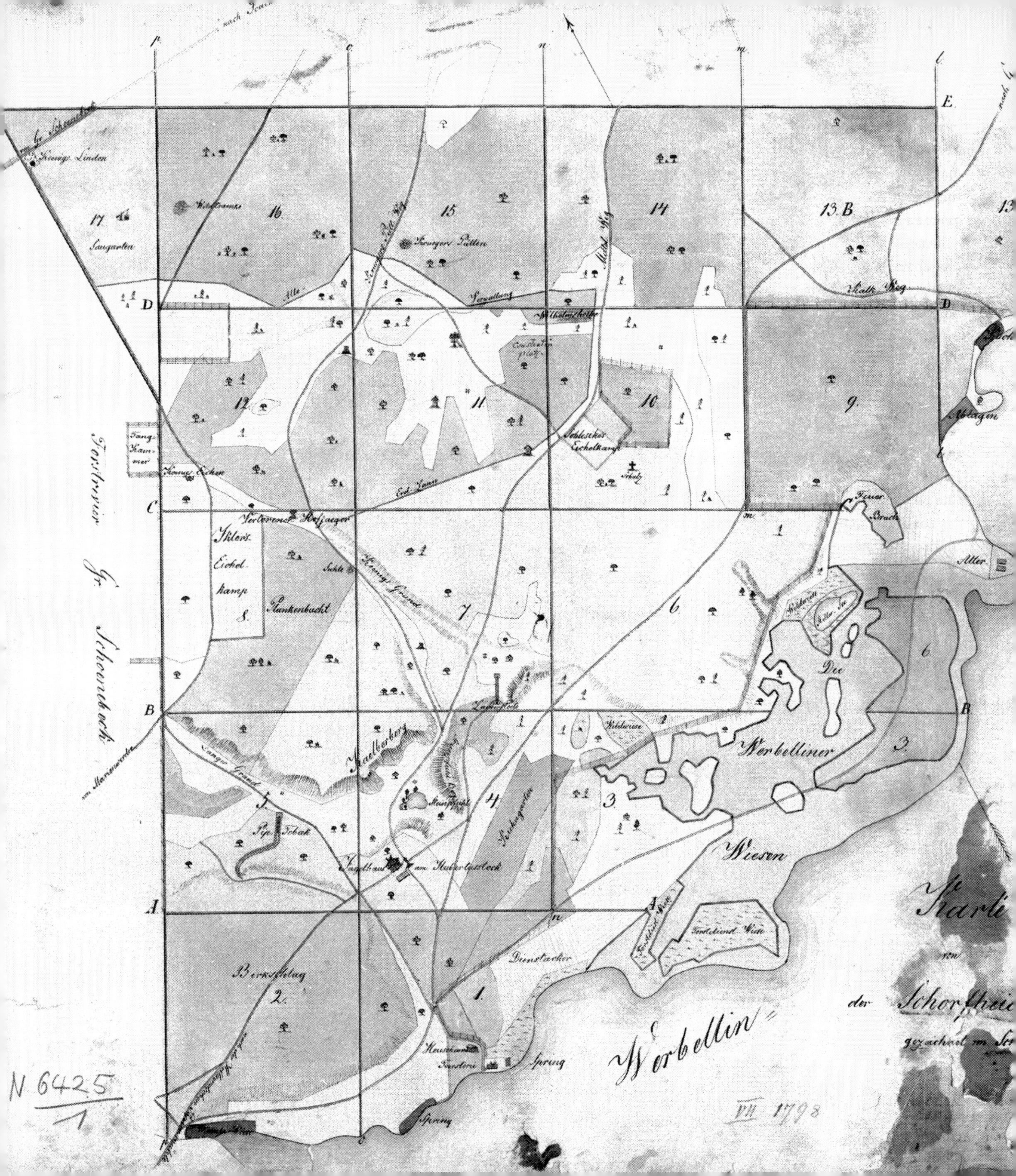
E.
D
C.
B
A.
17
Saugarten
Königs Linden
16
15
14
13. B
13
Mittel Weg
Kalk Weg
Fang Kammer
Königs Eichen
12
11
10
9
Ablagen
Schlesischer Eichelkamp
Feuer Bruch
Alter
8
Eichel kamp
7
6
Die
6
3
Kaelberberg
Werbelliner
5
Pfeifen Tobak
4
3
Wiesen
Jagdhaus am Hubertusstock
Karte
Dienstacker
1
2
Berkschlag
der Schorfheide
Werbellin
Spring
N 6425 / 1
VII 1798

war. Er galt hauptsächlich als eine Zierde für die Gewässer in den ausgedehnten Barockgärten von Potsdam. Sein Wert lag zudem in seinen Federn und Daunen, die an die königliche Bettenkammer abgeführt werden mussten.

Auch die »Schwanen Anstalt« ging in den Kriegsjahren nach 1806 fast völlig zugrunde. Die Regierung in Potsdam erarbeitete Pläne, um sie aufzulösen und zu privatisieren. Danach sollten die Fischerdörfer Hennigsdorf, Kietz und Pichelsdorf die Zucht von Schwänen und die Lieferung von Daunen und Federn übernehmen. Die Intervention des Königs und der Protest des Hofmarschallamtes, zu dem die königliche »Bettenkammer« gehörte, verhinderten jedoch die Auflösung. Noch 1861 wurden 43,5 Kilogramm Schwanendaunen und 140,5 Kilogramm Schwanenfedern an die Bettenkammer geliefert.[12]

Die gehaltenen Schwäne indes vermehrten sich nach 1813 von einstmals 30 bis 40 auf mehrere Hundert Stück. Der Überbestand wurde eingefangen und fand beim weiteren Ausbau der königlichen Parkanlagen in Berlin und Potsdam durch Umsiedlung eine Verwendung. Der Schwan trug durch sein graziles Wesen nicht unwesentlich zur Romantisierung des 19. Jahrhunderts bei.

Auf die Frage, wie die Jagden in den 1820er-Jahren bewirtschaftet wurden, ergibt sich folgendes Bild. Ein Großteil der dem Staatsfiskus gehörenden Flächen war bereits verkauft worden und wurde damit der jagdlichen Kontrolle entzogen. Ein anderer Teil wurde jagdlich verpachtet. Den Rest bildeten die königlichen Reviere, in denen die Revierverwalter, die königlichen Oberförster, die Jagd im Auftrag des Königs administrierten. Sie erlegten zwar das Wild, mussten jedoch das, was sie nicht an die Hofküche abgaben – wenn auch gegen einen geringen Preis, die sogenannte Taxe – erwerben. Sie selbst indes betrachteten, zumal schlecht bezahlt, teilweise das Wild als ihr Eigentum und waren gar nicht daran interessiert, den Wildstand zu fördern.

Es war zu dieser Zeit Sitte, dass einige Oberförster der Verpflichtung, Wildbret an die Hofküche zu liefern, dadurch umgingen, dass sie sämtliches erlegtes Wild teuer an Wildhändler verkauften und dem »Wildfactor« am Hofe den Geldwert nur nach der Wildtaxe erstatteten. Der Wildfaktor hatte zwar dadurch Bargeld, musste aber, wenn er den Bedarf des Hofes nicht decken konnte, Wildbret auf dem Markt erwerben. Den Rest steckte er sich in die eigene Tasche. Die Korruption ging sogar soweit, dass der Wildfaktor gute angelieferte Wildstücke wieder an Händler verkaufte und die minderwertigen Stücke an die Hofküche weiterreichte.

Das ging solange gut, bis ein überraschender Mehrbedarf an Wild aus der Hofküche signalisiert wurde, den der Wildfaktor kurzfristig nicht mehr befriedigen konnte. Daraufhin kam es zu einer Untersuchung und seine Stelle wurde ersatzlos gestrichen. Die Küche übernahm von da an selbst den Ankauf nach Bedarf.

Nach 1823 stellte sich die Frage, wie dem Niedergang des Jagdwesens entgegengewirkt werden sollte. Die Antwort der Reformer um Graf von Moltke lautete: Die Funktion des Oberjägermeisters sollte strikt von der der Forstverwaltung getrennt werden. Alle dem Jagdwesen zugeteilten Beschäftigten sollten Kenner der Materie sein und eine jagdliche Ausbildung absolviert haben. Es sollten keine reinen Verwaltungsangestellten mehr in der Jagdverwaltung tätig sein. Bisher hatte die Staatsverwaltung nichts unterlassen, um, so wörtlich, »eine zweckmäßige Bewirtschaftung derselben [...] sowie das ehemalige Ansehen der Jägerei förmlich zu Grabe [zu] tragen«. Oder »wer eine Flinte tragen kann, geht zu aller Zeit auf die Jagd, nennt sich Jäger« und schieße, was ihm vorkomme, heißt es in den Überlieferungen.

Zugleich war man sich schon damals bewusst, dass es nicht »eine Hauptbeschäftigung der Völker« sein konnte, nur der Jagd zu frönen und den Wildstand bis zur Unverträglichkeit zu steigern. Es sollte nur soviel Wild gehalten werden, um den höchstmöglichen

Die engere Schorfheide, um 1850.

Nutzen daraus ziehen zu können. Hier findet sich also bereits der Grundgedanke zur Haltung eines naturverträglichen Wildstandes, wie er heute allerorts selbstverständlich propagiert wird.

Leergeschossene Revierteile sollten mit Wild, das in anderen Revieren eingefangen wurde, wiederbesetzt und als Zuchtstamm der Jagdnutzung enthoben werden. Gleichzeitig sollten die Revierverwalter mit mehr Geld ausgestattet werden, um in Notzeiten Fütterungen anlegen zu können. Die Förster sollten dabei in Vorleistung gehen und ihre Auslagen erst nach dem Nachweis der Fütterung erstattet bekommen.

In der bisherigen Praxis forderten die Oberförster für Kirrungen, Fütterungen und Wildfutter willkürlich finanzielle Mittel an, ohne dafür einen Nachweis erbringen zu müssen. Dazu kam, dass das zuständige Verwaltungspersonal in der Regierung weder die Revierverhältnisse noch den Wildstand kannte. Dadurch war es möglich, dass Futtergelder für Schwarzwild erstattet wurden, obwohl im betreffenden Revier überhaupt kein Schwarzwild vorhanden war.

Dieses betrügerische Vergehen wurde in der erwähnten anonymen Schrift damit entschuldigt, dass der Förster, wenn er gar kein Fütterungsgeld abrechnete, im tatsächlichen Bedarfsfall gar nicht erst berücksichtigt werden würde. Er könnte somit unter Verdacht geraten, er kümmere sich nicht um das Wild. Auch aus diesem Grund wurde die Einrichtung eines eigenständigen Jagdamtes immer dringender.

Die Planungen für ein einzurichtendes Hofjagdamt wurden 1811 dem als Staatsrat und Oberlandforstmeister in das preußische Finanzministerium berufenen Forstmann Georg Ludwig Hartig zur Stellungnahme übergeben. Er stellte fest, dass die Errichtung eines selbstständigen Hofjagdamtes etwas völlig Neues darstellen würde und eine vergleichbare Institution aus anderen Monarchien nicht bekannt war. Weiter erklärte er: »Eine ähnliche Einrichtung mag wohl das hiesige Oberjägermeisteramt vormals gehabt haben. Als aber die Landesherren sich nicht mehr so oft mit der Jagd beschäftigten, auch die Holzpreise so hoch stiegen, daß man einen gut bestandenen Forst mehr achtete, als ein stark mit Wild besetztes Jagdrevier und als man es auch unbillig fand, daß die Fluren der Untertanen durch das Rot- und Schwarzwild verwüstet wurden.«[13]

Hartig sprach damit die eigentlichen Gründe dafür an, dass sich seit den Regierungen von König Friedrich I. über Friedrich Wilhelm II. bis zu Friedrich Wilhelm III. der Wildstand radikal vermindert hatte. Die Forstmänner von damals waren mehr auf die Steigerung der Holzausbeute fixiert gewesen als auf die Hege eines Hochwildbestandes. Unterstützt worden waren sie darin durch die jeweiligen Monarchen, denen keine Jagdleidenschaft eigen gewesen war. Über fast 70 Jahre war es der Forstwirtschaft gelungen, die Interessen der Jagd zurückzudrängen.

Es ist zu erkennen, dass in den Zeitabschnitten, in denen es keine eigenständige Forst- und Jagdverwaltung (Ministerium) gab, die Holzwirtschaft als gewöhnliche Einnahmequelle des Finanzministeriums den absoluten Vorrang hatte. Als Graf von Moltke 1812 den Versuch unternahm, die Jagdverwaltung aus dem Finanzministerium herauszulösen, kam er gegen die Vertreter des Status quo noch nicht an. Sein Antrag wurde in der Kabinettssitzung vom 23. Juli 1812 wegen der vermeintlichen Kollision mit der Forstverwaltung abgelehnt.

Hartig sah nicht zu Unrecht in einer Trennung der Forst- von der Jagdwirtschaft einen dauernden Konflikt aufkommen. Diesen begründete er damit, dass der »Wald-Förster« immer bemüht sein würde, »seinen« Holzbestand zu schützen, der »Wild-Förster« dagegen »seinen« Wildbestand zu erhöhen trachte. Zunehmende Schäden an den Waldkulturen sowie ein Anstieg der Wildschäden auf den landwirtschaftlichen Flächen würden die Folge sein, so Hartig. Mit den daraus resultierenden Klagen der Landwirte und Schadensersatzansprüchen müsse sich dann wiederum der Staat befassen, argumentierte er.

Als verantwortlich für die Zunahme der Wilddieberei galt indes nicht nur die Bevölkerung, sondern auch das Militär, weil dieses gewöhnlich mit einer milden Strafe zu rechnen hatte. Hartig sprach sich deshalb für die Wiedereinführung von in Preußen bisher nicht zugelassenen barbarischen Strafen aus: »[...] dürfte nur ein einziger auf der Wilddieberei ertappter Gardejäger auf einen Hirsch geschmiedet werden, so würde das ganze Corps die Lust verlieren auf Wilddieberei zu gehen.«[14]

Zustimmung fand dagegen die Auffassung, dass die Jägerei einen ästhetischen und in Beziehung auf die Naturgeschichte auch einen wissenschaftlichen Wert habe. Die Jagd, regelmäßig betrieben, wirke auf Geist und Körper positiv. Sie müsse schon deshalb erhalten werden, um den zukünftigen Jägern die Möglichkeit des Erlernens der Jagdwissenschaft zu erhalten.

Schließlich waren es wohl eher die Jagdambitionen der königlichen Prinzen, die dem Vorhaben der Gründung des Hofjagdamtes zum Durchbruch verhalfen, vor allem, die des Kronprinzen Friedrich Wilhelm, seit 1840 König, und die seines Bruders, dem späteren Kaiser Wilhelm I. (1858/1797–1888). Sie gaben schließlich die Veranlassung dazu, das so umstrittene Hofjagdamt durch Kabinettsorder vom 7. Juni 1821 ins Leben zu rufen. Doch der Weg bis zur Umsetzung war noch weit.

DIE GRÜNDUNG DES HOFJAGDAMTES

Als Graf von Moltke 1803 die Ernennung zum Oberjägermeister erhielt, war man sich in Forstkreisen sicher, dass wohl alles beim Alten bleiben würde und das Amt nur ein Versorgungsposten wäre. Doch von Moltke wollte, entgegen der Lobby aus der Forstverwaltung, tatsächlich eine vollkommene Neuordnung der jagdlichen Verhältnisse. Briefe mit Forderungen zur Ausfüllung seines Amtes blieben teilweise unbeantwortet. Im Juni 1804 fragte er erneut bei der Regierung an, »ob Se. Königl. Maj. mir die Aufsicht auf das Jagdzeug anvertrauen und zugleich erlauben wolle, daß ich auf die Conservation der Jagden bei Berlin und Potsdam [...] mit ein Auge haben dürfte. [...] Nach meiner [...] erteilten Bestallung, darf ich glauben, wirklicher Oberjägermeister zu sein, und daß meine Funktionen nach den gegenwärtigen Verhältnissen, keine andere sein können, als große Königl. Jagden zu dirigieren [...].«[15]

Er wartete gar nicht erst eine Antwort ab, sondern wendete sich mit einem weiteren Schreiben an den König: »Eure Königliche Majestät haben nicht allein mich zu Allerhöchst Dero Oberjägermeister zu ernennen, sondern auch eine Bestallung mir darüber zu erteilen allergnädigst geruht, die deshalb um so ehrenvoller für mich ist, als ich dadurch mir schmeichle diese Charge nicht als eine blosse Titulatur, sondern als eine wirkliche Charge anzusehen und zu bekleiden. Wenn aber Eure Königl. Majestät meiner damit verbundenen Geschäfte, mir bis jetzt anzuweisen [...] nicht geruht haben, so unterstehe ich mich [...] selbe [...] anzutreten, und um dero Bestimmung [...] zu bitten.«[16]

Friedrich Wilhelm III. tat sich mit dieser Forderung schwer. Er hatte das Jagd- und Forstwesen den Domänenkammern zugeordnet, sodass es kein eigenständiges Ministerium war. Eine Veränderung hätte zur Folge gehabt, dass ein Hofjagdamt ebenso dieser Kammer untergeordnet worden wäre und von Moltke nichts hätte unternehmen können, ohne vorher die Zustimmung des jeweiligen Oberforstmeisters einzuholen. Der König zeigte sich zögerlich und unentschlossen.

Obwohl der Entwurf »Zur Instruktion für den Jagd-Zeug-Meister als Hof-Jagd-Direktor« bereits 1821 vorlag, dauerte es noch bis 1824, ehe alle Widerstände und Zweifel für die »Erneuerung des Jagdwesens« bei den Oberforstmeistern ausgeräumt werden konnten.[17]

Grundanliegen des Königs waren die Verbesserung des Wildstandes sowie die Herausbildung eines »Kunstgerechten Jagdwesens«, worunter wir heute eine weidgerecht betriebene Jagd verstehen können. Im Einzelnen ging es um die Verbesserung der Jagdeinkünfte, die Erreichung eines verträglichen Wildstandes, Jagden für die Prinzen und den Hof, die Erstellung von Abschussplänen nach Zugang und Abgang, die Vermeidung von Wildschäden, die Ablieferung von Geweihstangen und Wilddecken und die Befolgung der Schonzeiten.[18]

Maßgeblichen beteiligt an der Ausarbeitung dieser Richtlinien war Staatskanzler Fürst von Hardenberg. Dabei hatte dieser anfangs Bedenken gegen die Errichtung einer neuen, eigenständigen Verwaltung und war der Auffassung, es seien genügend befähigte Förster vorhanden und die Forstverwaltung durchaus in der Lage, die geforderten Jagden zu organisieren und durchzuführen. Es müsse zwangsläufig, so Hardenberg, zu einer Trennung von Jagd- und Forstverwaltung kommen. Er ließ sich jedoch von der Notwendigkeit der Einrichtung überzeugen und unterstützte schließlich das Vorhaben.

Der König beauftragte ihn darüber hinaus zu prüfen, ob die königlichen Jagden zur Verbesserung des Wildstandes zeitweise nicht ganz zu schonen seien, um anschließend, durch Verpachtung, die Einkünfte des Staates zu erhöhen. Doch zu solch weittragenden Veränderungen kam es in Preußen letztlich nicht.

König Friedrich Wilhelm III. legte am 11. April 1822 in elf Punkten fest, wie er sich die neue Behörde vorstellte. Alle von der Residenz nicht zu weit entfernten landesherrlichen Jagdreviere waren dem Oberjägermeister Graf von Moltke als Chef des Hofjagdamtes zu unterstellen. Er hatte die Aufgabe, in diesen Revieren »in gleicher Art, wie auf den Hof- oder Leib-Revieren, einen Wildstand und ein kunstgerechtes Jagdwesen zu erhalten«. Graf von Moltke sollte das Recht erhalten, in den Forst- und Jagdrevieren der Mark Brandenburg, der Provinz Sachsen und Pommern sowohl Jagden für die Prinzen als auch Hofjagden anzuordnen und abzuhalten. Ausdrücklich wurde festgelegt, dass alle Forst- und Jagdbediensteten in diesen Revieren seinen Anordnungen Folge zu leisten hatten, das betraf vor allem jagdliche Anweisungen. Konflikte mit der Forstverwaltung waren damit programmiert. Noch am 6. November 1822 schrieb von Moltke an den Kronprinzen, als er ihm vorab seine Instruktion für das neue Jagdwesen zur Stellungnahme zukommen ließ: »Es dürfte daher nicht abzusehen sein, welchen Grund das Finanzministerium und die Oberforstmeister haben könnten, dem, wie es den Anschein hat, sich zu widersetzen, und meine Wirksamkeit lediglich auf die Abhaltung von Jagden beschränken zu wollen. Er. Königl. Hoheit, bitte ich demnach untertänigst mein Verhältnis hernach gnädigst zu bestimmen und mir freie Hand zu lassen, alles was zur Vervollkommnung des Jagdwesens gehört, einführen zu dürfen, ohne von jemandem daran gehindert zu werden.«[19]

Beim jungen Kronprinzen traf von Moltke diesbezüglich auf offene Ohren. Als er am 26. April 1822 dem König seine Eingabe überreichte, versuchte er anschließend auch den Kronprinzen zu sprechen, um diesem eine Kopie zu übergeben. Da der Prinz jedoch nicht anwesend war, hinterließ von Moltke neben der Eingabe einen begleitenden Brief, in dem er ihn bat, sich für das Jagdwesen und das Hofjagdamt einzusetzen.

Doch die Möglichkeiten des Kronprinzen, auf die Entscheidungen des Königs und des Staatskanzlers Einfluss zu nehmen, waren gering. Im Juli 1822 schrieb der Kronprinz an seinen Vater: »Als ich von Berlin abging, habe ich bei Se. Königl. Majestät eine förmliche Klage über die kränkende Behandlung des Herrn Staatskanzlers eingelegt und bemerkt, wie schmerzlich einem alten, treuen Diener des Königl. Hauses sein muß, so beinahe drittehalb Jahre hingehalten worden zu sein [...].«[20]

Der Kronprinz bat den König, dafür zu sorgen, dass es zu einer Entscheidung komme und die Ungewissheit ein Ende habe. In der Folge kam es zu einem Gespräch mit dem König, das für den Oberjägermeister enttäuschend ausfiel. Er schrieb am 22. August 1822 an den Kronprinzen: »So schwierig, und selbst unmöglich es sein wird, den Allerhöchsten Willen durchzuführen, so unterstehe ich mich doch nicht dagegen

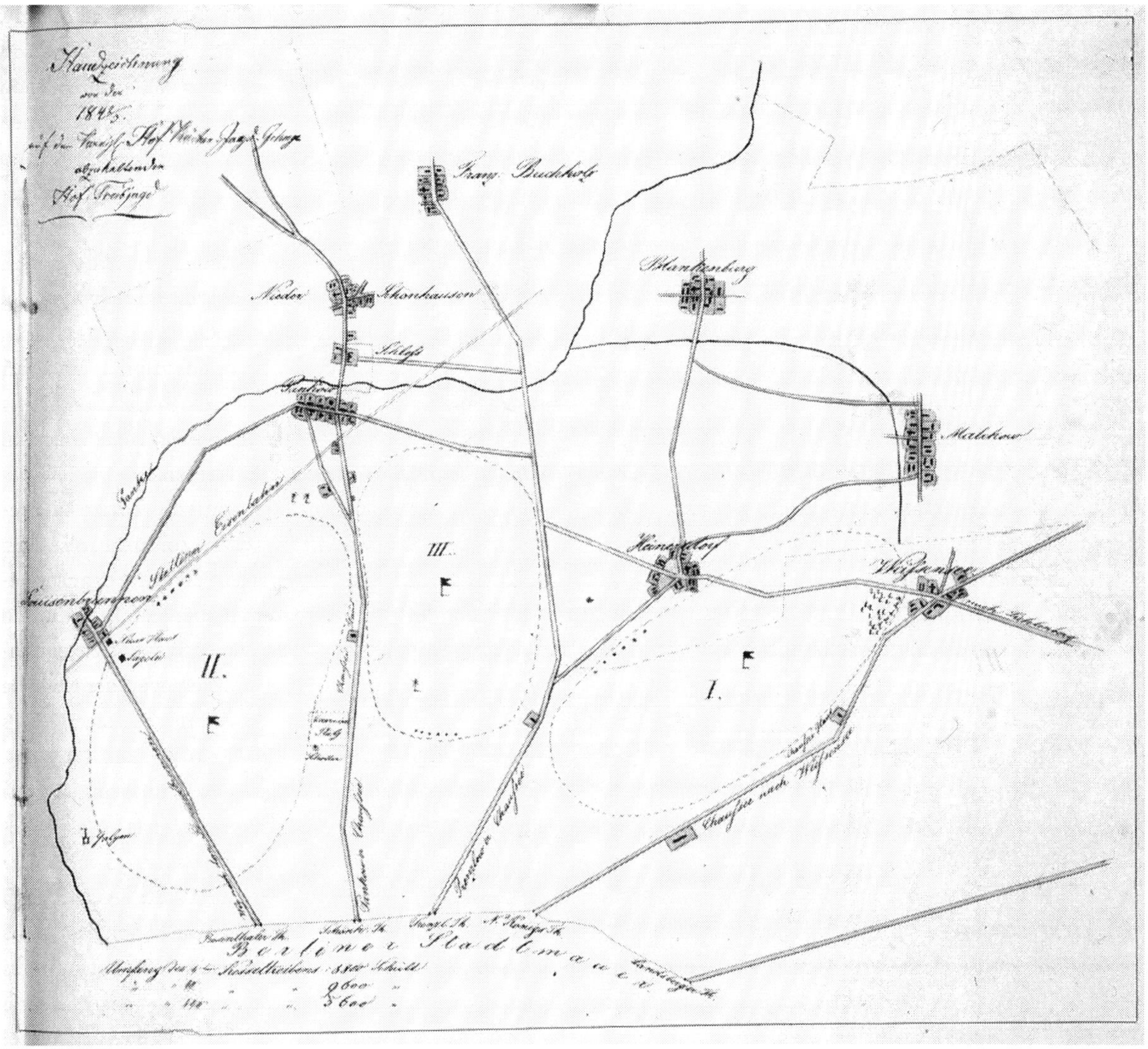

Zeichnung eines der Küchengehege zwischen den Orten Luisenbrunnen, Pankow und Heinersdorf bei Berlin, 1842.

ferner Vorstellung zu machen, und werde mich nur auf die submisse. Anzeige beschränken, daß ich nach der allerhöchsten Feststellung die Jagden nicht verbessern, die so stark eingewurzelten Missbräuche nicht heben, und ein kunstgerechtes Jagdwesen nicht einführen kann […]. Vielleicht glückt es nach mir einem Anderen, ein Hofjagdwesen, anderen Höfen gleich, regelmäßig und zusammenhängend einzurichten […].«[21]

Anschließend benannte von Moltke die Oberförstereien, die für das Hofjagdamt ausgewählt werden könnten. In dem Regierungsbezirk Potsdam waren das Belzig, Eberswalde, Havelberg, Liebenwalde, Köpenick, Königs Wusterhausen, Oranienburg, Potsdam, Ruppin, Storckow, Spandau, Zehdenick und Zinna. Im Regierungsbezirk Stettin nannte er Sellchow und Treptow am Tollensee. Im Herzogtum Sachsen kamen

Annaburg, Elsterwerda, Glücksburg, Halle, Schlieben, Sitzenrode und Weisenfels hinzu, im Regierungsbezirk Magdeburg waren es Aken, Barby, Bischoffswerda, Burgstall, Colbitz, Genthin und Hassenrode sowie im Regierungsbezirk Frankfurt Beeskow, Dobrilugk, Hoyerswerda und Sorau.

Graf von Moltke pflegte in allen jagdlichen Belangen einen engen Kontakt zum Kronprinzen. Immer wieder wandte er sich an ihn, um in dem leidenschaftlichen Jäger einen Unterstützer zu finden. Doch die Unstimmigkeiten zwischen dem Hofjagdamt und dem Staatskanzler konnte auch der Kronprinz nicht beilegen. Graf von Moltke resümierte darüber: »Das Geschick ist leider mir und dem Jagdwesen nicht günstig. Ich getröste mich indes mit Er. Königl. Hoheit mir schmeichelnden ferneren höchsten Protection, und auch damit, daß vielleicht für die Folge, ich ein gutes Werk gestiftet habe, und daß wenn ich auch den Nutzen davon nicht erlebe doch meine Nachkommen glücklicher sein werden.«[22]

Doch bereits am 26. Dezember 1823 griff der König erneut in die Diskussion ein und ordnete an, dass die Oberforstmeister der Regierungsbezirke automatisch Mitglieder des Hofjagdamtes seien und von Moltke zu ihnen in der Eigenschaft eines Präsidenten stehe. Damit waren sie ihm in jagdlichen Anordnungen direkt unterstellt und hatten seine Anweisungen zu befolgen. Der König schloss sein Schreiben in der Hoffnung, »dass nun alle Reibungen und Differenzen aufhören werden«.[23]

Graf von Moltke sah als Ansatzpunkte für eine Erneuerung des Jagdwesens hauptsächlich »das Jagdrecht, den Wildschutz, die Wildzucht und die Wildbenutzung«. In einem Schreiben vom 8. Januar 1824 legte er seine Grundgedanken nieder und bat die beiden Oberforstmeister von Schenck und von Schleinitz um eine Stellungnahme.

Eine Erneuerung des Jagdwesens sei nur möglich, so von Moltke, wenn diese vier Einheiten ineinander verschmelzen würden. Unter Wildschutz verstand er u.a. die strikte Einhaltung der Schon- und Jagdzeiten, nicht nur in den königlichen, sondern ebenso in den privaten Revieren. Ein besonderes Augenmerk sollte darauf gelegt werden, dass die Jagd nicht zu stark und nicht zur Unzeit ausgeübt werde. Dabei teilte er in seiner Schrift die Auffassung von Georg Ludwig Hartig, der eine weidmännische Behandlung des Wildes in erster Linie von den Jägern selbst forderte.

Für eine gelingende Wildzucht hielt er eine genaue Kenntnis über jede Wildart, was ihr zuträglich und nachteilig werden könnte, für unabdingbar. Erstmals sollten der Ort und die Bodenverhältnisse jedes Hofjagdreviers geprüft werden, um festlegen zu können, wie viel Wild und welche Wildart das Revier verkraftete. Damit sei eine Möglichkeit gegeben, Schäden vorbeugen zu können.

Für die »Wildbenutzung«, also die jagdliche Bewirtschaftung eines Reviers, forderte er eine Jägerei, die das verfügbare Wissen über das Wild selbst und den Jagdbetrieb beherrsche. Der Jäger solle zum Beispiel wissen, wann die »schickliche Zeit zur Erlegung jeder Wildart ist«. Allem voran stellte er die Forderung nach der Ausbildung und fordert hier vom Staat mehr Engagement: »Diese [Behörde] dürfte auch darauf zu sehen haben und dafür verantwortlich gemacht werden können, daß nur ganz gesund, rüstige und gut erzogene junge Leute, welche sich die nötigsten Schulkenntnisse erworben haben, in die Lehre genommen, während drei Lehrjahre insbesondere für die praktische Jägerei gebildet, hier nächst aber vor Erteilung des Lehrbriefs geprüft werden, um den Einschlich ganz unbrauchbarer Subjekte in die Jägerei [zu verhüten], was heilsam, im umgekehrten Falle aber höchst nachteilig Wirkungen auf den Staat hervorbringen muß.«[24]

Er empfahl, sich diese Forderung zueigen zu machen, denn in Zeiten einer Bedrohung sei ein gut ausgebildeter Jäger auch ein guter Soldat.

Später wagte niemand mehr, sich gegen den Oberjägermeister zu stellen, da dieser nun erneut direkt dem König unterstand – bis zum Ende der Monarchie.

Weiterhin wurden ihm das Jagdzeugwesen auf dem Jagdschloss Grunewald, damals als »Grünenwald« bekannt, die Fasanerie, die Schwanenanstalt bei Spandau und die Entenfänge bei Potsdam unterstellt.[25]

Mit der Errichtung des Hofjagdamtes erlosch die ursprünglich definierte Funktion des Oberjägermeisters aus dem Jahre 1579. Er wurde jetzt unmittelbar ein persönlich verantwortlicher Beamter der Krone.[26] Der König stand nun hinter seinem Oberjägermeister und legte später, in Absprache mit von Moltke, die Hofjagdamtsbezirke im Regierungsbezirk Potsdam fest. Dazu gehörten die Reviere Alt Schadow, Biesenthal, Bornim, Colpin, Cummersdorf, Dipmannsdorf, Falkenhagen, Friedersdorf, Freienwalde, Grimnitz, Groß Schönebeck, Hammer, Kunersdorf, Köpenick, Lehnin, Liepe, Mühlenbeck, Oranienburg, Potsdam, Reiersdorf, Rüdersdorf, Scharfenbrück, Spandau, Tegel, Wasserburg, Wusterhausen und Zinna.[27]

Wegen der damals noch sehr geringen Mobilität, den erheblichen Entfernungen und des recht großen Zeitaufwandes, der für das Reisen aufgewendet werden musste, fanden groß angelegte Hofjagden noch nicht in der Schorfheide statt. Bevorzugt wurden dagegen die Reviere in der Nähe der Residenzen Berlin und Potsdam. Obwohl der Wildstand niedrig blieb und wildreiche Strecken nicht zu erreichen waren, hatten die Jagdverfechter gegenüber ihren Gegnern einen bedeutenden Sieg errungen.

Am 31. Oktober 1822 erhielt von Moltke einen Brief, in dem er aufgefordert wurde, für den Kronprinzen Friedrich Wilhelm in den kommenden Wintermonaten einige Jagden zu arrangieren. Eine Aufgabe, die ihm damals wohl schlaflose Nächte bereitete. Er ließ sofort an einige Forstinspektionen Anfragen stellen, um festzustellen, wo eine Jagd auf Hochwild möglich wäre. Die eingehenden Antworten waren nicht ermutigend. Aus Eberswalde kam die Nachricht, dass als einziges Revier in der Inspektion Grimnitz infrage kommen würde. Grimnitz »als die einzige Mutter aller benachbarten Wildbahnen in der Runde« sei ein Revier, in dem man befriedigendes Jagen erwarten könne. Doch es wurde eingeschränkt, dass eine einfache, eingelappte Jagd an einem Tag ausreichen müsse, bestehe doch die Gefahr, dass das Rotwild beim ersten Schuss durch die Lappen ginge. Entsprechende Erfahrungen habe es in der Vergangenheit bereits zahlreich gegeben. Auch sei für solch eine Jagd nicht genügend Jagdzeug vorhanden; es müsse erst aus Berlin herbeigeholt werden. Da auch in den anderen Revierteilen eine Jagd auf Hochwild nicht zu empfehlen sei, wurde dem Kronprinzen stattdessen eine Hasenjagd im Revier Liepe vorgeschlagen. Auch aus der Inspektion Rheinsberg kamen ernüchternde Mitteilungen. Der Hochwildbestand sei nur als mittelmäßig zu bezeichnen und erst im Aufbau begriffen. Gleiches gelte für den Rehwildbestand. Es stehe kein Jagderfolg in Aussicht, so der zuständige Forstbeamte. Schwarzwild sei, wegen der starken Bejagung, nur noch als Wechselwild aus dem Mecklenburgischen vorhanden. Selbst aus dem Revier Zechlin hieß es: »[...] mit voller Gewißheit läßt sich eine brilliante Jagd auf Hochwild nicht versprechen, und nicht vermuten.«[28] Auch aus Zehdenick war zu vernehmen, dass eine Jagd nicht zu empfehlen sei, allenfalls ein Treiben auf Hasen und Füchse im Revier Himmelpfort. Auch aus dem etwa 3.574 Hektar großen Revier Putzig, das zur Forstinspektion Schwedt gehörte, hieß es, dass ca. 50 bis 60 Stück Rotwild, 70 bis 75 Stück Damwild und 20 Sauen vorhanden seien. Die zahlreichen Meldungen über die geringen Wildbestände veranlassten den Kronprinzen schließlich, auf die Jagd zu verzichten.

Kronprinz Friedrich Wilhelm war kein übermäßiger Verehrer jagdlicher Anlässe, umso mehr Romantiker und Liebhaber der Natur. Von daher ist anzunehmen, dass er die Meldungen mit königlicher Gelassenheit akzeptierte. Selbst die gewünschten Jagdhorninstrumente konnten nicht so schnell herbeigeschafft werden. Der zuständige Oberförster Bartikow ließ dazu wissen, »daß er mit Klappern für die Jagd zwar versehen sei, jedoch die [...] bestimmten Flügel oder Wildhörner nicht besitze«.[29] Wir werden später noch erfahren, dass neben der Pflege bestimmter Jagdpraktiken auch das Benutzen von Jagdhörnern in weiten Teilen der Jägerschaft in Vergessenheit geraten war.

Graf von Moltke eilte mit seinen Grundsätzen seiner Zeit voraus und so blieb es nicht aus, dass er vielfach schmerzliche Kritik einstecken musste. Die Früchte seiner unermüdlichen Arbeit erlebte von Moltke nicht mehr. Als er 1826 starb, wurde Heinrich Fürst zu Carolath sein Nachfolger. Er war es, der als Erster konkrete und feste Regeln für eine Gesellschaftsjagd aufstellte, die teilweise noch heute ihre Gültigkeit haben. Dazu gehörten u.a.: »Das weibliche Rot-, Dam- und Rehwild ist ganz zu schonen, wer darauf schießt, erlegt einen Louisdor Strafe bei den ersten beiden Wildgattungen, und einen Ducaten bei der letzten Wildgattung. Das männliche Rot- und Damwild darf nur mit der Büchse geschossen werden, bei Vermeidung einer Strafe von 2 Rthl. Das Schießen in die Linie der Schützen und in das Treiben bei dem Herannahen der Treiber auf 100 Schritt wird […] geahndet. Bei dem Begehen von einem Treiben zu dem anderen ist der Lauf des Gewehrs […] in die Höhe zu richten.«[30]

Carolath war es auch, der Interesse für die jagdliche Musik zeigte und im Dezember 1826 fünf Musiker unter Vertrag nahm. Sie sollten bei allen Jagden des Hofjagdamtes »die Höhen und Höchsten Teilnehmer […] mit Horn-Quartetts, auch fünfstimmige Sachen, und anderen musikalischen Kunstleistungen, wohin auch Gesänge gerechnet werden, vergnügen«.

Der Wildstand allerdings blieb nach wie vor hinter den Erwartungen zurück. Das sollte 1835 durch die Einteilung von 40 Hofjagdrevieren in drei Klassen geändert werden. In die I. Klasse fielen alle nahe Berlin und Potsdam befindlichen Reviere und diejenigen, in denen Hofjagden gehalten werden konnten. Es handelte sich vorzugsweise um die Reviere, die zu Wildlieferungen an die Hofküche dienten und in denen eine Wildfütterung im Winter stattfand. Zur Kontrolle der Wildschäden wurden »Feldwildwächter« angestellt, um Wildschadensklagen möglichst vorzubeugen. Damit befriedigende Resultate bei den Hofjagden erzielt werden konnten, sollte nur ein mäßiger Abschuss stattfinden. Unvermeidliche Wildschäden sollten in den Revieren der I. Klasse entschädigt werden, zu denen die Reviere Bornim, Falkenhagen, Freienwalde, Grimnitz, Groß Schönebeck, Köpenick, Kunersdorf, Lehnin, Liebenwalde, Liepe, Mühlenbeck, Oranienburg, Potsdam, Rüdersdorf, Spandau und Tegel zählten.

In die II. Klasse kamen diejenigen Reviere, in denen keine Hofjagden gehalten wurden und keine Feldwächter angestellt waren. Sie grenzten in der Regel an die Reviere der I. Klasse, sodass das Wild hin und her wechseln konnte, ohne unkontrolliert beschossen zu werden. Wild sollte hier lediglich zur Ergänzung für die Versorgung der Hofküche erlegt werden und ein stärkerer Wildabschuss nur für die Erhaltung eines mäßigen, den Feldbau nicht schädigenden Wildstandes stattfinden. Dazu gehörten die Reviere Alt Ruppin, Biesenthal, Liepe, Neu Glienicke, Neuholland, Neuendorf, Reiersdorf, Rüdnick, Zechlin und Zehdenick.

In die III. Klasse kamen diejenigen Reviere, in denen keine Hofjagden gehalten wurden, keine Feldwächter angestellt waren und ein starker Wildabschuss stattfand. In der Regel sollte dort nur ausnahmsweise Wildschaden bezahlt und Wild nur ersatzweise für die Hofküche geliefert werden, vorzugsweise Dam- und Rehwild, das aus den Revieren der Klassen I. und II. nicht geliefert werden konnte. Dazu gehörten die Reviere Alt Schadow, Dippmannsdorf, Friedersdorf, Gramzow, Grünau, Havelberg, Himmelpfort, Klepzig, Kolpin, Lüdersdorf, Menz, Scharfenbrück, Zossen und Zinna.[31]

Im Februar 1840, kurz vor der Inthronisierung des Kronprinzen, erging durch Staatsminister Johann Philipp von Ladenberg (1769–1847) die Anweisung an die Forstbeamten, dass »in den zum Hofjagdamtsbezirk gehörenden Forstrevieren der I. Klasse der Abschuß bedeutend ermäßigt, mehrere früher verpachtete in der Nähe der Residenz belegene Jagden zum administrativen Beschuß eingezogen und die zum Schutz der Königlichen Jagden erforderlichen Aufsichtskosten [...] bewilligt seien, um die Königlichen Jagden [...] in solchen Stand zu bringen, daß Ihre Hoheiten die Königlichen Prinzen das gewünschte Jagdvergnügen [...] finden«.[32]

Um dies zu erreichen, wurde daraufhin in den an Berlin angrenzenden Revieren ein striktes Jagdverbot für Niederwild ausgesprochen.

ÜBER JAGDWAFFEN, JAGDDIENSTE UND JAGDHUNDE

Doch wie und mit welchen Möglichkeiten wurde die Jagd damals ausgeübt? Mit den heutigen, modernen Jagdwaffen hatten die damaligen kaum etwas gemeinsam. Die Feuerkraft der Jagdwaffen war im Vergleich zur heutigen eher niedrig. Um einen sicheren, todbringenden Schuss antragen zu können, durfte der Schütze nicht weiter als etwa 60 Meter vom Wild entfernt sein. Bei der Streuwirkung der Vorderlader war die Treffgenauigkeit gering. Deshalb waren die Jäger bemüht, das Wild, wenn nicht aufs Blatt, so doch krankzuschießen, damit die Hunde es hetzen und an der Flucht hindern konnten. Erst dann gelang es dem Schützen in der Regel, nahe genug an das Stück heranzukommen, um es mit dem Spieß oder dem Hirschfänger zu töten.

In der ersten Hälfte des 19. Jahrhunderts war als Jagdwaffe noch das Steinschlossgewehr weit verbreitet, das auch für den Schützen nicht ganz ungefährlich war. Um beim Schuss durch die Stichflamme auf der Zündpfanne nicht Gefahr zu laufen zu erblinden, schloss der Schütze für einen kurzen Augenblick seine Augen. Durch den Pulverdampf, der beim Austreten der Kugel aus dem Lauf entstand, war es ihm nicht möglich, den Treffpunkt der Kugel beim Wild zu erkennen. Außerdem war die Waffe für die Pirsch und bei Regenwetter nicht zu gebrauchen, da das Pulver feucht werden konnte. Preußische Militärs stellten fest, dass von 200 abgegebenen Schüssen auf eine Entfernung von 75 Metern nur 75 Prozent tatsächlich das Ziel trafen. Die Durchschlagskraft nahm bereits auf kurze Entfernung derart ab, dass die Kugel in einer fünf Zentimeter starken Holzbohle steckenblieb. So ergab eine Berechnung, dass die Preußen bei der Schlacht bei Mollwitz 1741 gegen die Österreicher »350 Schuß« benötigten, um einen blutigen Treffer zu erzielen.[33]

Das Wild hatte damals durchaus noch eine Chance. Es war viel vertrauter und tagaktiver als in der heutigen Zeit. Der Jäger konnte die Jagd überwiegend noch am Tag, im Höchstfall bis zur Dämmerung ausüben und war nicht auf die Mondphasen angewiesen. Infolge der Verfeinerung der Jagdtechnik wandelte sich das Verhalten der Jäger und das Wild wurde immer heimlicher und nachtaktiver. So änderte sich mit dem Aufkommen des Zündnadelsystems, das eine erheblich raschere Schussfolge ermöglichte, die Effektivität der Jagdausübung. Jetzt konnte das Wild auch auf Entfernungen von über 100 Metern beschossen werden und mit der dazugehörigen Zieloptik war die Jagd auch in den Mondnächten möglich.

Die seit dem frühen Mittelalter bei der Bevölkerung ungeliebten Jagddienste wurden im 19. Jahrhundert, spätestens mit der Separation, gänzlich abgeschafft. In Groß Schönebeck waren die Bauern bis dahin beispielsweise verpflichtet gewesen, erlegtes Wild aus dem Wald bis zur Oberförsterei und weiter in Richtung Berlin bis zur Gemeinde Wandlitz zu transportieren. Doch weigerten sie sich zunehmend, weil sie durch die in Preußen eingeleiteten Reformen erbliche Eigentümer ihrer Höfe und damit als Steuerzahler frei von unentgeltlichen Jagddiensten geworden waren. In der Oberförsterei Pechteich hatten die Einwohner der Gemarkung nur noch Dienste bei Wolfsjagden und bei Waldbränden zu leisten.[34] Ähnlich war es in der Oberförsterei Grimnitz. Die Gemeinden Groß und Klein Ziethen waren verpflichtet, das Wildbret für die königliche Hofküche bis nach Ladeburg (vier Meilen, rund 30 Kilometer) zu transportieren. Die Pflicht zu Jagddiensten gab es allenfalls zu Wolfs- und Schwarzwildjagden, wenn dadurch Wildschäden vermieden werden konnten.[35]

Wenn auch der allgemeine Wildbestand im Königreich zu dieser Zeit niedrig war, so ist es doch erstaunlich, wie viele Jagdhunde sich einzelne Oberförstereien hielten. So gab es um 1822 in Groß Schönebeck 14[36], in Grimnitz zehn[37], in Pechteich 13[38] sowie in Reiersdorf[39] und Zehdenick[40] je vier Jagdhunde. 45 Hunde standen somit insgesamt für die verschiedenen Jagdarten zur Verfügung. Während die Schweißhunde für die Nachsuche auf Rotwild genutzt wurden, kamen die Saufinder mehr bei der Schwarzwildjagd zum Einsatz. Sie sollten das Wild aufspüren und stellen, bis der Jäger nahe genug herankommen konnte, um es zu erlegen.

Nach dem bisher bekannten Aktenmaterial gab es im 19. Jahrhundert in der Schorfheide keine Parforcejagden. Dadurch entfiel die spezielle Haltung von Hunden für diese Jagdart. Anders verhielt es sich dagegen für die Jagdgebiete um Berlin und Potsdam. Hier gründete sich ein Parforcejagdverein, der überwiegend von Adligen dominiert war und regelmäßig im Herbst und Winter zu Jagden einlud.

Für die eigentlichen »Hetzjagden« auf Hasen, aber auch auf anderes Wild unterhielt der Hof auf dem Jagdschloss Grunewald eigens eine Hundemeute. Diese »Hetz-Jagd-Equipage« stand ausschließlich der königlichen Familie zur Verfügung und konnte von ihr angefordert werden. Die Unterhaltung und Pflege der Hundemeute oblag zu dieser Zeit dem Jagdzeugmeister Schröder und dem Jagdzeugjäger Mehler. Die Prinzen aus dem königlichen Hause, wie zum Beispiel Prinz Carl von Preußen, bevorzugten und hielten teilweise eigene Jagdhunde.[41]

Mehrfach wies der Jagdzeugmeister auf die doppelte Hundehaltung hin und empfahl die Abschaffung der Hunde auf Schloss Grunewald. Besondere Schwierigkeiten bereiteten ihm die zwei Schweißhunde. Die Hündin erwies sich für die Zucht als untauglich, da sie 1827 nur verkrüppelte und tote Welpen hervorbrachte. Der Rüde namens Hirschmann war so bösartig, dass er nur noch an der Kette gehalten werden konnte. Er fiel jeden an, der sich auf dem Schlosshof sehen ließ.

Als Ursache gab Schröder an, dass der Hund zwei Jahre zuvor von einem in das Jagdschloss eingedrungenen Pudel gebissen worden sei. Er vermutete, dass bei ihm nach zwei Jahren nunmehr möglicherweise die Tollwut ausgebrochen sein könne und der Hund abgeschafft werden müsse. In der Folge konnte bei ihm tatsächlich die noch unerforschte »Wut« festgestellt werden, an der er später einging. Ein Jahr später schlug Schröder dem Oberjägermeister vor, nach Beendigung der Jagd von den insgesamt zwölf Hunden vier wegen zu hohen Alters totzuschießen und dafür neue anzuschaffen.

Gute Jagdhunde standen hoch im Kurs und es wurde alles dafür getan, damit sie nicht zu Schaden kamen. So musste eines der Pferde, das für die Jagd zugeritten war, aussortiert werden, weil es keinen Hund an sich herankommen ließ und sofort begann, mit den Hufen auszuschlagen. Bei den täglichen Ausritten kam »die Beste und schönste Windhündin Manille« dem Pferd so nahe, dass sie vom Pferd fast erschlagen wurde, berichtete Schröder dem Oberjägermeister. Dadurch war es für die Jagd vollkommen unbrauchbar geworden und wurde auf dem Spandauer Pferdemarkt gegen ein anderes getauscht.

Fürst Carolath schrieb in der Folge am 18. Mai 1833 an den Prinzen Carl und schlug ihm die Auflösung der »Hetz-Jagd-Equipage« vor. Dadurch würde sich eine Ersparnis von 500 Mark ergeben, die für andere Jagdangelegenheiten verwendet werden könnten. Als Randbemerkung findet sich die Zustimmung aller vier Prinzen Albrecht, Carl, Friedrich Wilhelm und Wilhelm auf dem Schreiben. Die Tendenz ging dahin, dass sich die Prinzen selbst Jagdhunde hielten. In späteren Jahren, mit der Zunahme des Hochwildbestandes und der Jagd auf Rotwild, handelte es sich bei diesen prinzlichen Hunden überwiegend um Schweißhunde. Auch König Friedrich Wilhelm IV. bevorzugte die treuen Dienste dieser Hunderasse. Gab der König bekannt, dass er zur Jagd reisen wollte, erging gleichzeitig der Befehl: »Der Schweißhund ist herbeizuschaffen.«[42]

An guten Jagdhunden mangelte es immer, in der Schorfheide besonders an Schweißhunden. Der »Märkische Forstverein« unterbreitete deshalb am 19. April 1896 den Vorschlag, eine »Pflanzschule zur Zucht des Schweißhundes und zur Lehre der Schweißarbeit« zu errichten. In dem Schreiben an den Landwirtschaftsminister Freiherr von Hammerstein-Loxten betonte er, es gehe darum, die Schweißhundezucht und ihre Verbreitung nicht in Vergessenheit geraten zulassen. Die so ausgebildeten Hunde sollten dann an die Oberförstereien mit Rotwildbestand abgegeben werden und dort zum Einsatz kommen.

Der Direktor der Forstakademie Eberswalde, Landforstmeister Dankelmann, schlug daraufhin vor, eine solche Zucht- und Ausbildungsstätte in einem Lehrrevier einzurichten. Anleitung und Hunde für die Zucht sollten vom »Verein Hirschmann« kommen. Er ließ sich davon leiten, dass damit eine Möglichkeit geschaffen werden könne, mittellosen Förstern den Ankauf eines Hundes zu einem angemessenen Preis zu ermöglichen. Aber auch die Studierenden und die Forstbeamten aus den angrenzenden Revieren hätten damit die Chance, die Schweißarbeit zu erlernen.[43] Realisiert wurde die Einrichtung allerdings nicht.

Diese Sorgen hatten die königlichen Prinzen nicht. Sie kamen mit ihren eigenen ausgebildeten Hunden in die Schorfheide, wie Prinz Friedrich Karl, der Anfang Oktober 1865 auf der Pirsch in der Schorfheide von seinem Schweißhund begleitet wurde. Er schoss einen Hirsch krank und verfolgte mit seinem Hund die Fährte des Wildes einen Tag über drei Jagen, was etwa einer Länge von zwei Kilometern entspricht. Auf Sichtweite des kranken Hirsches wurde der Hund geschnallt und nach einer kurzen Hetzjagd stellte sich der Hirsch dem Hund, worauf es dem Prinzen gelang, den erlösenden Schuss anzutragen.[44]

1871 berichtete der Forstdirektor Burckhardt aus Hannover dem Oberjägermeister Graf Stolberg-Wernigerode, dass die königliche Saufindermeute nicht

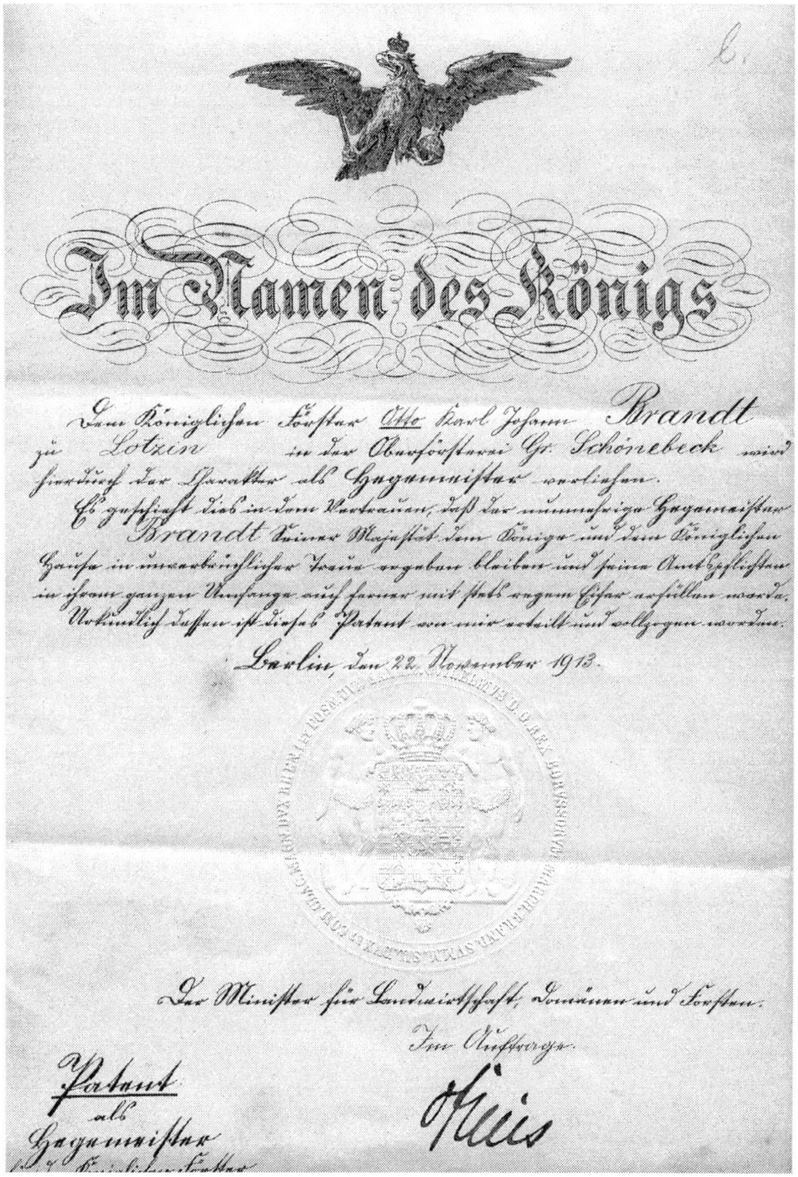
Im Namen des Königs

Dem Königlichen Förster Otto Karl Johann Brandt zu Lotzen in der Oberförsterei Gr. Schönebeck wird hierdurch der Charakter als Hegemeister verliehen.
Es geschieht dies in dem Vertrauen, daß der nunmehrige Hegemeister Brandt Seiner Majestät dem Könige und dem Königlichen Hause in unverbrüchlicher Treue ergeben bleiben und seine Amtspflichten in ihrem ganzen Umfange auch ferner mit stets regem Eifer erfüllen werde.
Urkundlich dessen ist dieses Patent von mir erteilt und vollzogen worden.
Berlin, den 22. November 1913.

Der Minister für Landwirtschaft, Domänen und Forsten.
Im Auftrage.

Patent als Hegemeister

Ausschnitt aus der Ernennung des Försters Otto Brandt zum Hegemeister, 1913.

nur vollzählig sei, sondern auch »tüchtige Winter-Studien gemacht« habe. Insgesamt zählte die Findermeute 36 Hunde, die zur Herbstjagd bereitstand. Dazu kamen 23 Schweißhunde, die zum Teil schon intensiv auf der Schweißfährte ausgebildet worden waren. Die Hunde entstammten Würfen aus den Jahren 1867 bis 1870 und waren im Durchschnitt für 25 Taler angekauft worden. Bereits fertig ausgebildete Schweißhunde erzielten noch höhere Preise. Alle Hunde, bei denen sich Mängel zeigten und die sich als Finder- oder Schweißhunde nicht eigneten, wurden konsequent erschossen.[45]

Wie wichtig gute Hunde waren, zeigte sich bei zahlreichen Gelegenheiten, so auch als Großfürst Wladimir von Russland, der zweite Sohn des Zaren, im August 1880 in der Schorfheide auf Rotwild jagte. Der Oberförster von Grimnitz von Hövel meldete am 30. August nach Berlin, »dass der Hirsch, auf welchen Seine kaiserliche Hoheit im Jagen 13 geschossen, im Jagen 25, dicht an der Grenze von Jagen 33 gefunden ist. Es ist der Hirsch auf welchen S. K. K. Hoheit im Stehen schoss, [...] die Kugel ist etwa zwei Hände breit vor dem Blatt durch den Hals geschlagen, ohne den Halsknochen zu durchbrechen und kann keine Ader gefasst haben, da ich keinen Schweiß gefunden habe, wohl aber markierte mein Schweißhund den Anschuss und zog nach, ich arbeitete durch Jagen 13 und 19, bis nach 25 und brach dann ab, da weder ich noch der Forstaufseher Regling auf dem ganzen Weg einen Tropfen Schweiß gefunden hatten.«[46]

Den Hirsch fand später ein Hirte, der seine Kühe in dem Revier weidete. Die Kugel hatte die Drossel (Kehlkopf) durchschlagen, woran das Tier erstickte. Von Hövel hatte seinem Hund nicht vertraut und war der Auffassung gewesen, er würde nur der Wildfährte folgen. 1888 berichtete von Hövel über die Ausbildung: »Die Ausbildung der Hunde, worunter wohl nur Schweißhunde verstanden werden können, ist nur möglich, wenn in den Monaten Juli, August, September sorgfältig gearbeitet wird, nur dann kann ein Schweißhund mit Sicherheit bei den Pürschen der fürstlichen Herrschaften verwendet werden.«[47]

Von Hövel selbst hatte sich zeit seines Lebens intensiv der Schweißhundeausbildung gewidmet und ausgezeichnete Hunde bereitstellen können. Nur in diesem Jahr gelang es ihm nicht, da ein Hund, so von Hövel, der nicht wenigstens neun bis zehn Monate im Jahr »gesucht und gehetzt hat«, ganz unzweckmäßig ist. Er selbst hielt stets zwei Schweißhunde, wobei es sich jedoch nicht um Tiere von Rasse, sondern auf Schweiß abgeführte Vorstehhunde handelte.

Die Methoden der Abrichtung blieben über Hunderte von Jahren immer die gleichen. Noch bis in die Weimarer Zeit war es üblich, Wild bewusst krankzuschießen, um die Hunde auf die Fährte ansetzen und ausbilden zu können. Von Hövel erwähnte mehrfach das Krankschießen und das mitunter zweistündige Hetzen, bis das Tier sich dem Hund stellte und den erlösenden Schuss erhalten konnte. Mit der Verbesserung der Jagdwaffen konnte aber von Hövel feststellen: »Bedenkt man aber, dass man ein wehrloses Stück Wild absichtlich weidwund schießt, es stundenlang die wahnsinnigsten Schmerzen aushalten läßt, dann noch mit dem Hunde hetzt, diesen lange stellen läßt, ehe man den Fangschuß gibt, so muß man doch sehr froh sein, daß die Wirkung der neusten Geschosse so tödlich ist, daß nur selten eine Hetze notwendig wird.«[48]

Erst mit der neuen Jagdgesetzgebung nach 1949 fand diese Form der Ausbildung der Hunde ein Ende und ist seither verboten.

FRIEDRICH WILHELM III. UND DIE JAGD

DIE JAGDEN DER PRINZEN UNTER FRIEDRICH WILHELM III.

Friedrich Wilhelm III. scheint dem geselligen Weidwerk wenig zugetan gewesen zu sein, denn er ist in den noch vorhandenen Teilnehmerlisten der Jagden des Hofjagdamtes nicht zu finden. Dennoch ging er, selbst in politisch schwierigen Zeiten, zur Jagd. Am 18. Oktober 1806 mussten er und die Königin Berlin vor den französischen Invasoren fliehend verlassen und in die Provinz Ostpreußen ausweichen. Der Weg führt sie unter anderem über Ortelsburg, wo der König zur Überraschung aller auf die Elchjagd ging.[1]

Nach dem Krieg beabsichtigte er 1822 einen Jagdpark errichten zu lassen. Graf von Moltke und der Oberlandforstmeister Hartig schlugen dafür die damals noch unbebauten Reviere um Charlottenburg vor. Der Park sollte eine Größe von etwa 817 Hektar haben und vollständig eingezäunt sein. In diesem Gehege sollten 150 Stück Rot-, 200 Stück Dam-, 20 bis 30 Stück Schwarz- sowie 100 Stück Rehwild und 400 Hasen Platz finden, insgesamt rund 880 Tiere. Als jährlichen Abschuss bestimmten die Planer, 40 bis 50 Stück Rot-, 70 bis 80 Stück Dam-, zwölf bis 15 Stück Schwarz- sowie 40 bis 50 Stück Rehwild und 700 bis 800 Hasen.[2] Als eine Besonderheit schlug Hartig vor, ein großes Wasserbecken auszuheben und mit Wasser aus dem Tegeler See zu speisen. In diesem künstlichen Teich wollte er einen 19 Meter hohen Hügel aufschütten und einen Tempel für die Schutzpatronin der Jäger, Diana, errichten lassen. Von dort hätte der König einen fantastischen Blick über Berlin und einige Dörfer werfen können. Obwohl das Projekt, selbst ohne die Besonderheiten des Diana-Tempels, 60.000 Taler kosten sollte und Hartig anbot, es für nur 18.000 Taler zu verwirklichen, fand es die Zustimmung des Königs nicht und wurde verworfen.

Die königlichen Prinzen hingegen bedauerten die Entscheidung ihres Vaters, fanden sie sich doch fast immer geschlossen auf jeder sich bietenden Jagdgelegenheit ein. Nur der Kronprinz musste sich wegen öffentlicher Verpflichtungen öfter entschuldigen.

Nach der vorhandenen Aktenlage erscheint es, dass alle Verbesserungen für das Jagdwesen, die der Vater billigte, vorrangig für die Prinzen durchgeführt wurden. Denn am 20. November 1823 fragte Graf von Moltke beim Oberförster Palm in Rehhorst nahe der Stadt Liebenwalde an: »Gelingt es Ihnen die Sauen in Ihrem Forste zu körnen, so wird das Vergnügen der Prinzen vollständig sein.« Und am 1. März 1824 schrieb er dem Oberforstmeister von Schenck: »Der Kronprinz [...] lieben ganz besonders die Jagd auf Schwarzwild, und ich bin bemüht gewesen, diesem, von höchst demselben mir so oft geäußertem Wunsch [...] möglichst zu erfüllen, ohne Beschwerden Seitens der Untertanen zu verursachen.«[3]

Palm erhielt den Auftrag, so viel Schwarzwild wie möglich in seinem Revier von den »Saatfeldern« anzukirren und den Nachbarn »zu entziehen«. Täglich sollte er ihnen mehrere »Metzen«[4] Kartoffeln füttern, damit

Friedrich Wilhelm III. mit seinen Söhnen Friedrich Wilhelm (rechts) und Wilhelm (links), um 1814.

sie bis zum Herbst in den Forsten gehalten und dann durch die Prinzen abgeschossen werden könnten. Anscheinend waren zu dieser Zeit Kartoffeln knapp, denn Palm verfütterte an 121 Tagen täglich vier »Metzen« Erbsen, was die Kosten in die Höhe trieb. Das Problem war, dass dadurch das Schwarzwild zwar angezogen wurde, aber nicht am Austreten auf die Felder gehindert werden konnte.

Letztendlich entschloss man sich für den Bau eines Saufanges, in den das Schwarzwild einwechselte und gefangen werden sollte. Oberförster Palm sollte dafür einen entsprechenden Kostenvoranschlag einreichen. In diesem versuchte er, seiner übergeordneten Behörde die eigentlichen Ursachen für die ständigen Wildschäden darzulegen und schrieb: »Das Wild ist in seiner Nahrung auf die Wälder der Natur angewiesen. Wären die Forsten noch was sie sein könnten – was sie sein sollten [...]. hätte man die Forsten nicht zerstückelt, zu bunten Mustergarten umgeschaffen, den Getreideanbau nicht bis in ihre [Nähe] ausgedehnt, die Hütungen nicht übertrieben, würde, bei einiger Mast, auf Nahrung des Wildes auch gesehen, so wäre dasselbe nicht gezwungen, die Feldfrüchte in Anspruch zu nehmen. [...] Alle Kämpfe des Jägers sind fruchtlos, wenn keine Dickichten, keine Masthölzer nachgezogen [...] und wenn Gesetze sogar die Hand bieten – die Wildbahnen zu zerstören.«[5]

Palm beabsichtigte, einen zehn- bis 15-jährigen Kiefernbestand von etwa 76 Hektar Größe als Saugatter einzuzäunen, und erwähnte dabei, dass es in früheren Zeiten zwei Saugärten in seinem Revier gegeben habe, »nicht, um das damals noch nicht gehörte Geschrei über Wildschäden abzuwenden, sondern um dem Landesherrn einige Jagdgenüße mehr zu sichern«. Diese alten Gärten hatten eine Größe von etwa 122 Hektar.

Für den neu zu errichtenden Saugarten waren unter anderem 1.600 Pfähle aus Eiche und 25.000 Planken aus Kiefernholz notwendig. Insgesamt bestand ein Bedarf von etwa 556 Kubikmeter Holz. Um ein Untergraben des Gatters durch das Schwarzwild zu verhindern, musste der Holzzaun etwa 65 Zentimeter tief in den Boden eingelassen werden.

Obwohl im März 1824 eine weitere Anfütterung des Wildes hätte unterbleiben sollen, fütterte Palm, auf eigenen Kosten, weiter, denn »das Schwarzwild ist durch eine Verfügung [...] vom 7. Juli 1778 vogelfrei erklärt und zu meinen Nachbarn habe ich das ganz besondere Vertrauen, daß sie Verfügniserteilungen [...] bestmöglich und mit Vergnügen verwirklichen«.[6]

Doch die Bemühungen des Oberförsters blieben vorerst umsonst, denn als sich nichts mehr aus Potsdam hören ließ, beendete Palm die Fütterungen. Erst Mitte Dezember meldete sich das Hofjagdamt wieder, um die Möglichkeit einer Jagd auf Schwarzwild zu prüfen. Palm, nun etwas verärgert, schätzte die Anzahl auf etwa 60 bis 70 Stück, darunter eine große Anzahl von kleinen Wildschweinen. Sie befanden sich in mehreren

Gruppen (Rotten) und verteilten sich auf die Gebiete von Biesenthal, Oranienburg und Mühlenbeck. Letztlich kam die Jagd nicht zustande. Die Prinzen ließen den Oberjäger wissen, sie hätten die »Idee« der Jagd auf Schwarzwild aufgegeben, nicht zuletzt wegen der hohen Kosten, die mit einem Einfangen des Wildes verbunden gewesen wären.

Als Kronprinz Friedrich Wilhelm am 2. Januar 1826 zu einer Jagd in die Oberförsterei Lehnin reiste, wurde er mit einer Nachricht aus Berlin überrascht. Der Flügeladjutant seines Vaters, Oberstleutnant von Witzleben, überbrachte ihm die Meldung, dass seine Schwester gerade Zarin von Russland geworden war. Die preußische Prinzessin Charlotte hatte 1817 den russischen Großfürsten Nikolaus geheiratet, der seinem Bruder auf den Thron folgte. Dieser hatte 1822 auf den Thron verzichtet.

Niemand hatte damals damit gerechnet, dass der dritte Sohn des Zaren Paul I. einmal den Thron besteigen würde. Dadurch wurde der Kronprinz und spätere König Friedrich Wilhelm IV. ein Schwager des russischen Zaren, der später Berlin besuchte und an Jagden teilnahm. Diese Nachricht »erwirkte bei den Höchsten und hohen Herrschaften die freudigste Aufregung; es wurde unter Hörnerschall dem erhabenen Kaiser Paare ein jubelndes Lebehoch gebracht und der Kronprinz befahl, daß von nun an alljährlich zum Gedenken an dies frohe Ereignis gejagt werden sollte, welches denn auch bis jetzt geschehen ist«.

Dem zuständigen Oberförster Schmidt erschien dieses Ereignis so bedeutend, dass er ein Denkmal aus acht großen Findlingen errichten ließ, genau an der Stelle, wo dem Kronprinzen die freudige Nachricht vor Beginn der Jagd übermittelt worden war. Auf dem größten Stein wurden eine Krone und das Datum verzeichnet und das Ensemble mit drei Eichen umpflanzt. Erst zwei Jahre später kam der Thronfolger mit seinen Brüdern erneut zur Jagd und fand zu seiner Überraschung das Denkmal vor.[7] Die Schaffung dieses Denkmals entsprach nicht nur der damals einsetzenden romantischen Richtung, sondern auch der Forstästhetik. Seit jeher setzten Forstbeamte gern zur Erinnerung an fürstliche oder jagdliche Ereignisse Denkmäler. Diese entsprachen durchaus den künstlerischen Empfindungen des Kronprinzen.[8] Die Gegend um das Denkmal hieß deshalb seit dieser Zeit »Der Kaisergrund«.

Eine andere Jagd plante der Rüdersdorfer Oberförster Lehm. Er teilte dem neuen Oberjägermeister Fürst zu Carolath am 19. Februar 1827 mit, dass er seit fünf Jahren die sogenannte Vorderheide nur für die Prinzen bereitgehalten habe. Diese lag Berlin am nächsten und hatte eine Größe von etwa 1.787 Hektar. An einem Jagdtag seien, so Lehm, dort zehn bis elf Treiben möglich. Bei einer günstigen Treibjagd könnten drei bis vier Rehe, ein bis zwei Füchse und 15 bis 20 Hasen zum Abschuss kommen. Dieses Quantum galt für die damaligen Verhältnisse schon als ein gutes Jagdergebnis.[9]

Um Störungen des Jagdablaufes zu vermindern und den Wildstand vor Unruhe zu schützen, wandten sich einige Revierverwalter auch gegen bestehende Gesetze, so etwa der Oberförster zur Megede von Grimnitz. Er fragte im November 1828 beim Hofjagdamt nach, ob bereits Regelungen zur Jagd für die königlichen Prinzen getroffen worden seien. In der Annahme, dass die Prinzen zur Jagd kommen würden, hatte er nicht nur weite Teile der Schorfheide, sondern auch angrenzende Flächen vorsorglich unter Schutz gestellt. Das hatte zur Folge, dass alle verbrieften Gemeindegerechtsamkeiten, wie die Holz- oder Weidenutzungen umliegender Orte außer Kraft gesetzt worden waren. Niemand durfte den Wald auf einer Fläche von circa 2.042 Hektar betreten, allein im Interesse einer ungestörten Jagdausübung.

Von Megede wusste um die Brisanz seiner Handlung und wies das Amt darauf hin, dass er diese Ausgrenzung nicht auf längere Zeit aufrechterhalten und es zu Beschwerden kommen könnte. Auf seinen Wildbestand verwies er nicht ganz ohne Stolz und hoffte auf den hohen Besuch, indem er schrieb: »Bei meinem gestrigen Ausgang [...] habe ich über 400 Stück Wildbret dort gefunden, möge das Glück wollen, dass am Tage der Jagd, wenn solche auch statt finden sollte, es in diesen Mengen und recht fromm sich dort finden läßt.«[10]

Die Hoffnung auf den royalen Jagdbesuch erfüllte sich indes nicht. Noch war der Anfahrtsweg für die Prinzen in die Schorfheide zu beschwerlich, und, da diese nach Beendigung der Jagd die heimischen Vorzüge der eigenen Gemächer bevorzugten, kaum zu schaffen. Das änderte sich mit der Etablierung der Eisenbahn. Von 1849 an gehörten Jagdausflüge in die Reviere der Schorfheide zur Regelmäßigkeit. Hier ließen sich noch alle Wildarten finden, vor allem das begehrte Rotwild.

Auffallend war in den 1830er-Jahren, dass die Strecken des Kronprinzen sehr gering ausfielen, obwohl ihm im Vergleich zu seinen Brüdern, immer der günstigste Jagdstand zugewiesen wurde. Ob sich hier schon seine Kurzsichtigkeit bemerkbar machte, ist unklar.

Obwohl die Jagdvorbereitungen beständig verbessert wurden, ließ das Verhältnis der abgegebenen Schüsse zur erlegten Beute immer noch sehr zu wünschen übrig. (S. 191) In der Jagd am 10. Dezember 1829, die im Köpenicker Revier abgehalten wurde, fielen 160 Schuss, erlegt wurden aber nur ein Reh, zwei Füchse und 50 Hasen. Ein Jahr zuvor, als die Jagd im Mühlenbecker Revier angesetzt worden war, hatte es fünf Treiben mit 128 abgegebenen Schüssen gegeben. Diese Knallerei vertrug anscheinend das Pferd des Oberjägermeisters Fürst Carolath-Beuten nicht, denn der Fürst stürzte vom Pferd. Er erlitt Quetschungen und musste zu seinem Leidwesen die Jagd vorzeitig verlassen.

Am 3. Dezember 1831 fand eine weitere Jagd bei Grunewald statt, zu der 26 Schützen erschienen. Darunter befanden sich der Kronprinz, die Prinzen Carl, August und Wilhelm, Fürst Wittgenstein sowie die Prinzen Alexander und Carl von Solms. Den Rest stellte überwiegend das Militär. Insgesamt wurden 150 abgegebene Schüsse gezählt, von denen zwei Drittel ihr Ziel verfehlten. Auf der Strecke blieben nur ein Schaufler, ein starker Rehbock, zwei Füchse und 43 Hasen. Davon erlegte der Kronprinz einen Hasen, Prinz Wilhelm sieben und Prinz Carl den Schaufler, zwei Füchse und zwei Hasen.

In der Regel fanden ab Oktober jeden Jahres, teilweise bis in den April hinein, in den Revieren um Berlin und Potsdam Jagden auf unterschiedliche Wildarten statt. Schien eine Jagd keinen Erfolg zu versprechen, wurde sie einfach abgesagt, wie etwa der für den April 1827 geplante Schnepfenstrich bei Tegel.[11]

Im Januar 1831 traf man sich in Rüdersdorf mit 40 Jägern, darunter auch der Kronprinz mit seinen Söhnen Wilhelm, Karl und Albrecht. Als Gäste waren u. a. der Kronprinz von Bayern, Fürst zu Wittgenstein sowie Fürst Radziwill anwesend. Mindestens 14 Teilnehmer waren Militärangehörige und kamen aus den verschiedenen Regimentern. Das Wetter war diesmal gut, dennoch fiel die Jagd zum Bedauern der Teilnehmer schlechter als im Vorjahr aus. Als Ursache wurde der sehr kalte und schneereiche Winter 1829/30 gesehen, der nach übereinstimmender Auffassung große Verluste beim Nachwuchs zur Folge gehabt hatte. In sechs Treiben kamen eine Ricke, ein Fuchs und sechs Hasen zur Strecke. Krankgeschossen wurden ein Rothirsch und sechs Hasen. Insgesamt wurden hier 76 Schüsse abgegeben.[12]

Die erste Jagd des Jahres 1832 fand am 2. Januar wieder in Lehnin statt und gestaltete sich zu einem Desaster. In sieben Treiben konnten nur fünf Füchse und 13 Hasen erlegt werden. An abgegebenen Schüssen wurden 80 gezählt. Hier übernahm der Oberförster Schmidt die Verantwortung, wie aus seinem späteren Schreiben ersichtlich wird: »Einen Teil dieser Ursachen muß ich mir selbst, und zwar dem Umstande zuschreiben, daß ich kaum von einer lebensgefährlichen Krankheit genesen, nicht im Stande war, zu Pferde und somit überall zu sein.

Demnächst liegt ein anderer und sehr wichtiger Teil dieser Ursachen in der Mangelhaftigkeit des zur Aufsicht über die Treiber vorhandenen Personals, das nur aus den drei Unterförstern des Reviers [...]. Es blieb also eigentlich nur auf drei Personen zu rechnen, denen ich aus Vorsorge noch einige der verständigeren Holzhauer zu Hilfe gegeben hatte. Das aber ein so geringes Personal nicht ausreichen konnte, um 200 Treiber zu leiten und in Ordnung zu halten, [...] darf ich nicht besonders dartun. [...] denn wie gern ich auch, [...] Gardejäger, [...] auf meine Kosten für den Jagdtag zur Aushilfe engagiert hätte, so war das doch wegen der Entfernung aus Potsdam nicht möglich, oder wäre [...] diesmal mit zu bedeutenden Kosten erkauft gewesen, [...]. Und eben meine seit einigen Jahren durch den Verlust der Holz-Anfuhren so sehr beschränkte Besoldung hat mich auch in die traurige Notwendigkeit versetzt, die Opfer aufhören zu lassen, die ich dem Wildstande und dem Jagdwesen früher dadurch gebracht habe, daß ich zwei Jäger und gewöhnlich noch ein bis zwei Lehrlinge hielt. Alles dieses zusammen genommen erklärt nun das geringe Resultat, [...] und bei Verfolgung der freilich zahlreichen und frechen Wilddiebe weder Geldopfer noch Lebensgefahr scheue.«[13]

Einzelne Oberförster setzten sogar Mittel aus ihrem privaten Vermögen ein, um die Jagdverhältnisse zu verbessern. Andererseits verfügten sie zumeist, wie Schmidts Bericht deutlich macht, auch über bedeutende Nebeneinnahmen aus dem Holzverkauf und -transport. Über diese Einkünfte wurde kein Nachweis geführt und jeder Oberförster besserte damit sein Gehalt auf. In Regierungskreisen war dies bekannt und wurde geduldet.

Genau ein Jahr später, 1833, fand in Lehnin erneut eine Treibjagd statt. Die Leitung der Jagd überließ man nun nicht mehr dem Oberförster, sondern der Oberjägermeister stand der Jagd persönlich vor. 400 Treiber versammelten sich um den Kronprinzen und die übrigen Schützen. Insgesamt wurden fünf Treiben durchgeführt, in denen 74 Schüsse fielen. Dennoch wies das

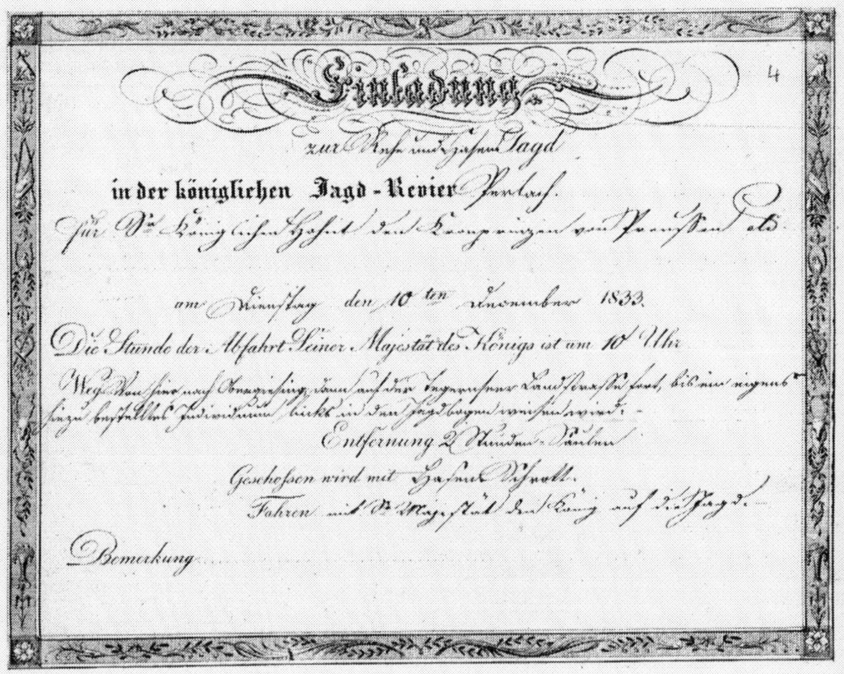

Jagdeinladung für den Kronprinzen Friedrich Wilhelm von Preußen nach Perlach in Bayern, 1833.

Jagdprotokoll nur ein Stück Damwild, ein Reh, vier Füchse und zehn Hasen als Beute aus. Der Oberjägermeister war mit diesem Ergebnis unzufrieden, zumal das Stück Damwild und das Reh nicht hätten erlegt werden dürfen.

Fürst von Carolath war wegen des geringen Erfolges der Auffassung, die Treiberwehr sei viel zu umfangreich gewesen und habe zu viel Lärm verursacht. Er empfahl, zu den kommenden Jagden Klappern unter den Treibern zu verteilen und alles andere Lärmen zu untersagen.[14]

Gingen beim Hofjagdamt Beschwerden über Wildschäden ein, so wurden auch hier unverzüglich Jagden angesetzt, zumal wenn es sich dabei um Schwarzwild handelte. So geschehen, im Juni 1832 als aus dem Revier Falkenhagen bei Oranienburg Schwarzwildschäden gemeldet wurden. Bei schönem Wetter stürmte die Treiberwehr am 23. Juni durch das Revier. Das

Jagdergebnisse von der Jagd des Kronprinzen Friedrich Wilhelm in Bayern, 1833.

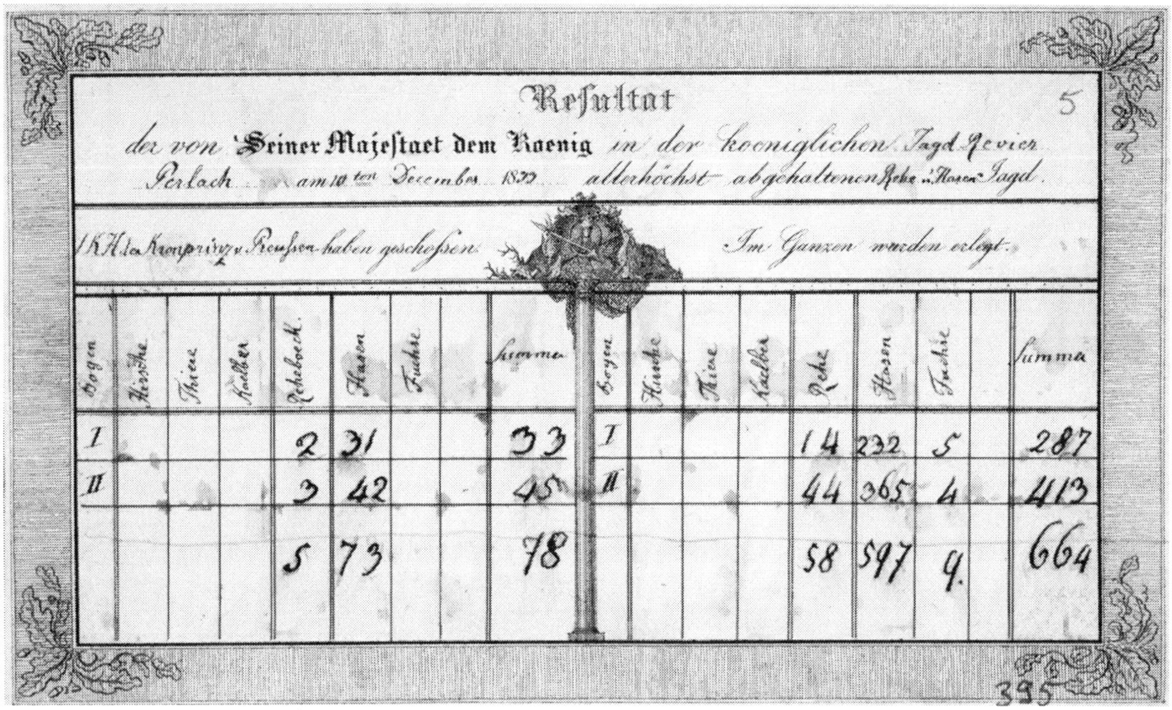

Resultat 5

der von Seiner Majestaet dem Koenig in der koeniglichen Jagd Revier Perlach am 10ten December 1833 allerhöchst abgehaltenen Rehe u. Hasen Jagd.

S. K. H. der Kronprinz v. Preußen haben geschossen — Im Ganzen wurden erlegt.

Bogen	Hirsche	Thiere	Kaelber	Rehebock	Hasen	Füchse		Summa	Bogen	Hirsche	Thiere	Kaelber	Rehe	Hasen	Füchse		Summa
I				2	31			33	I				14	232	5		287
II				3	42			45	II				44	365	4		413
				5	73			78					58	597	9		664

395

Resultat war allerdings eher dürftig: Bei fünf abgegebenen Schüsse wurden drei Füchse erlegt. An dem zuständigen Amtmann, der den Wildschaden gemeldet hatte, zog, in etwa 48 Schritte Entfernung, ein »starkes Schwein« vorüber, auf das er erfolglos schoss.[15] Ein weiteres Schwein zeigte sich nicht. Es sollte nicht die letzte Jagd gewesen sein, die nicht den Ansprüchen gerecht wurde.

Größeren Erfolg ließ eine Jagd auf dem Schmöckwitzer Werder am 28. Dezember 1833 erwarten. Seit fünf Jahren war dort keine Jagd mehr abgehalten worden. Forstmeister Wulf ließ bei den Vorbereitungen auch keinen Zweifel daran, dass hier Beute gemacht werden könnte; folglich versprach man sich eine große Strecke. Alle vier königlichen Prinzen und 29 andere Schützen trafen sich bei schlechtem Wetter. Insgesamt wurden zehn Treiben durchgeführt, in denen 115 Schüsse fielen. Umso bescheidener fiel aber auch hier die Strecke aus: Ein Rehbock, drei Füchse und 19 Hasen konnten begutachtet werden. Den Rehbock hatte Fürst Radziwill bereits auf der Fahrt zum Revier vom Wagen aus geschossen.

Wegen des blamablen Resultates musste sich der Landjäger Müller scharfe Kritik des Oberjägermeisters gefallen lassen. Obwohl der Landjäger zu seiner Verteidigung angab, dass hier seit Jahren kein Stück Wild erlegt worden sei, konnte er sich dem Tadel nicht entziehen. Letztendlich musste der Unterförster, als letzter in der Hierarchie, strammstehen. Ihm wurde zwar eine gewissenhafte Tätigkeit bescheinigt, aber der Wilddieberei, die als Ursache allen Übels herhalten musste, würde er nicht mit der »gehörigen Energie« begegnen.[16]

Die schlechten Jagdergebnisse führten immer wieder zu Kritik an den Revierverwaltern, denen zudem selbst eine zu intensive Jagdausübung vorgeworfen wurde. In Rechtfertigungsschreiben versuchten diese wiederum nachzuweisen, dass sie, wie zum Beispiel der Oberförster von Oranienburg Einbock, bereits seit zwei Jahren nicht in den Revierteilen, die den königlichen Prinzen zustanden, tätig gewesen waren.

Freilich sollte man nicht davon ausgehen, dass die Prinzen keine Chance erhielten, auch einmal auf einen Hirsch zu pirschen. Wenn Rotwild in dem Berliner Raum auch äußerst selten durchzog, so gab es doch hin und wieder Gelegenheiten dazu. Prinz Albrecht hatte Anfang Januar 1834 solch eine Möglichkeit im oben genannten Revier. Die Aufregung muss wohl beim Anblick eines derart seltenen Wildes etwas zu groß gewesen sein, denn der Förster Bartels meldete am 12. Januar, dass der Prinz den Hirsch krankgeschossen habe. Die Fährte konnte aufgenommen werden und wurde zwei Tage verfolgt. Der Oberförster beteiligte sich selbst an der Suche und konnte feststellen, dass der Hirsch vermutlich einen Keulenschuss hatte. Dennoch war die Verletzung augenscheinlich nicht so schwer, denn der Hirsch konnte bei der Futteraufnahme (Äsen) beobachtet werden, zog aber immer wieder weiter. Es blieb dem Verwalter nichts anderes übrig, als sein Bedauern zu bekunden, dass der Hirsch nicht zu erlegen sei.[17]

Damals war die Jagd nicht nur für das Wild, sondern auch für die Teilnehmer nicht ganz ungefährlich. Die Geschichte Preußens hätte wahrscheinlich einen anderen Verlauf genommen, wenn es während der Jagd vom 14. Januar 1835 zu einem folgenschweren Unfall gekommen wäre. Für diesen Tag war eine Jagd auf dem Tegeler Feld angesetzt. Während des siebenten Treibens schoss ein Unbekannter mit seiner Büchse in Richtung der anderen Schützen. Das Geschoss nahm seinen Lauf genau in die Richtung, in der Prinz Wilhelm, der spätere Kaiser und die Prinzen Albrecht und August standen. Sie vernahmen nur das Zischen des vorbeifliegenden Geschosses und duckten sich unverzüglich. Verletzt wurde niemand, doch der Zwischenfall versetzte den drei Prinzen einen ordentlichen Schreck. Trotz eingehender Untersuchungen konnte nicht ermittelt werden, von wem der Schuss abgegeben worden war.[18]

Am 7. Februar 1834 war im Revier Grunewald eine Jagd angesetzt. Wieder wurde viel geschossen (141 Schüsse) und die Beute war gering, zwei Stück Damwild und 28 Hasen fielen. Oberst von Witzleben wagte sich zu sehr in die Feuerlinie und stürzte getroffen zu Boden. Ein Schrotkorn hatte seine Nase getroffen, leicht angeschweißt – blutend – musste er die Jagd abbrechen. Nach Aussagen der in der Nähe befindlichen Schützen hatte Generalmajor von Manzuroff in diese Richtung geschossen. Ein Korn war vom gefrorenen Boden abgeprallt und hatte den Oberst verletzt.[19]

Nach dem Treiben, so lässt uns der Berichterstatter wissen, »schien in manchen Blicken der Wunsch zu liegen, daß die Jagd ein Ende nehmen möge. Veranlassung hierzu gaben [...] nasse Füße und durchnäßte Kleider; allein Ihre Königlichen Hoheiten die Prinzen entschieden für die Fortsetzung der Jagd.«

Im letzten Treiben zeigte sich sogar noch das seltene Rotwild. Nur auf ein einziges Stück wurde vom Grafen von Pourtalès geschossen, doch es zog ungetroffen weiter. Dafür gelang es Prinz Albrecht, ein schwarzes Stück Damwild zu erbeuten. Anschließend traf man sich in der Birkenwerder Mühle zu einem Diner, »bei welchem Frohsinn und Heiterkeit herrschte. [...] Prinz Albrecht geruhten Ihr besonderes Wohlgefallen über die Jagd, deren Resultat im ganzen bei 84 Schüssen in 1 Stück Damwild, 4 Rehen, 13 Hasen und 2 Füchsen bestanden, zu bezeugen.«[20]

Trotz aller gut gemeinten Vorbereitungen gelang es nicht immer, die Jagdgäste zufriedenzustellen. Als am 14. Januar 1837 eine Jagd im Köpenicker Revier abgehalten werden sollte, stellte Landjäger Müller die Schützen und ein Oberholzhauer die Treiber an. Während Müller zu Pferde war, musste der Oberholzhauer alles zu Fuß ablaufen. Dadurch ergab es sich, dass die Treiber durch ein Forststück zogen, wo gar keine Schützen standen. Der anwesende Kronprinz zeigte sich über das Organisationsdesaster »ungnädig, daß

Erinnerungskreuz für den ermordeten Forstaufseher Schulze, 1832.

nicht einmal ein Lokalforstbedienter die Treibmannschaften führte«. Der Zeugmeister Bock, der in diesem Falle die Regie hätte übernehmen können, wurde während der Jagd spazieren gehend angetroffen. Auf die Frage, warum er nicht die Treiber führe, gab er zur Antwort, dass er sich zu schwach fühle. Prinz Albrecht meinte dann auch, dass »es ihm schiene als würden die königlichen Prinzen von den Forstbeamten nicht gern gesehen«.[21]

Durch solche Vorkommnisse reifte zunehmend der Entschluss, Soldaten als Treiber einzusetzen, die nach militärischen Regeln leichter zu dirigieren waren. Deshalb fanden sich immer wieder Angehörige des Offizierkorps der in und um Berlin stationierten Regimenter bei den Jagden. Ebenso verlangte das Hofjagdamt ab 1838 von allen Revierverwaltern, in deren Forsten eine Jagd vorgesehen wurde, dass sie mitzuteilen hatten, »ob eine daselbst zu veranstaltende Jagd zum Vergnügen der Königl. Herrschaften gereichen und welche Ausbeute an Wildprett zu rechnen sein möchte«.

Ein Jahr später ließ der Oberjägermeister Oberförster, Landjäger und Jagdzeugmeister wissen, dass sie zum Beginn der herbstlichen Jagdsaison einen Zustandsbericht über die jagdlichen Möglichkeiten anzufertigen hatten, bis hin zu der Mitteilung, wo und in welchem Lokal das Jagddiner eingenommen werden könnte. Damit wollte das Hofjagdamt das Ergebnis einer Jagd planbarer machen. Oberförster Müller aus Köpenick meldete zum Beispiel, es sei mit »ein paar Rehböcken, 50 Hasen und einige Füchse, im glücklichsten Fall einem Stück Rotwildzu rechnen«. Tatsächlich kamen ein Rothirsch, ein Rotspießer, fünf Rehböcke, eine Ricke, sechs Füchse und 33 Hasen bei Abgabe von 160 Schüssen zur Strecke.[22]

Zum Ende der Regierungszeit Friedrich Wilhelms III. zeigte sich, dass die Wildbestände sich zwar im Allgemeinen stabilisiert, jedoch nicht wesentlich erhöht hatten. Die Treibjagden auf Rehwild, Füchse und Hasen dominierten und waren durchaus beliebt. In den meist direkt an der Stadtgrenze befindlichen Hofküchengehegen, wo hauptsächlich nur auf Hasen gejagt wurde, waren die Ergebnisse mitunter sogar respektabel. 1836 zum Beispiel wurden in vier Treiben 260 Stück erlegt, was selbst die Teilnehmer in Erstaunen versetzte.[23] Rot-, Dam- und Schwarzwild blieben gleichwohl selten und das Erlegen solcher Stücke ein besonderes Ereignis.

Die Kritik an den durchweg schlechten und niedrigen Wildbeständen in den preußischen Provinzen aber hielt an. In einer Verfügung vom 17. März 1837 versuchte das Staatsministerium abermals, dem Missstand entgegenzusteuern. Die Oberförstereien sollten prüfen, in welchen Teilen des Regierungsbezirkes eine

Anhebung des Hochwildbestandes unter Ausschluss des Schwarzwildes möglich sei. Dabei hatten sie zu berücksichtigen, dass es bei einer möglichen Anhebung auf gar keinen Fall zu verstärkten Wildschadensmeldungen oder zu Schäden an den Forstkulturen kommen dürfe. In solchen Fällen hatte der König verfügt, dass ihm alle gemeldeten Beschwerden vorgelegt werden müssten. Durchweg äußerten sich die Forstbeamten recht kritisch zu dem Regierungsvorhaben und sprachen sich für eine Anhebung nur dort aus, wo es große, geschlossene Waldgebiete gab. Das betraf zum Beispiel Flächen im Regierungsbezirk Arnsberg zwischen dem Ruhr- und Möhnefluß in einer Größe von ca. 12.766 Hektar, im Regierungsbezirk Magdeburg die Colbitz-Letzlinger Heide, im Bezirk Potsdam die Schorfheide und im Bezirk Gumbinnen die Rominter Heide.

Grundsätzlich schloss man dabei keine Wildschäden aus, wo das Wild auf die landwirtschaftlichen Flächen austrat, und lehnte eine Übernahme der zu erwartenden Schäden kategorisch ab. Diese kompromisslose Haltung hatte ihre Ursache darin, dass durch Kabinettsorder vom 5. November 1823 und vom 30. September 1827 die Oberforstbeamten verpflichtet werden konnten, entstandenen Wildschaden aus ihrer eigenen Tasche zu bezahlen. Daraus ableitend ist zu verstehen, dass die Forstverwaltung überhaupt nicht daran interessiert war, in irgendeiner Weise den Wildstand zu fördern.[24] Sah sie doch nicht zu Unrecht einen Widerspruch darin, den Wildbestand zur Vermeidung von Wildschäden konsequent gering zu halten, ihn aber gleichzeitig zu Jagdzwecken anzuheben.

Bei der Betrachtung der jagdlichen Verhältnisse muss weiterhin beachtet werden, dass es in den 1820er- und 1830er-Jahren sehr feuchte, kalte und schneereiche Winter gab, in denen es, vor allem bei den Reh- und Hasenbeständen, immer wieder zu großen Verlusten kam. So soll im Jahre 1839 fast der gesamte erste und zweite Wurf bei den Hasen verloren gegangen sein.[25]

DIE PARFORCEJAGDEN AUF SCHWARZWILD

Die Heimat der Parforcejagd war Frankreich. In Brandenburg/Preußen wurde sie nie im ähnlich großen Stil betrieben wie dort. Dabei war es üblich, dass ein einzelnes Stück Wild, meist Rot- und Schwarzwild, von Reitern so lange gehetzt wurde, bis es sich erschöpft der verfolgenden Hundemeute stellte. Unter den Hunden kam es dabei zu erheblichen und nicht selten zu tödlichen Verlusten, wenn sich das Stück mit letzter Kraft wehrte. Nach dem Stellen durch die Hunde galt es für den Reiter als eine Ehre, das Stück Wild mit dem Hirschfänger abzufangen. Üblich war jedoch auch, dass ein Piqueur (Jagdhelfer) mit einem Sauspieß die Arbeit übernahm.

Bei dieser Jagdart musste der Mitreitende nicht unbedingt über eine jagdliche Ausbildung oder entsprechendes Wissen verfügen. Voraussetzung war nur, dass er ein guter Reiter war, denn die Jagd ging im wahrsten Sinne des Wortes über Stock und Stein. Deshalb fragten auch immer wieder Offiziere aus reitenden Regimentern beim Hofjagdamt nach, ob nicht eine Teilnahme möglich wäre, um sich und ihre Reitpferde bei dieser Gelegenheit zu testen. Die Ausübung dieser Jagdform beschränkte sich in Preußen Anfang des 19. Jahrhunderts in erster Linie auf das seltene und wehrhafte Schwarzwild.

Vor allem waren es die königlichen Prinzen, die darauf drängten, einen Schwarzwildbestand für die Parforcejagd »zu conservieren«. Schon durch die Kabinettsorder vom 11. April 1822 war dem Oberjägermeister auferlegt worden, entsprechende Saugärten anzulegen. In der Folgezeit entstanden zwei, einer in Kunersdorf und der andere im »Grünenwald«. Letzterer hatte eine Größe von über sieben Hektar.

Wegen des stetigen Rückgangs des Schwarzwildes und der zunehmenden Kosten für den Antransport gefangener Tiere aus entfernteren Saugärten kam 1841 die Idee auf, die Saugärten zu vergrößern, um mehr

Zeitgenössische Darstellung einer Parforcejagd, um 1750.

Wild halten zu können. In beiden Gärten befanden sich etwa 80 Stück Schwarzwild. Der im Grunewald sollte auf 27 Hektar vergrößert werden, um die Haltung von etwa 100 Stück Schwarzwild zu ermöglichen, die sich selbst regenerierten.[26] In der weiteren Folge war der Bau von sieben Saufängen/-gärten geplant, so etwa in Friedrichsdorf, Nieder Neuendorf bei Falkenhagen, Kunersdorf, Liebenwalde, der Pirschheide bei Bornim, Steinstücken und Spandau. Später erfolgten noch Errichtungen im Revier Seddin und in der Schorfheide.

Die Parforcejagden fanden in der Regel vom September bis Dezember statt, 1839 insgesamt 20 Mal, überwiegend an einem Dienstag, Mittwoch oder Freitag und nur zweimal an einem Sonnabend.[27] Ein eigenständiger »Parforce-Jagd-Verein« zur Jagd mit Hunden auf Schwarzwild gründete sich im Jahre 1834. Der König genehmigte und unterstützte den Verein und veranlasste den Bau mehrerer Saufänge/-gärten auf Kosten des Staates.

1842 trug Staatsminister von Ladenberg dem König den Antrag des Prinzen Carl von Preußen vor, im Forstrevier Potsdam »in der Nähe des Jagdschlosses der Stern genannt« eine kleine »Saubucht« für den Parforce-Jagd-Verein errichten zu lassen, den der König genehmigte.[28]

Wie viel Schwarzwild in diesen Anlagen gefangen wurde, wurde nicht vermerkt. Der Einfang muss jedoch den vorhandenen Bestand weiter dezimiert haben, denn aus Liebenwalde wurde 1841 bekannt, dass bei dem dortigen Saufang die Pfosten schadhaft und einzelne Teile aus der Umzäunung schon herausgefallen waren. Zu einer Reparatur scheint es nicht mehr gekommen zu sein, denn seit sechs Jahren war im dortigen Revier kein Schwarzwild mehr vorgekommen, berichtete der Revierverwalter.[29] Ein Saugarten, der im Jahr 1847 einen Bestand von 18 Keilern, 35 Sauen und 30 Frischlingen[30] (Schwarzwild bis zu einem Alter von einem Jahr) zählte, befand sich zudem im Spandauer Revier.

Der Mangel an Schwarzwild veranlasste das Hofjagdamt, nach neuen Fangplätzen zu suchen, weshalb auch die Möglichkeiten einer Wiedereinbürgerung im Gebiet der Oberförstereien Groß Schönebeck und Grimnitz erörtert wurden, wo diese Wildart fast ausgerottet war. Vermutlich wurden schon um 1850

Jagdeinladung für den Prinzen von Waldeck nach Grunewald.

Schwarzwild und Hausschweine in der Oberförsterei Groß Schönebeck ausgesetzt, wie unter anderem aus den Wildschadensunterlagen zu entnehmen ist. So hatte Christian Hildebrand aus der Holländischen Papiermühle im Jahre 1852 in Wildau ein Stück Acker mit Kartoffeln bestellt. Er staunte nicht schlecht, als er eines Tages 14 Stück Schwarzwild auf seinem Feld zählte, die sich munter an seinen Kartoffeln gütlich taten. Er war der Auffassung, dass dies ein einmaliger Besuch der Wildschweine bleiben würde, wenn er sie vertriebe. Doch weit gefehlt. Insgesamt fünfmal fing er die Rotte ein und teilte dem Oberförster mit, dass er die »zahmen Schweine gepfändet und eingejagt« habe. Daraufhin schickte der Oberförster Schmidt seinen Revierförster Regling zu ihm mit der Aufforderung, die Schweine sofort freizulassen, was auch jedes Mal geschah.

Hildebrand wurde es mittlerweile überdrüssig, die Schweine jeden Tag auf seinem Acker einzufangen und sich mit der Forstverwaltung zu streiten. Er wollte nur den ihm entstandenen Schaden ersetzt haben. Erst als er drohte, diese zu erlegen, kam – ein Jahr – später die Untersuchung in Gang. Dazu hieß es: »Nach Versicherung des Fabrikanten Schottler [...] und anderer glaubwürdiger Zeugen unterliegt es keinem Zweifel, daß die [...] 14 Stück auf der Schorfheide gehaltenen zahmen Schweine 5 mal wirklich eingejagt und weit öfter ohne Pfändung aus seinem Kartoffelstück gejagt hat.«[31]

Dabei wurde erwähnt, dass sich unter den 14 Schweinen »sogar 4 Stück zur Fortpflanzung untauglich gemachte sich befinden«. Damit ist es als sicher anzunehmen, dass tatsächlich Schwarzwild in der Schorfheide ausgesetzt worden war.

Im Dezember 1852 teilte der Oberförster Schmidt aus Grimnitz dem Oberjägermeister mit, dass er den Vorschlag begrüße, »4 bis 5 Stück, welches für die Parforce-Jagten nicht gebraucht wird, zum Aussetzen in der Schorfheide resp: im Suppenbruch, hierher zu versenden. Da es zur Erziehung eines Schwarzwildstandes in den Revieren Grimnitz und Gr. Schönebeck sehr erfreulich wäre.«

Am 9. Januar antwortete ihm das Hofjagdamt, dass einige der in diesem Winter in den Saugärten Grunewald und Kunersdorf gefangenen wilden Sauen entbehrlich seien und im Grimnitzer Revier ausgesetzt werden könnten.[32] Dieser Bestand vermehrte sich in kurzer Zeit sehr stark. Schon zwei Jahre später konnte mit einer regelmäßigen Bejagung begonnen werden. Der Oberforstmeister Schwarzköppen teilte dem Hofjagdamt dazu im April 1854 mit, dass »das Schwarzwild in den Forstrevieren Grimnitz und Groß Schönebeck sich während der letzten Zeit so bedeutend vermehrt hat, daß schon von diesem Jahre ab ein nachhaltiger Abschuß von etwa 30 Stück wird stattfinden können. Einige Rotten wechseln bereits in das Revier Reiersdorf [in die Schonungen bei Wucker], mitunter sogar bis in die benachbarten Privatwaldungen.«[33]

Das Jagdschlösschen Stern, 2010.

Da erste Beschwerden über Wildschäden laut wurden, wies man Oberförster Schmidt an, hin und wieder ein Stück abzuschießen. Ansonsten sollte das Wild nur bei nächtlichen Patrouillen durch Schüsse verjagt werden. Die Förster beabsichtigten damit einerseits die Landwirte zu beruhigen, um andererseits in aller Ruhe für den kommenden Herbst eine Schwarzwildjagd für den König vorzubereiten. Dazu wurde der Bau eines Saufanges im Revier Wildfang, Jagen 38, vorgeschlagen,[34] damit »demnächst mit Unterstützung der hochkundigen Oberförster Schmidt [Grimnitz] und Lelm [Groß Schönebeck] alle Vorbereitungen in der Stille so zu treffen [sind], daß ein günstiger Erfolg der Jagd möglichst sicher gestellt wird«.

Im Juni war die neue Fanganlage unmittelbar in der Nähe eines älteren Saufanges fertiggestellt. Sie hatte eine Grundfläche von rund 495 Quadratmetern und wurde mit Kartoffeln bepflanzt. Übrigens war Mais als ein besonderes Mittel zum Ankirren für Rotwild schon 1852 in Benutzung.[35] Doch die Schwarzkittel ließen auf sich warten und bis zum Herbst war noch kein Stück gefangen. Erst im folgenden Jahr, am 22. Februar 1855, berichtete Oberförster Lelm, »daß es endlich dem Förster Schlüßler heute früh gelungen ist, eine Rotte acht wilder Sauen, bestehend aus 2 Überläufer-Bachen (weibliches Schwarzwild) und acht Frischlingen, in dem neuen Saufang einzufangen. Obwohl ich für die gute Verpflegung inzwischen Sorge tragen werde, so dürfte doch die baldige Abholung derselben wünschenswert sein [...].«[36]

Dass es tatsächlich zum Aussetzen von aufgezogenen Mischlingen gekommen war, geht aus dem weiteren Verlauf des Schreibens hervor: »Die noch hier vorhanden 4 Stück halbwilden Stücke können täglich gefangen werden, sobald die wilden Sauen abgeholt sind. [...] Zur Parforcejagd, selbst zum Einjagen kann ich dieselben nicht empfehlen, da ihre Witterung eine ganz andere und eigentümliche ist, wodurch die Hunde leicht verderben könnten.«[37]

Daraufhin wurden die zehn Stück in Holzkisten verladen und in den Saufang nach Grunewald transportiert, um für die nächste Parforcejagd zur Verfügung zu stehen. Von den erwähnten vier »halbwilden« wurden zwei geschossen, um die Wildschäden gering zu halten.

Es scheint, dass die Parforcejagden unter Friedrich Wilhelm IV. von einigen Teilnehmern mit Humor begleitet wurden. Es war damals üblich, dass nach jeder Jagd ein Protokoll über den Jagdverlauf erstellt und an das Hofjagdamt weitergeleitet wurde. So auch 1847, als für den 5. Oktober zu einer Jagd auf dem Jagdschlösschen Stern bei Potsdam geladen worden war. Der Vorleser des Königs, Louis Schneider, der der Jagd nicht kundig war, hatte die Aufgabe, das Jagdprotokoll, fast immer in Gedichtform und humoristisch zu verfassen. Er beklagte zuerst, dass der König nicht erschienen sei und sich auch keiner der königlichen Prinzen sehen gelassen habe, die sich doch sonst so oft des

Weidwerks erfreuten. Ansonsten hätten sich 34 Reiter im damals üblichen roten Rock eingefunden. Nur ein Gast sei im schwarzen Anzug erschienen – Schneider. Daraufhin sollte er sich auf Kosten des Königs einen Jagdrock anfertigen lassen.[38] Nach einer erbaulichen Ansprache kam der Befehl, dass einer der Teilnehmer das erforderliche Protokoll zu erstellen habe. Schneider schrieb: »Keiner erhob sich dagegen, jeder dachte: Mich betrifft dieser Befehl doch nicht. So auch ich – doch, meine Herren ich empfand zuerst die Folgen dieses Schweigens. Warburger Geist! Steh mir bei! – Also zur Jagd. Von der ist aber heut nicht viel Merkwürdiges zu berichten. Die Sauen hatten wahrscheinlich auch den Befehl erhalten, alles Exerzieren nur im Trabe auszuführen. Den ersten Schröderschen Zögling [Damit war Schwarzwild gemeint.], nach dem ihm seine Kraft entwichen war, trollte gemütlich der Gesellschaft entgegen, blieb einen Augenblick stehen, als er die vielen Rotröcke erblickte, schlug [...] einen furchtbaren Reif und trollte gegen Drewitz [...].«

Daraufhin erfolgte mit Hunden und zu Pferde eine sechsminütige Hetzjagd, bis das Schwein gestellt werden konnte. Da aber die Jagdhelfer zu Fuß nicht so schnell folgen konnten, ergriff der »Berichterstatter das dargereichte Waidmesser und beförderte, mit ungeschickter Hand den Säurich in eine andere Welt«.[39]

Im Anschluss an die Jagd wurde mit einem Glas Sekt auf den König angestoßen, ehe Herr von Buddenbrook, einer alten Tradition folgend, darum bat, die zum ersten Mal anwesenden Jäger hochleben zu lassen.

Am folgenden Tag traf sich die rote Schar zu einer Jagd auf Sauen an der Chaussee Michendorf–Beelitz. Wieder lief das Prozedere um den Schreiber des Protokolls ähnlich ab. Keiner wollte sich freiwillig melden und es scheint so, als wenn es derselbe Schreiber war, der erneut zur Feder greifen musste. Diesmal waren auch die Prinzen Adalbert und Waldemar unter den Anwesenden. Vorgesehen war eine Jagd auf dem Feld, wo das Wild leichter zu verfolgen und durch die Hunde günstiger zu stellen war. Doch auch hier schien ein Schwarzkittel etwas zu ahnen, denn der Schreiber notierte: »Denn so sehr wir auch lärmten, so sehr war auch die Sau ruhig in ihrem Versteck verblieben.«

Daraufhin zog die Jagdgesellschaft zu einer anderen Stelle und erhoffte sich dort ein besseres Resultat. Es zeigte sich ebenfalls ein Schwarzkittel und: »Nach der üblichen Frist kam die Meute heran. Die Piqueure bliesen, die Jagd fing an. Doch wartet man auf das End – noch heut. Fort war die Sau, die Meute zerstreut. Die Piqueurs mit gewohnter Schnelle bewegten sich auf dem Gestelle. Wohl ritten die Herrn noch lange umher doch – [das] Sauvieh [...] sah keiner mehr.«[40]

Im weiteren Verlauf der Jagd zeigte sich kein weiteres Stück Wild mehr. Zwei Tage später, am 8. Oktober, traf man sich erneut zu einem jagdlichen Ausritt. Und wieder hieß es in Versform:

Was schnell, meinem Herrn, heut u. hier mitgeteilt werden soll,
Nennt sich höchst anmaßend: ein Jagdprotokoll
Obgleich in Knittelversen abgefasst,
Die ihr Menschen so grimmig hasst, ...
Aufs neue ist's der Stern,
Der diesmal 52 Herrn um sich versammelt hat,
Was wir neulich alles hatten zu beklagen,
Hat sich diesmal nicht zugetragen:
Die Erscheinungen in langen dunklen Hosen,
So glaubt ich, ritten wohl Philister u. Franzosen,
Auch die eine in dem schwarzen Frack, ist sicher nicht gemeint.

Damit spielte der Protokollant auf die Kleiderordnung an, die eine rote Jacke vorschrieb. Einige erschienen, um die Würde einer Jagd, zu der immer der Monarch einlud, zu wahren, im Frack. Es steht weiter geschrieben:

So ging's im hohen, grünen Holze,
Was waren die Piqueure auf ihre Führung stolz,
Aber mit dieser war's bald aus,

Kaiser Wilhelm II. (links) mit Kronprinzessin Cecilie (Mitte) und Kronprinz Wilhelm (rechts) bei einer Parforcejagd am 19. Oktober 1908.

Heut täten sie besser, sie blieben zu Haus, ...
Nach dem (der) Frischling in der Moorlaake Hallali gemacht!
Nun jeder fragt: Wer hat den ausgehoben,
Damit man kann den Meister loben?
Selbst hab ich's gesehen, dass es der Herr von Zontrow war,
Der sich stürzte in der Hunde stinktrunkenen Schaar.
Allein er musste es hart wohl büßen, denn auf eigenen Füßen
Hat er seinen Gaul so schnell nicht gefunden,
Als er am Hallali ihm war entschwunden,
Und ob er ihn heut schon wieder erlangt,
Das ist's wovor mir bangt.[41]

Zur 2.000. Parforcejagd im Jahre 1897 ließ Wilhelm II. ein Erinnerungsfoto anfertigen und schenkte jedem Piqueur eins.[42]

Mit dem Ende der Monarchie endete die Parforcejagd auf Schwarzwild in Deutschland und wird heute nur noch als Sport ohne Jagd auf lebendes Wild ausgeführt.

FRIEDRICH WILHELM IV. – DER ROMANTIKER

DIE JAGDAUSSICHTEN UNTER FRIEDRICH WILHELM IV.

Schon früh begeisterte sich Friedrich Wilhelm IV. für die Jägerei. Er folgte jeder sich bietenden Einladung, wenn es seine Verpflichtungen zuließen. Seinen architekturromantischen und jagdgeschichtlichen Neigungen entsprechend veranlasste er als König die Wiedereinführung der eingestellten Jagden mit Tüchern und Netzen.

Zu Beginn seiner Regierungszeit stand der König in Bezug auf die Haltung von Schwarzwild vor der Frage, wie die Kosten für die Fütterung und Unterhaltung reduziert werden könnten. Staatsminister von Ladenburg sollte dafür entsprechende Vorschläge erarbeiten lassen und ihm unterbreiten.

Der König wollte geklärt wissen, ob es nicht zweckmäßiger wäre, einen großen Wildpark errichten zu lassen, in dem Rot-, Dam-, Schwarz- und Rehwild zusammengehalten werden konnten. Dabei ließ er sich von dem in Sachsen vorhandenen Jagdgehege bei Moritzburg inspirieren. Daraufhin legte der Staatsminister dar, dass in den beiden Saugärten Kunersdorf und Spandau ausreichend Schwarzwild vorhanden und ausschließlich für die Parforcejagd reserviert sei.

Zwar wurde dazu übergegangen, in den nahen Revieren der Städte Berlin und Potsdam das Schwarzwild zu schonen, doch in den privaten Forsten war das nicht der Fall – und Wild kennt keine fiskalischen oder privaten Grenzen. Gerade dort wurde wiederum die Order vom 10. November 1838 sehr genau genommen. Danach galt, dass zur Vermeidung jeglichen Wildschadens das Schwarzwild in jeder Entwicklungsstufe abgeschossen werden konnte, also keine Schonzeit genoss.

Einen Wildgarten zu errichten, in dem neben dem Schwarz- auch Rot- und Damwild gehalten werden sollte, hielt von Ladenberg schon wegen der immensen Kosten und der Größe für nicht durchführbar.[1] Der König akzeptierte die Einwände und ließ den Plan wieder fallen.

Wann Friedrich Wilhelm IV. – noch als Kronprinz – das erste Mal in die Schorfheide zur Jagd kam, lässt sich nicht mehr rekonstruieren. Als König war er aber am 8. Oktober 1844[2] dort auf der Jagd. In dem Schreiben an das Hofjagdamt, das am Abend des 5. Oktober 1844 um 23 Uhr aufgesetzt wurde, wird erstmals eine »Hütte« erwähnt. Dabei handelte es sich um eine Jagdhütte, die in der nahen Umgebung des späteren Jagdhauses Hubertusstock errichtet worden war. Später kam in der Nähe noch eine weitere hinzu.

Der König kam nun regelmäßig in der Brunftzeit des Rotwildes in die Schorfheide. Ein Jahr später, am 4. Oktober 1845, begleiteten ihn der Bruder seiner Frau, Prinz Carl von Bayern, und Prinz Friedrich der Niederlande. Sie übernachteten im Jagdschloss von Groß Schönebeck.

Im Oktober 1846 traf sich der König mit dem Großfürsten Constantin von Russland in der Schorfheide. Neben einer Jagd bei Königslinden, die für den

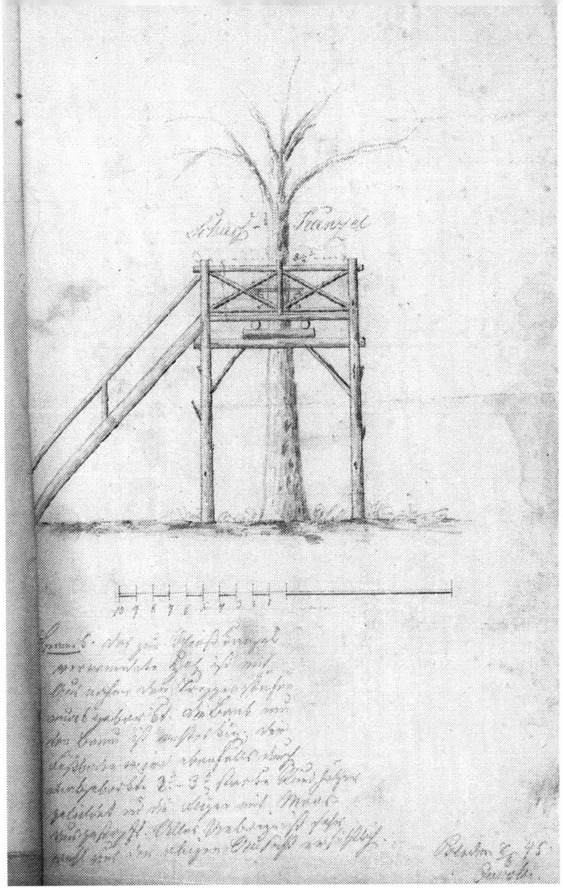

Entwurf einer Kanzel für König Friedrich Wilhelm IV., 1845.

26. Oktober vorgesehen war, sollte der König auch aus der Schießhütte jagen. Dazu durfte das Wild in diesem Bereich nicht mehr beunruhigt werden, weshalb den Brennholzsammlern und selbst den Forstbeamten das Betreten per Anweisung untersagt war. War in einem Jahr eine gute Eichelmast zu erwarten, bestand zudem stets die Gefahr, dass Eichelsammler, von den Förstern als Eicheldiebe bezeichnet, das Wild beunruhigen und den Erfolg jeder Jagd bedrohen konnten. Am 24. Oktober 1847 musste der Oberforstmeister von Pachelbl dem Hofjagdamt melden, »dass der Wildstand auf der Schorfheide jetzt durch die Eicheldiebe so gestört worden, dass ich es nicht ratsam finden kann, dort Se. Maj. dem König in nächster Zeit eine Jagd zu veranstalten. Es wär nicht nur möglich, sondern wahrscheinlich, dass an dem Jagdtage anstatt des Wildes nur Menschen auf der Schorfheide anzutreffen wären, wie ich es in der letzten Woche mehrmals dort befunden habe.«[3]

In dieser Zeit waren die Forstbeamten Muhme, Mahnkopf, Herrmann, Körber und Salinger Tag und Nacht in der Heide. Sie konnten aber gegen die Eichelsammler nicht viel ausrichten. Wegen ihrer körperlichen Verfassung war es nur den beiden jungen Hilfsaufsehern Körber und Salinger möglich, ertappte Eichelsammler zu Fuß zu verfolgen. »Beide haben sich aber auch schon so überlaufen, so dass die Eicheldiebe ungestraft fortkommen – welche übrigens auch die Strafe gar nicht fürchten«, schrieb der Oberforstmeister weiter. Tatsächlich war die drohende Strafe geringer als der Erlös durch den Verkauf der Eicheln.

Die größte Schwierigkeit bestand darin, den König und sein engstes Gefolge lautlos und ungesehen in die erwähnte Schießhütte zu geleiten. Dafür benutzte man einen Laufgraben, der etwa eine Länge von 117 Metern hatte und 1,60 Meter tief war.

Dennoch ließ sich nicht immer gewährleisten, dass das Wild auch in entsprechender Schussentfernung stand. Mit größter Umsicht und unter Beachtung der Windverhältnisse versuchten deshalb die Förster, das Wild gegen die Schießhütte zu drücken. Noch 1883 wurden beide Schießhütten ausgebessert und die Gräben erneuert. In späterer Zeit verloren sie ihre Bedeutung und wurden abgerissen.

Durch den Bau der Eisenbahn Berlin–Stettin im Jahre 1842/43 verkürzte sich die Fahrtzeit in die Schorfheide erheblich und sie »rückte« zusehends näher an die Residenzstadt.[4] Endlich war eine moderne Verkehrsverbindung geschaffen, die es dem Monarchen ermöglichte, in drei Stunden von Potsdam-Sanssouci bis in die Schorfheide zu reisen.

Am 4. November 1848 teilte der König dem Hofmarschallamt seinen Entschluss mit, am 8. des Monats zur Jagd zu fahren. Dazu eingeladen werden sollten Prinz Waldemar von Preußen, die Fürsten Boguslaw und Wilhelm von Radziwill, Minister Frhr. von Bodelschwingh und Graf von Stolberg, Generalleutnant von Neumann und Hofjägermeister von Pachelbl. Der König beabsichtigte, am darauffolgenden Tag wieder

Plan eines Observationshauses für die Schorfheide von Persius, 1843.

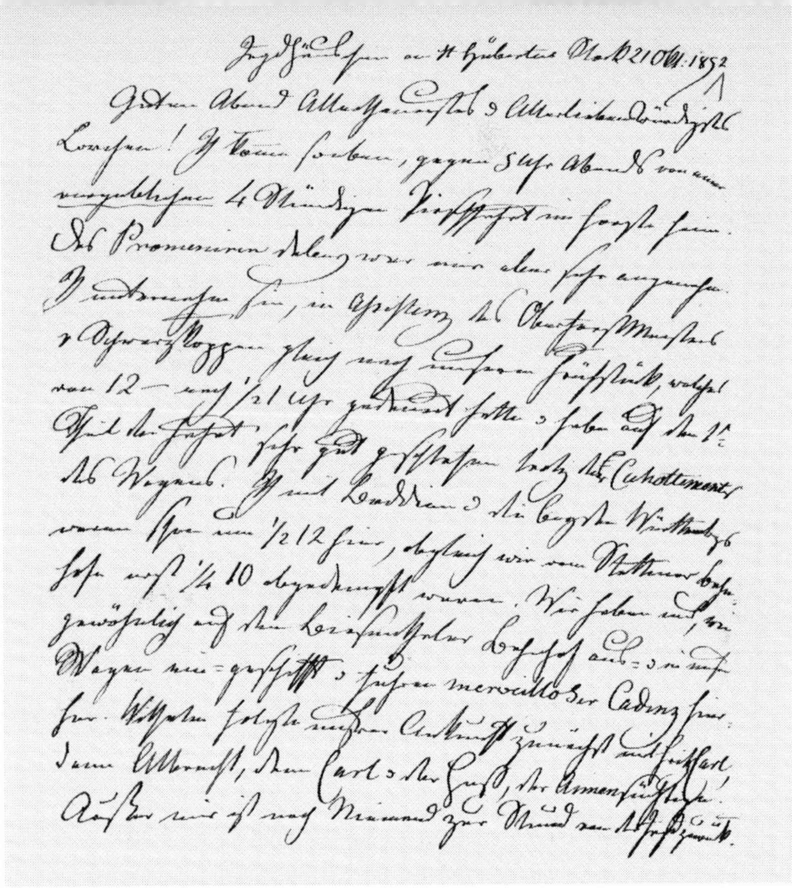

Originalhandschrift König Friedrich Wilhelms IV.; Brief an seine Frau die Königin Elisabeth vom 21. Oktober 1852, geschrieben auf Hubertusstock.

nach Potsdam zurückzufahren, ließ es jedoch seinen Jagdgästen offen, auch noch am Dienstag die Jagd im Groß Schönebecker Revier auszuüben.[5]

Sofort begann ein hektisches Schreiben an alle betreffenden Verwaltungsabteilungen, denn zwischen dem 4. und 8. November lag ein Wochenende. Zumindest am Sonntag war auch damals niemand in den Behörden anzutreffen. Es blieben also knapp drei Tage für die Vorbereitungen. Der Extrazug musste bereitstehen, die Unterkünfte waren vorzuhalten, der Küchenwagen für die Versorgung des Königs musste – noch per Pferdewagen – nach Groß Schönebeck beordert werden.

Der Generalpostmeister erhielt die Weisung, zum 8. November, um 8 Uhr auf der Bahnstation Biesenthal sieben Pferde vorzuhalten. Der Oberstallmeister hatte dafür Sorge zu tragen, dass der Landauer des Königs, ein Wagen für die Gäste und einer für die Jäger rechtzeitig am Bahnhof in Biesenthal bereitstanden. Sie mussten vom Berliner Marstall aus per Bahn rechtzeitig vorausgesandt werden.

Für den Kammerwagen des Königs sollten am Potsdamer Bahnhof vier Pferde stehen, damit der Wagen auf der Chaussee seine Reise antreten konnte. Sicherzustellen war weiterhin, dass an den Poststationen Schönwalde und Klosterfelde Pferde zum Wechseln bis zum Zielort vorhanden waren. Für den Küchenwagen, der schon am Sonntag auf der Straße in die Schorfheide fahren musste, sollten ebenfalls vier Pferde um 23 Uhr am Schloss in Berlin bereitstehen, denn er fuhr die Nacht durch, um am nächsten Morgen bei Ankunft des Königs anwesend zu sein und das Frühstück zu servieren.

Oberförster Richter in Groß Schönebeck hatte abzusichern, dass ab Grafenbrück Förster den unkundigen Kutschern den Weg wiesen. Ebenso war er für die Unterbringung des Königs im hiesigen Jagdschloss und für die Dienerschaft im Gasthof Wreh in Groß Schönebeck zuständig.

Die Hofjagd vom 8. und 9. November 1848 erbrachte eine Strecke von drei Rothirschen, einem Rot-Alttier, drei Schmaltieren und einem Kalb.[6] Es war das letzte Mal, dass ein gekrönter Monarch im renovierten Jagdschloss Schönebeck übernachtete. Als der König am Donnerstag, dem 11. Oktober 1849, erneut in die Schorfheide kam, um zu jagen, besuchte er das neu errichtete Jagdschloss Hubertusstock, das damals noch schlicht als Jagdhaus bezeichnet wurde. Am späten Nachmittag fuhr er über Grafenbrück und Biesenthal nach Potsdam zurück. Die Fahrt mit der Pferdekutsche von Hubertusstock zum Bahnhof Biesenthal dauerte etwa eine Stunde und 15 Minuten, fast genau so lange wie die Reise mit dem Zug von Biesenthal bis Potsdam.

Es ist durchaus erstaunlich, mit welcher Präzision und Genauigkeit die damaligen Vorbereitungen getroffen wurden – und dies ohne die Kommunikationsmittel des 21. Jahrhunderts. Organisiert und geplant wurden die Jagden nach rein militärischen Grundsätzen. Anweisungen oder Mitteilungen wurden als Befehle formuliert und über Meldeträger oder das Jagdhorn weitergeleitet, was auch ohne die heute üblichen Sprechfunkgeräte und Handtelefone bestens funktionierte.

Wenn auch diese Art der Jagd aus heutiger Sicht mehr als ein Abschlachten bezeichnet werden muss, so ist dabei das damalige Jagdverständnis zu berücksichtigen. Die eigentlichen Jagden in Preußen entsprachen durchaus den Gepflogenheiten, wie sie an europäischen Höfen üblich waren. Im Jagdjahr 1847/48 fanden insgesamt 14 Hofjagden statt. Im Gegensatz zu späteren Zeiten ging es bei diesen Jagden nicht vorrangig um die starke und kapitale Trophäen, sondern allgemein darum, Beute zu machen.

Im Oktober 1850 reiste das Königspaar erstmals gemeinsam zur Jagd in die Schorfheide. Wieder lief die Organisationsmaschinerie auf vollen Touren. Ganz unzweifelhaft genoss König Friedrich Wilhelm IV. bei seinen Besuchen die reizvolle Landschaft der Schorfheide und konnte sich daran erfreuen, ohne sich übermäßig den Jagdgelüsten hinzugeben. Die Rückreise war schon für den nächsten Tag, den 9. Oktober, am frühen Morgen vorgesehen, während Prinz Carl, der Hofjägermeister und die Generale von Wrangel und von Neumann noch zur Jagd wollten.[7]

Nach der Fertigstellung des Jagdhauses Hubertusstock weilte der König fast jedes Jahr einmal in der Schorfheide. Das Haus wurde neben dem Jagdschloss Letzlingen zu einem seiner Lieblingsaufenthalte. Den Plan aber, ein von dem Architekten Persius entworfenes »Observationshäuschen« mitten in der Schorfheide errichten zu lassen, ließ er fallen. Wahrscheinlich waren die Kosten dafür zu hoch.

Angesichts der aufwendigen Jagdinszenierungen mag der Anschein entstehen, dass damals für die Jagdausübung Geldmittel in unbegrenzter Fülle vorhanden waren. Doch dies war nicht der Fall. So befand sich bis zum Dezember 1851 auf Hubertusstock nicht einmal ein für die Jagd geeigneter Wagen, mit dem

Friedrich Wilhelm IV., Daguerrotypie von 1847.

die Majestäten oder Gäste hätten hinausfahren können. Angemietete oder ausgeliehene Fuhrwerke waren vielmehr die Regel. Das Hofjagdamt beklagte deshalb im Schreiben vom 3. Dezember 1851, dass es für die »Höchsten« und hohen Gäste des Königs an geeigneten Wagen für die Pirschfahrten fehle. Die Oberförster müssten sich oft Wagen ausborgen. Als einziger verfügte der Oberförster Schinkel von Reiersdorf über einen entsprechenden Wagen. Durch den plötzlichen Tod des Oberförsters stand dieser nun zum Verkauf. Oberförster Schmidt gelang es, diesen guten Wagen auf einer Auktion zu ersteigern. Der Minister des königlichen Hauses, Graf zu Stolberg-Wernigerode, genehmigte den Ankauf und ordnete an, dass der Wagen nur für die Pirschfahrten des Königs, der Prinzen und etwaiger höchster Gäste benutzt werden durfte.[8]

Den Anforderungen großer Jagdgesellschaften genügte dies freilich nicht. Zur Jagd vom Dienstag, dem

30. September 1851, wurden insgesamt 56 Pferde und elf Wagen benötigt. Neben der Königin reiste ebenso der Herzog von Sachsen-Coburg nach Hubertusstock. Zu jedem Wagen gehörte weitere Dienerschaft. So befanden sich im Wagen des Königs noch sein Flügeladjutant Major von Boddien, Leibjäger Daecke und der Wagenmeister Böttcher. Der Ministerpräsident von Preußen, Otto Theodor Freiherr von Manteuffel, hatte ebenfalls einen Adjutanten und zwei Diener im Gefolge. Neben dem Hofmarschall Graf Keller und dem Kammerherrn Graf Finkenstein war immer der Leibarzt Dr. Grimm dabei.

Dagegen reiste die Königin Elisabeth fast bescheiden. In ihrem Gefolge befanden sich nur die Hofdame Gräfin von Maltzahn, die Garderobiere König, die Jungfer der Hofdame, der Hausdiener Veiß sowie die Kammerlakaien Hoffmann und Abet. In einem weiteren Wagen befanden sich die Jagdgewehre und das dazu benötigte Pulver und Blei sowie anderes Zubehör.

Wenn wir die fünf höchsten Herrschaften betrachten, so befanden sich in ihrem Reisezug rund 37 Personen, die dafür Sorge zu tragen hatten, dass jeder Wunsch ihrer Herrschaft erfüllt wurde. Nicht mitgerechnet sind hierin die Forstbeamten, die Kastellanfamilie und andere Hilfskräfte, die sich bereits auf Hubertusstock befanden. Der König fuhr mit dem Zug bis Biesenthal, wo bereits die aus dem Berliner Marstall vorausgeschickten Pferde und Wagen warteten. Einen Tag später reiste der ganze Tross wieder zurück in die Hauptstadt.[9]

Wenn auch seine persönlichen Strecken gering ausfielen, reizte Friedrich Wilhelm IV. immer wieder das Weidwerk in den alten Jagdrevieren um Potsdam und Berlin. Ob der König unter seinen mangelhaften Schussergebnissen litt, geht aus den Überlieferungen nicht hervor. Auch, dass er seinen Brüdern ihren Jagderfolg neidete, lässt sich nicht nachweisen. Dennoch veranlasste er am 1. April 1854, dass »in der Schorfheide und dem dieselbe umgebenden Teilen des Grimnitzer und des Gr. Schönebecker Forst-Reviers, wohin das Rotwild regelmäßig wechselt, von Niemand außer den in den Revieren angestellten Forstbeamten ohne Allerhöchste besondere Erlaubnis S. Majestät des Königs pirschend geschossen oder sonst gejagt werden« dürfe.[10]

In einem Reskript vom 6. September 1853 ordnete der König an, dass im Revier Grimnitz niemand ohne seine ausdrückliche Genehmigung jagen dürfe, was sein außerordentliches Interesse an diesem Waldgebiet belegt. Es war die Folge einer Eingabe des Grafen zu Stolberg-Wernigerode, Minister des königlichen Hauses, der sich in einem Schreiben vom 15. März 1853 an den König gewandt und empfohlen hatte, seine mündlich erteilte Anweisung, dass niemand ohne ausdrücklichen Befehl in der Schorfheide jagen dürfe, schriftlich abzufassen. Im Hofjagdamt war man davon ausgegangen, eine solche Anweisung existiere noch aus der Zeit Friedrich Wilhelms III. Aber selbst der Oberjägermeister von Pachelbl-Gehag konnte sich aus der Zeit, als er noch als Oberforstmeister gewirkt hatte, nicht mehr daran erinnern. Zu Stolberg-Wernigerode begründete sein Vorgehen damit, dass durch die vielfachen Anfragen, in der Schorfheide pirschen zu dürfen, eine klare Regelung getroffen werden müsse. Es könne sich dann später niemand beschweren, er habe von der Anweisung des Königs keine Kenntnis gehabt.

Für den König sollte ein Kerngebiet reserviert bleiben, das sich um das Jagdhaus erstreckte. Dieses Gebiet nahm einen Umfang von etwa 1.149 Hektar ein und wurde als die »eigentliche Schorfheide« bezeichnet. Es handelte sich um die damaligen Jagen 1 bis 12. Der Minister hatte dabei vor allen Dingen den Erhalt des Wildstandes zum Nutzen der Krone vor Augen, der sich durch die Regelung des Jagdgesetzes vom 31. Oktober 1848 allgemein verringerte.[11] Friedrich Wilhelm IV. behielt sich vor, die Abschüsse an Rothirschen für seine Brüder selbst zu bestimmen. Damit legte er jagdliche Verfahrensweisen fest, die bis zum Ende der Monarchie beibehalten wurden.

Eine weitere Ursache dieser Kabinettsorder waren die häufigen Jagdaufenthalte der Prinzen Albrecht und Friedrich Karl von Preußen, die nicht so sehr in den politischen Alltag eingebunden waren wie ihr Bruder und Onkel und somit über mehr Zeit verfügten.[12] Für die Forstbeamten war der Umgang mit den Prinzen nicht ganz einfach, denn der Revierförster konnte einen Prinzen kaum nach seiner Legitimation zur Jagd befragen oder ihn gar zurückweisen. Als zum Beispiel Prinz Albrecht im Februar 1853 auf Hubertusstock weilte, unternahm er mit dem Hilfsaufseher Bast einen Jagdausflug. Dabei konnte der Prinz einen Schmalspießer erlegen. Oberförster Schmidt hatte keine Informationen über den Jagdbesuch erhalten und war außer sich. Daraufhin handelte sich Bast wegen Nichtbefolgung von Anordnungen eine Beschwerde aus dem Ministerium ein.

Ähnlich erging es dem Förster Muhme von Altenhof, als sich Prinz Albrecht für den 25. September 1854 zur Jagd anmeldete. Der Prinz pirschte drei Tage im Revier, ohne etwas zu erlegen. Dafür wäre ebenfalls die Erlaubnis des Königs notwendig gewesen, die der Prinz nicht hatte. Der Finanzminister von Bodelschwingh, bei dem der Fall zur Anzeige kam, schlug vor, dem König nichts davon zu berichten. Vielmehr sollte der Oberjägermeister dem Prinzen bei passender Gelegenheit das neue Verfahren erläutern. Aus dem Schreiben des Finanzministers an den Chef des Hofjagdamtes von Pachelbl-Gehag vom 6. November 1854 geht weiterhin hervor, dass die Reviere Altenhof, Hüttendorf und Ziehten damals nicht zur Schorfheide gerechnet wurden.[13]

Oberförster Schmidt kam 1858 erneut in Aufregung. Am 10. Oktober erhielt er die Mitteilung, dass sich Prinz Friedrich Karl mit seiner Frau für den nächsten Tag zu einer Jagd angemeldet hatte. Schmidt hatte von diesen Plänen bis dahin nichts gewusst, er hatte weder vom Hofjagdamt noch vom Finanzminister eine entsprechende Mitteilung dazu erhalten, wo und wie viel Stücke Wild gestreckt werden durften. Verunsichert war er auch, als am 7. Oktober 1858 der König die Regentschaft aus Krankheitsgründen an seinen Bruder Wilhelm übergeben musste, und es in jagdlichen Belangen noch keine neuen Weisungen gab. In höchster Aufregung schickte er seinen Förster Schleihahn mit einer Anfrage nach Berlin, um nähere Anweisungen von seiner vorgesetzten Behörde zu erhalten. Dem Förster gelang es, dem Finanzminister das Schreiben zukommen zulassen, der wiederum noch am selben Abend dem Oberförster mitteilen ließ: »Se. Königl. Hoheit der Prinz von Preußen haben nun mir zu befehlen geruht, Sie anzuweisen, [...] dem Prinzen Friedrich Carl und [...] dem Prinzen Albrecht, falls höchstdieselben sich auch dort zur Pirschjagd einfinden sollten, den Abschuss je eines Rothirsches auch in der engeren Schorfheide zu gestatten, im übrigen aber die Pirschfahrten [...] auf den anderen Teilen des dortigen Reviers stattfinden zu lassen.«[14]

Der Prinz reiste, wie geplant, am späten Abend auf Hubertusstock an und ging am nächsten Morgen sofort auf die Pirsch. Dabei erlegte er sieben Hirsche, eine Strecke, die sein Bruder, der König, nie erreichte. Für das Gebiet der Schorfheide und in der damaligen Zeit war dies ein sehr gutes Ergebnis.

Unterdessen unternahm Oberförster Schmidt mit der Prinzessin jeden Tag mehrstündige Pirschfahrten durch die Heide. Als sie an dem Jagdschirm »Zauberflöte« vorbeikamen, konnte die Dame dem Anblick des Rotwildes nicht widerstehen und schoss einen Hirsch. Am nächsten Tag hatte sie weniger Jagdglück und schoss am Jagdschirm »Pip Toback« einen Hirsch am Vorderlauf krank, den der Oberförster zwei Tage später zur Strecke bringen konnte.

Die Nachricht der Erlegung von neun Trophäenträgern erreichte rasch Prinz Albrecht, der sich sogleich für den 17. Oktober auf Hubertusstock anmeldete, um ebenfalls reichlich Strecke zu machen. Ihm war Diana nicht hold, obwohl er mehrfach die Gelegenheit hatte, auf Rotwild zum Schuss zu kommen: Von seinen sechs Schüssen auf Hirsche verfehlten fünf ihr Ziel.

Rotwild in der Schorfheide.

Es erscheint fraglich, ob Friedrich Wilhelm IV. von diesen Vorgängen noch Kenntnis bekam, denn im Oktober 1857 erlitt er einen weiteren Schlaganfall, von dem er sich nicht mehr erholte.

König Friedrich Wilhelm IV. war ein begeisterter Jäger und erweckte das alte, historisierende Jagdwesen neu. Er liebte das Jagdzeremoniell und die Romantik aus längst vergangenen Zeiten. Am 31. Dezember 1853 ließ er dem Jagdzeugmeister von der Schulenburg ein Trinkgefäß, das einen Hundekopf darstellte, und dem »Leib-Büchsenspanner« Scheele eines mit einem Hirschgeweih übergeben. Den beiden wurde aufgetragen, die Gefäße bei den Jagddiners im Grunewald, bei größeren Jagdpartien in der Letzlinger Heide, der Schorfheide und in Potsdam immer mitzuführen, damit sie durch den König genutzt werden konnten.[15]

Aber noch mehr liebte König Friedrich Wilhelm IV. die Schönheiten der freien und unberührten Natur. Jagen um der Strecke willen war ihm fremd. Er fand es schon fast peinlich, wenn er einen Jagdgast zu Besuch hatte und seine Jagdstrecke größer ausfiel. Am 21. Oktober 1851 zum Beispiel war er mit dem König von Sachsen in der Letzlinger Heide zur Jagd. Dabei gelang es Friedrich Wilhelm, bedeutend mehr Schwarzwild zu erlegen als sein Gast. Er schrieb an Königin Elisabeth: »Im 1ten Treiben sind 54 Sauen und 46 Stück Damwild und 1 Hase; im 2ten aber 64 Stück Wild und 1 Hase erlegt. Der König hat 8 Sauen geschossen, ich aber leider 23 Stück, denn es beweist, daß ich gegen aller Korpitalität den bevorzugtesten Platz inne hatte! Das soll nicht wieder geschehen.«[16]

Es konnte nicht geklärt werden, warum eine bereits bis ins Detail geplante Jagd auf Hubertusstock, die für Freitag, den 12. Oktober 1855 geplant war, kurzfristig abgesagt werden musste. Bereits die Vorbereitungen dazu brachten Probleme. So meldete sich der Leibarzt des Königs, Dr. Grimm, am 8. Oktober 1855 wegen Rheumatismus in seinem linken Knie von der Jagd ab. Schon im September hatte sich der Chef des Hofjagdamtes, Oberjägermeister von Pachelbl-Gehag, wegen Lähmung seiner Hüfte abgemeldet und angekündigt, dass er dem König mitgeteilt habe, sein Amt zum 1. Dezember niederzulegen.[17]

Doch am 11. Oktober um 10:45 Uhr kam aus Schloss Sanssouci ein Telegramm mit der gänzlichen Absage der Jagd ohne Angabe von Gründen. Sämtliche Versorgungswagen waren allerdings schon auf dem Weg in die Schorfheide und wurden kurzerhand zurückbeordert. Ebenso mussten alle geladenen Jagdgäste benachrichtigt werden, so unter anderem der Herzog Wilhelm von Mecklenburg und der Ministerpräsident von Manteuffel.

Erstmals war für diese Jagd die Anreise bis zur Bahnstation Eberswalde-Eisenspalterei vorgesehen. Von dort sollte es per Kutsche über Lichterfelde, Werbellin, Holländische Papiermühle (Eichhorst), Wildau bis nach Hubertusstock weitergehen. Oberförster Schmidt hatte dem Hofjagdamt nachgewiesen, dass diese Route um eine Stunde kürzer sei als die bisherige über Biesenthal.[18]

In seiner Zeit erfolgte die planmäßige Anlegung von Brunnen, Salzlecken und Suhlen für das Wild. An Rotwild erlegte der König in der Schorfheide zwischen 1851 und 1853 gerade einmal 16 Stück.

Seine extreme Kurzsichtigkeit scheint dem König bei der Jagdausübung hinderlich gewesen zu sein. Oberförster Lelm vermerkte zum Beispiel, nach der Hofjagd vom 20. und 21. Oktober 1851 in der Schorfheide über den Monarchen: »Kein Jagdglück gehabt und kein Wild erlegt!«[19]

Er kannte keine Schießwütigkeit und übereilte Schüsse waren ihm fremd. Friedrich Wilhelm schätze mehr das jagdliche Brauchtum. Zu den gewöhnlichen Jagdausflügen ohne fürstliche Gäste reiste er überwiegend in Zivil und verbat sich jegliche Empfänge auf den Bahnhöfen.

DER WILDSTAND BIS ZUM ENDE DER ÄRA FRIEDRICH WILHELM IV.

Unmittelbar nach der Gründung des Hofjagdamtes begann für das Gebiet der Schorfheide eine bis heute übliche, regelmäßige Wildzählung, nach welcher der jährliche Abschuss von Wild festgelegt wurde. Danach hatte 1822 die gesamte Forst- und Feldmark Groß Schönebeck eine Größe von 12.413,29 Hektar, Grimnitz eine Fläche von 13.659,78 Hektar. Für diese Flächen wurde folgender Bestand angegeben:

	Oberförsterei Groß Schönebeck[20]	Oberförsterei Grimnitz[21]
Rotwild	70 Stück	600 Stück
Rehwild	80 Stück	40 Stück
Schwarzwild	–	20 Stück
Hasen	40 Stück	–
Rebhühner	16 Stück	–

An Wechselwild wurden für Groß Schönebeck sechs bis acht Stück Damwild und drei bis vier Stück Schwarzwild festgestellt. Die Rotwildzahlen für Grimnitz waren deshalb so hoch, weil sie die Zuwanderungen des Rotwildes in das Kerngebiet der Schorfheide während der Brunft beinhalteten.

Schon an diesen beiden Oberförstereien lässt sich erkennen, dass von den einzelnen Oberförstern ganz unterschiedliche Akzente in der Wildbewirtschaftung gesetzt wurden. Während dem einen ein niedriger Wildbestand angenehm war und er dadurch mit weniger Wildschäden zu kämpfen hatte, lag dem anderen durchaus ein höherer Wildstand am Herzen.

In der Oberförsterei Zehdenick, mit einer jagdwirtschaftlichen Gesamtfläche, inklusive der Feldmark und des Stadtwaldes, von etwa 12.268,52 Hektar konnten 1822 40 Stück männliches und 160 Stück weibliches Rotwild sowie 25 Stück männliches und 125 Stück weibliches Damwild gezählt werden, ein aus

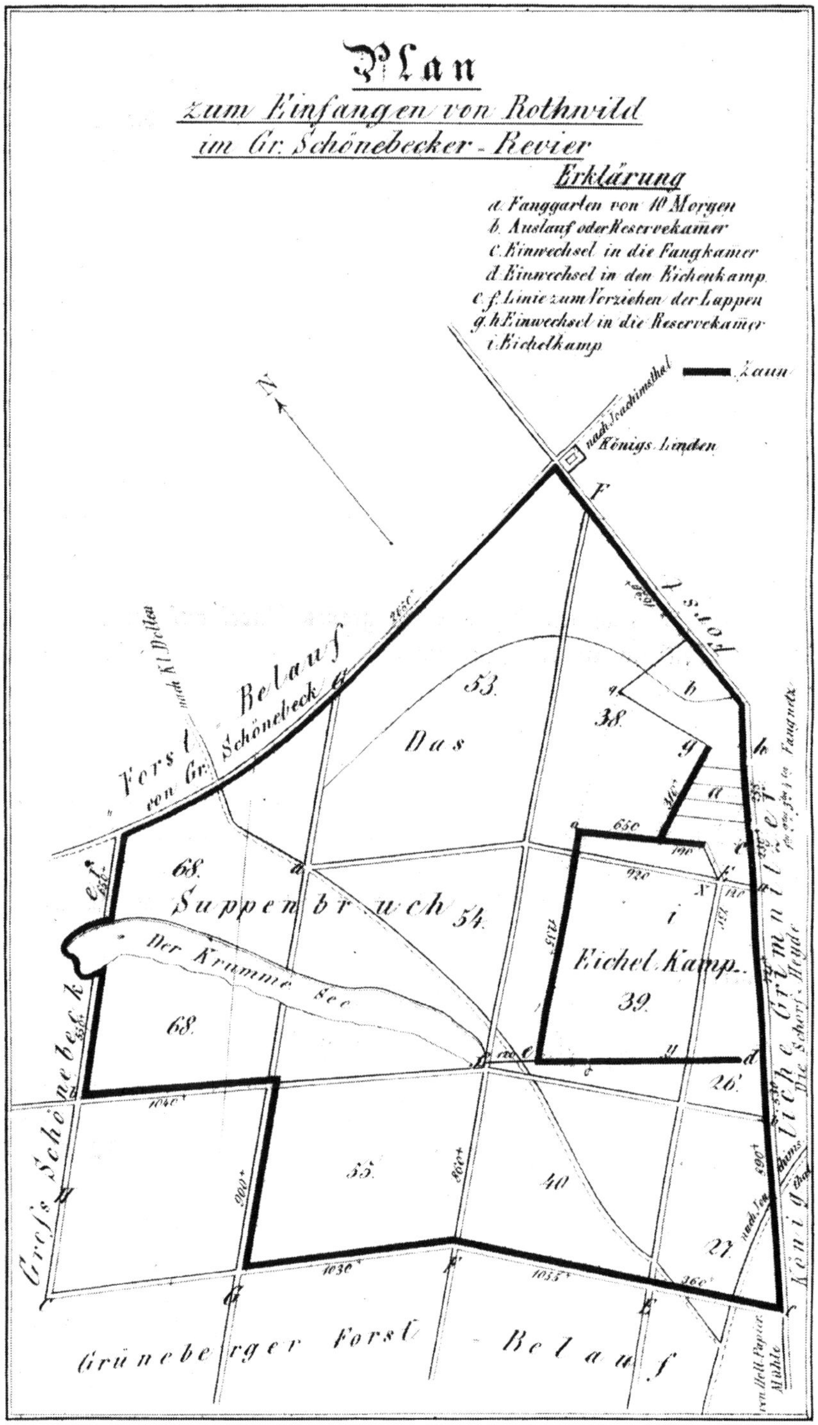

Fangplan zum Rotwildfang für den Wildpark in Potsdam, 1842/43.

heutiger Sicht durchaus naturverträglicher Bestand.[22] Auch hier wurde durch den überhöhten Abschuss der Wildbestand sehr niedrig gehalten.

In der Oberförsterei Reiersdorf waren ähnliche Verhältnisse zu verzeichnen. Dort befanden sich auf einer jagdlich genutzten Gesamtfläche von rund 5.389 Hektar 16 Rothirsche, fünf Gabler, fünf Spießer, 20 Alttiere, acht Schmaltiere, acht Kälber, 50 Rehe und 20 Hasen. Damwild wurde nicht nachgewiesen und es scheint, dass um 1822 in diesen Revierteilen noch kein Damwild vorkam. Schwarzwild war nur als Wechselwild vorhanden.

Rechnet man alle Flächen der fünf Oberförstereien zusammen, so ergibt sich ein damaliges jagdwirtschaftliches Terrain von etwa 47.937 Hektar. Darin waren teilweise die landwirtschaftlichen Flächen der Gemeinden enthalten, auf denen die Oberförster die Hohe Jagd ausübten.[23]

Auf die Frage aus dem Ministerium, ob es vorteilhaft wäre, wenn der Wildbestand erhöht werden würde, antworteten alle Oberförster, dass sie dies wegen der zu erwartenden Schäden an den Forstkulturen ablehnen müssten. Ebenso fürchteten sie eine Zunahme der Wildschäden auf den landwirtschaftlichen Flächen und der damit verbundenen Klagen der Landwirte.

An dieser Stelle muss darauf hingewiesen werden, dass die Angaben über die Höhe des Wildstandes von den Oberförstern größtenteils geschätzt wurden und nicht auf einer fundierten Zählung beruhten. Denn immer, wenn zu einer Jagd aufgerufen wurde, mussten die Revierverwalter bekennen, dass eine Jagd auf Hochwild, und damit war hauptsächlich Rot- und Schwarzwild gemeint, wegen fehlenden Wildes nicht möglich war.

Der Hauptbestand des Rotwildes befand sich in dem großen zusammenhängenden Waldgebiet zwischen Groß Schönebeck, Mühlenbeck, Grimnitz und Himmelpfort. Während das Birkwild und die Trappe bereits vor der Ausrottung standen, war das Rebhuhn fast noch flächendeckend vorhanden.

Entwurf des Gedenksteins für König Friedrich Wilhelm IV. aus dem Jahr 1843, aus Anlass des Einfangens von Rotwild für den Wildpark in Potsdam 1842 und 1843.

Von Zeit zu Zeit unterlagen die Wildbestände damals immer noch Wildseuchen, wovon auch die Reviere der Schorfheide nicht verschont blieben. Am 26. August 1846 erreichte zum Beispiel das Hofjagdamt ein Schreiben mit der Mitteilung: »Nicht dienstlich, aber ganz gehorsamst erlaube ich mir [...] folgendes anzuzeigen, daß in den Königl. Jagdrevieren Grimnitz, Groß Schönebeck, Reiersdorf und Zehdenick in den vorhandenen Wildständen der Milzbrand ausgebrochen ist [...].«[24]

Daraufhin wurden die Lieferungen an die Hofküche eingestellt und die betroffenen Reviere mussten regelmäßig Meldung erstatten. In den Oberförstereien Groß Schönebeck, Reiersdorf und Zehdenick wurden 458 Stück Rotwild verendet gezählt. Ein Jahr später trat die Seuche im Revier Himmelpfort und in der Boitzenburger Heide auf.[25] Als Gegenmittel setzte man eine Mischung aus Salpeter, Weinstein und Kochsalz ein, die an den Salzlecken verabreicht wurde, allerdings ohne Erfolg.

Zu Repräsentationszwecken und zur Erleichterung der Jagd für Gäste beabsichtigte Friedrich Wilhelm IV. 1842, in Potsdam einen Wildpark errichten und diesen mit Rotwild aus der Schorfheide besetzen zu lassen. Die Förster aus der Schorfheide studierten daraufhin alte Jagdliteratur, da niemand mehr Kenntnis davon hatte, wie solch ein Fang durchgeführt werden musste. Im Herbst 1842 begann der erste Fangversuch, und es gelang 119 Stück Rotwild unbeschadet einzufangen. Ein Jahr später wurde ein zweiter Fang durchgeführt und die eingefangenen Stücke ebenfalls nach Potsdam gebracht.

Mit zunehmenden gesundheitlichen Problemen nutzte der König in den darauffolgenden Jahren ebenfalls die Jagdausübung im Wildpark. In der Regierungszeit Wilhelms II. wurde der gesamte Wildbestand geschossen, da es in der Brunftzeit zu Angriffen des freilaufenden Wildes auf Parkbesucher gekommen war.

WILHELM I. UND SEINE LEIDENSCHAFT

DIE HEBUNG DER WILDSTÄNDE UNTER WILHELM I.

Als Prinz Wilhelm im Oktober 1857 die Stellvertretung seines erkrankten Bruders übernahm und ein Jahr später die Regentschaft antrat, konnte er noch intensiver in das Jagdwesen eingreifen, was er auch immer wieder tat.

Am 15. Dezember 1867 schrieb er an den Finanzminister von der Heydt: »Als ich im vergangenen Herbst in der Grimnitzer Forst zur Jagd anwesend war, bemerkte ich gegen frühere Jahre eine auffallende Abnahme des Wildes, während der Rotwildbestand daselbst so wie in der Groß Schönebecker Forst durch seine Zahl und Qualität früher eine notorische Berühmtheit hatte. Da ich in diesem Herbst keine Zeit hatte, jene Reviere und ihre Jagden zu besuchen, so erlaubte ich meinem Bruder, dem Prinzen Albrecht, und meinem Neffen, dem Prinzen Friedrich Carl sich dorthin zu begeben und Mir gleich ihre Wahrnehmungen über die etwa fortgesetzte Abnahme an Quantität und Qualität des Wildstandes mitzuteilen. Diese Mitteilungen beider Prinzen lauteten übereinstimmend sehr ungünstig unter gleichzeitiger Angabe, daß nach Versicherung des Forstpersonals daselbst mit verhältnismäßigen geringen Kosten dem fernerweiten Rückgange und endlichen gänzlichen Untergange dieses berühmten Wildstandes – noch vorgebeugt werden könne.«[1]

Der König gab den Prinzen auf, ihre Vorschläge niederzuschreiben und ihm vorzulegen. Diese leisteten daraufhin ganze Arbeit und stellten fest, dass sich zur letzten Brunft zwar etwa 1.200 Hirsche in den Oberförstereien Groß Schönebeck und Grimnitz aufgehalten hatten – von denen aber nur etwa 20 jagdbar gewesen waren. Zu diesen zählten alle Hirsche mit zehn oder mehr Enden. Die Prinzen sahen die Ursachen für diese schlechten Verhältnisse in der gesteigerten Bodenkultur, dem seit 1848 geltenden Jagdgesetz sowie der auf finanziellen Rücksichten basierenden Forstbewirtschaftung, die gegen die Interessen der Jagd stehe.

Sie gaben weiterhin an, dass die Zuwanderung von Rothirschen aus anderen Landesteilen aufgehört habe und dadurch der Inzucht Vorrang gegeben sei. Schon jetzt mache sich der Mangel an ausreichender Nahrung bemerkbar, da die Beunruhigung durch den allgemeinen Vieheintrieb der angrenzenden Gemeinden störend auf den Wildbestand wirke. Tatsächlich wurden zu dieser Zeit jährlich noch etwa 3.000 Rinder und Pferde sowie 20.000 Schafe zur Waldweide in das Gebiet der Schorfheide getrieben. Letztendlich würde auch die Verfolgung des Wildes durch die Pächter der Gemeindejagden ihr Übriges dazu tun, dass der Rotwildstand weiter absinke. Allein auf der Friedrichswalder und Joachimsthaler Feldmark sollen jährlich 90 Stück Rotwild zum Abschuss gekommen sein.

Die weiteren Vorschläge sahen u.a. vor, alle Feldmarken um die Schorfheide jagdlich anzupachten, die privaten Enklaven innerhalb der Schorfheide zu erwerben oder einzutauschen, die Nutzungsrechte, vor allem das Hütungs- und das Holzrecht der Gemeinden abzulösen, bevorzugte Einstände des Rotwildes forstlich nur noch extensiv zu nutzen, an überdachten Heuraufen Salzlecken und Äsungsflächen anzulegen, zum Schutz vor Wilddieben zeitweise sechs bis acht Soldaten vom Jägerbataillon abkommandieren zu lassen sowie den Abschuss des Rotwildes nicht auf Verminderung des Bestandes auszurichten, sondern auf eine Erhöhung.

Oberförster Witte von Groß Schönebeck war der Auffassung, dass 3.000 Taler jährlich ausreichen müssten, um alle vorgeschlagenen Maßnahmen durchzuführen. Diesen Vorschlägen fügte Wilhelm I. ein eigenes Schreiben an den Finanzminister bei, mit der Bemerkung: »[…] sehe ich Ihrer schleunigen Berichterstattung entgegen, wie die gemachten Vorschläge auszuführen sind, da es Mein bestimmter Wille ist, daß jener Wildstand erhalten und wieder gehoben werden soll.«

Schon am 18. Dezember kam es zu einer Besprechung in der Oberförsterei Grimnitz. Die Stellungnahme der Prinzen wurde eingehend erörtert. Anschließend versuchte man sich zu rechtfertigen, am Rückgang des Wildes in Zahl und Qualität sei nicht die Forstverwaltung Schuld. Doch der verdeckte Vorwurf traf die Förster tief. Sie waren der Auffassung, dass es für den vermeintlichen Rückgang des Rotwildes keine ausreichenden Erklärungen gebe. In einem breit angelegten Nachweis versuchten sie, ihrem König ihre Unfehlbarkeit darzulegen. Bis zur Inkraftsetzung des Jagdpolizeigesetzes vom 7. März 1850 habe es, so die Anwesenden, keine Handhabung zur Schonung des Wildes in Preußen gegeben. Dagegen waren sich alle sicher, dass im Jahr 1856 in beiden Oberförstereien ein Rotwildbestand von 1.380 Stück vorhanden gewesen sei. Seit dieser Zeit erfolgte der Abschuss sehr zurückhaltend und wurde für das betreffende Jahr mit nur 30 Stück angegeben. In dem sehr kalten und langen Winter von 1863/64 war dafür ein Rotwildverlust von mehreren Hundert Stücken zu verzeichnen gewesen. In beiden Oberförstereien waren bisher jährlich durchschnittlich jeweils 85 Stück Rotwild zum Abschuss gekommen.

Den Darlegungen der Forstverwaltung schloss sich der Finanzminister in einem Schreiben an den König vom 20. Dezember an. Danach sah sein Beschussplan für das Jagdjahr 1867 in der Oberförsterei Grimnitz nur einen Abschuss von 35 Stück Rot-, 24 Stück Dam-, sechs Stück Schwarz- und acht Stück Rehwild vor.

Einen noch besseren Überblick über die damaligen Zustände bieten die Jagdstatistiken von 1856 bis 1867. (S. 192) Diese Zahlen geben den tatsächlichen Abschuss von Rotwild in den Oberförstereien Groß Schönebeck und Grimnitz wieder. Es war damals üblich, die männlichen Tiere nach den Geweihenden zu klassifizieren und die niedrigen Geweihstrecken zusammen mit dem Kahlwild anzugeben. Für den Nichtjäger sei hier erwähnt, dass das Gewicht wie auch die Maße eines Geweihes unter Kaiser Wilhelm I. noch eine untergeordnete Rolle spielten. Erst unter Kaiser Wilhelm II. begann die detaillierte Geweihvermessung.

Das Ergebnis der Beratung vom 18. Dezember 1867 und die spätere Stellungnahme des Finanzministers gab der König seinem Bruder, Prinz Albrecht, zur Kenntnis. Der sparte nicht mit weiterer Kritik und schrieb: »Seiner Majestät des Königs hat von jeher ein guter Wildstand mit besonders guten Hirschen erhalten werden sollen und bildet dies also auch hier den Hauptzweck bei Regulierung des Abschusses, um das Jagdvergnügen Seiner Majestät dadurch in diesen Leibgehegen zu erhöhen. Das eben soviel männliches als weibliches Wild geboren wird ist richtig, doch dies rechtfertigt durchaus nicht, dass wenn 78 Stück Wild jährlich abgeschossen werden, davon 56 Stück männliches Wild sein können. […] aber gut jagdbare Hirsche und Kapitalhirsche gibt es, besonders in nicht sehr fruchtbaren Gegenden erst, wenn die Hirsche 8–10 Jahre und noch älter geworden sind. Wo sollen denn die starken und alten Hirsche herkommen, wenn die geringen und jungen Hirsche in solchen Mengen abgeschossen werden?«

Kaiser Wilhelm I. nach der Jagd 1887 vor dem Jagdschloss Hubertusstock im Gespräch mit Oberhofmarschall Graf Perponcher.

Der Prinz hatte durchaus recht, denn die Schonung des Kahlwildes und die übermäßige Bejagung der Hirsche waren in der Tat das »beste« Mittel, einen Rotwildbestand zu ruinieren. Als Beispiel verwies Prinz Albrecht auf das Großherzogtum Mecklenburg, wo nur ausnahmsweise entwicklungsfähige Hirsche abgeschossen wurden, was zur Folge hatte, dass jährlich bis zu 60 starke Hirsche erlegt werden konnten. Er forderte deshalb seinen Bruder auf, den Abschuss starker Hirsche nur dem König zu überlassen und den restlichen Abschuss von männlichen Tieren um 50 Prozent zu reduzieren. Weiterhin schlug er vor, in den benachbarten Oberförstereien Liebenwalde, Liepe, Mühlenbeck und Reiersdorf, den Abschuss jagdbarer Hirsche gänzlich zu untersagen.

König Wilhelm I. vertraute in dieser Angelegenheit vernünftigerweise mehr seinem Bruder als seinem Finanzminister und den Lokalforstbeamten, denn am 18. April 1868 teilte er dem Minister mit, dass er alle Stellungnahmen gelesen habe und die »von mir gebilligten Vorschläge ausgeführt wissen will. Außerdem bestimme Ich mit Rücksicht auf Ihren Bericht vom 20. März d.J., dass der Abschuss Etat in den genannten Revieren sofort anderweit geregelt werde [...], dass der Abschuss jagdbarer Hirsche Mir allein vorbehalten bleibt und der Abschuss des übrigen männlichen Wildes mindestens auf die Hälfte reduziert wird [...].«[2]

Der Abschuss von jagdbaren Hirschen war demnach nur für die beiden Kernreviere der Schorfheide vorgesehen und ausdrücklich lediglich dann erlaubt, wenn der König dazu selbst seine Zustimmung gab. Ansonsten war bei den Hirschen vorzugsweise nur der Abschuss von Gablern und Spießern gestattet. Beim Abschuss von weiblichem Rotwild war besonders auf alte Tiere oder Geltiere[3] zu achten.[4]

Der Abschuss von Rothirschen innerhalb der als Schongehege bezeichneten Jagen 1 bis 12 um das Jagdschloss Hubertusstock war komplett untersagt und nur mit der Genehmigung des Königs gestattet. Gleichzeitig wies der Monarch den Minister des königlichen Hauses an, ab dem 1. Januar den Oberförstereien Groß Schönebeck und Grimnitz einen Zuschuss in Höhe von 4.600 Talern auszuzahlen. Damit sollten die Maßnahmen aus der Privatkasse des Königs finanziert werden.

Ab dem Winter 1867 war vorgesehen, dass in den Oberförstereien bei Schnee das Wild täglich mit Heu und bei trockenem Frost nach Bedarf gefüttert werden sollte. Das dazu benötigte Heu musste aus der Oderregion angekauft werden, da das aus den hiesigen Gemeinden stammende Raufutter nicht ausreichte. Die Kosten für die Fütterung übenahm der König ebenfalls selbst und nicht die Staatskasse.

Nach einer Aufstellung aus den Jahren 1861 bis 1867 flossen aus der Privatschatulle des Königs umgerechnet 94.820 Euro für jagdliche Aufwendungen in die Schorfheide.

Es blieb den betroffenen Amtsstellen nichts anderes übrig, als sich auch mit den anderen von den königlichen Prinzen vorgelegten und von Wilhelm I. genehmigten Vorschlägen einverstanden zu erklären. Der König kommentierte das Ergebnis mit kurzen Randbemerkungen wie: »muß geschehen«, oder »Das alles wird aber das Wild sehr beunruhigen«. Über alle eingeleiteten Maßnahmen verlangte der König einen jährlichen Zustandsbericht, der ihm vorzulegen war.

Damit begann nicht nur eine qualitative Verbesserung, sondern auch eine planmäßige Erhöhung des Rot- und Damwildbestandes in einer Form, wie es die Schorfheide zuvor noch nie erlebt hatte. Sie hielt bis zum Ende der Monarchie an.

In dem damals bezeichneten eigentlichen Gebiet der engeren Schorfheide mit einer Größe von 838 Hektar fand die Holzwirtschaft seit 1866 ausschließlich im Plenterbetrieb statt. Vorrangig galt es, die Einstände zu belassen und den Einschlag unter Rücksicht auf die landschaftliche Schönheit durchzuführen. Die Nutzung beschränkte sich dort weitestgehend auf trockene Stämme. König Wilhelm I. wollte in diesem Bereich parkartige Bestände mit Birken, Eichen und Kiefern auf geschlossenen Flächen mit einer Größe von fünf bis acht Hektar Größe entstehen lassen. Gleichzeitig bestanden etwa 2.808 Hektar nur aus Blössen. Sie waren für Neuanpflanzungen und als Äsungsflächen vorgesehen. Diese Absichten bereiteten den beiden zuständigen Oberförstern Kummer, denn der forstliche Grundgedanke wurde besonders in Bezug auf die erforderliche nachhaltige Verjüngung stark zurückgedrängt. Immerhin konnten sie sich dadurch rechtfertigten, dass es der ausdrückliche Wille des Königs war, den besonderen Anforderungen der Wildzucht Rechnung zu tragen. Der König hatte 1865 unter anderem festgelegt, dass die mögliche Anpflanzung der Freiflächen für etwa 60 Jahre offen gehalten werden sollte. Eichen sollten gezogen werden, um für das Wild ein zusätzliches Äsungsangebot zu schaffen. Auf weiteren 6.221 Hektar war ein 120-jähriger Kiefernbetrieb vorgesehen. Damit war absehbar, dass sich der Holzvorrat weiter verringern würde und durch den Zuwachs der jungen Bestände nicht mehr auszugleichen war. In der Folge wurde die Schorfheide zu einer weiten, offenen Waldlandschaft. Das betraf auch die weitere Umgebung von Hubertusstock mit ihren Kiefernalthölzern. Dieses typisch offene Waldbild erhielt sich im Wesentlichen bis 1946.

Vom Jahr 1868 an war jeweils der 17. April eines jeden Jahres ein fester Termin für das Hofjagdamt. Spätestens dann musste der jährliche Bericht für den König über die Ergebnisse des abgelaufenen Jagdjahres vorliegen. Über das Jahr 1870 wurde beispielsweise berichtet, dass es gelungen sei, die Privat- und Gemeindejagden – außer denen des Gutes Uhlenhof und auf den Werbellinsee-Wiesen – anzupachten. In den folgenden Jahren schaffte man es nach und nach, allen angrenzenden Gemeinden das Hütungs- und Holzrecht abzulösen.

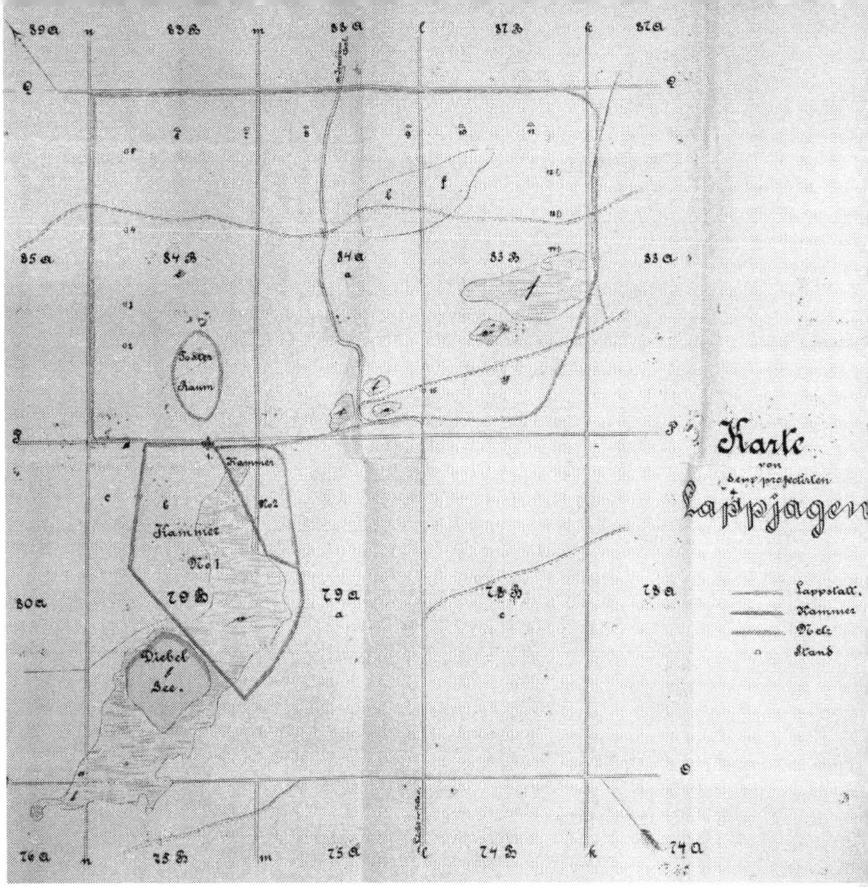

Plan einer Lappjagd am Diebelsee.

Wie bedeutend die Ablösung der Raff- und Leseholzberechtigten der Gemeinde Groß Schönebeck für die Jagdwirtschaft war, verdeutlicht allein schon die nutzbare Fläche. Die Berechtigten konnten bis zur Abfindung auf einer Fläche von insgesamt 4.734 Hektar Holz sammeln. Selbst die Stadt Angermünde, die ebenfalls ein Holzrecht in der Schorfheide hatte, musste abgefunden werden. Damit zog in die Weiten des Waldes immer mehr die nötige Ruhe ein, und die Förster wurden zu alleinigen »Herren« der Schorfheide. Wer jetzt noch im Wald angetroffen wurde, musste schon einen triftigen Grund vorweisen, wollte er nicht in Verdacht geraten, ein Wild- oder Holzdieb zu sein. Je nach Bedarf waren vier Kommandojäger im Einsatz, um die Wälder zu kontrollieren.

In dem nunmehr auf die drei Oberförstereien Groß Schönebeck, Grimnitz und Pechteich[5] erweiterten Kerngebiet der Schorfheide wurde je ein Hektar sogenannter Fruchtstücke angelegt. Das waren Äsungsflächen für das Rotwild, auf denen wechselseitig Kartoffeln und Lupine angebaut wurden. Danach erfolgte die Bepflanzung mit Kiefern und die Äsungsflächen wurden an einer neuen Stelle angelegt.

Der Abschuss von Rotwild war, wie erwähnt, drastisch eingeschränkt worden. Zusätzlich war es untersagt, auf den angrenzenden Oberförstereien Biesenthal, Glambeck, Liebenwalde, Liepe, Mühlenbeck, Reiersdorf und Zehdenick Rothirsche ab zehn Enden aufwärts zu schießen.

Im schneereichen Winter 1870/71 gelang es den Förstern, das Wild über einen längeren Zeitraum an den Fütterungen zu zählen. Die Zählung ergab einen Bestand von 2.138 Stück Rotwild.[6]

Aus Versailles teilte dann auch der werdende Kaiser Wilhelm I. am 14. Februar 1871 mit, dass er gegen einen vorläufigen Abschuss von 75 Stück Rotwild für das laufende Jahr keine Einwände habe. Er befürchtete jedoch, dass der Bestand infolge des »ungewöhnlich strengen Winters und starken Schneefalles eine nicht unerhebliche Einbuße erlitten haben könnte«.[7] Dem war nicht so, denn durch das Öffnen der eingezäunten Schonungsanlagen und die intensive Fütterung gelang es den Förstern, den klimatisch bedingten Anteil an Fallwild gering zu halten. Verfüttert wurden 158,85 Tonnen Heu, 12,35 Tonnen Haferstroh / Luzerne und etwa 13,5 Tonnen Eicheln und Kastanien.

Der Gesamtrotwildbestand erreichte in allen drei Oberförstereien, auf einer Fläche von 22.368 Hektar, bereits eine Dichte von etwa 9,5 Stück Rotwild auf 100 Hektar. Allein für Grimnitz wurden im Winter 1872/73 957 Stück Rotwild gezählt.[8]

Mit der Ernennung des Fürsten Pleß zum Oberstjägermeister im Jahre 1872 änderten sich unter anderem die Angaben zur Statistik.[9] Dazu plante er im Winter 1873 eine Konferenz in Berlin, zu der er die verantwortlichen Oberforstmeister einlud. Er beabsichtigte, sich dadurch ein noch genaueres Bild der Jagdverhältnisse zu verschaffen. Vor allem wollte er in

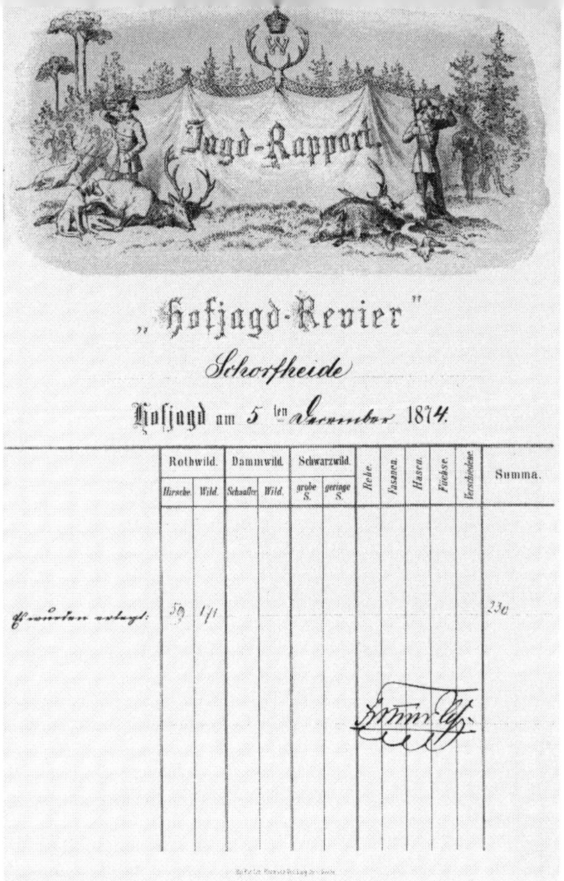

Jagd-Rapport

„Hofjagd-Revier"

Schorfheide

Hofjagd am 5ten December 1874.

	Rothwild.		Dammwild.		Schwarzwild.		Rehe.	Fasanen.	Hasen.	Füchse.	Verschiedene.	Summa.
	Hirsche	Wild.	Schaufler	Wild.	grobe S.	geringe S.						
Es wurden erlegt:	59	171										230

Ergebnis der Hofjagd vom 5. Dezember 1874, unterschrieben von Fürst Pleß.

Erfahrung bringen, wie viel Wild vorhanden und wie hoch der Zuwachs war, wie viel abgeschossen werden könnte und wie viel die Unterhaltung des Wildes tatsächlich kosten würde.[10]

Nach einer bereits vom Oberforstmeister von Massow eingeforderten Statistik vom März 1873 ging für die einzelnen Hofjagdgebiete des Regierungsbezirkes Potsdam auf der Basis dreijähriger Beobachtungen ein Rotwildbestand von 2.320 Stück, davon 1.805 weibliche hervor.[11] (S. 193) Nach heutiger Erkenntnis waren das ungünstige Verhältnisse. Eine Wildbewirtschaftung, die sich natürliche Bestandsdichten und -strukturen zum Ziel setzte, war in dieser Zeit noch unbekannt.

Wie variabel die Wildzählungen ausfallen konnten, zeigen die Zahlen vom darauffolgenden Jahr 1874 nach einem milden Winter mit wenig Schnee und bei nicht wesentlich verändertem Abschuss. Das Wild zog sich weniger an die Fütterungen und erschwerte damit die Zählungen. (S. 194)

Prinz Friedrich Karl beobachtete die weitere Entwicklung des Wildbestandes mit Interesse. 1875 forderte er den Oberförster von Grimnitz, Stävie, auf, aus den Bestandszahlen einen nachhaltigen, verträglichen Abschuss zu errechnen. Stävie gab daraufhin für das Kerngebiet seines Bereiches einen Bestand von 825 Stück Rotwild an, davon 83 Stück für die Revierteile südlich vom Werbellinsee.

Fürst Pleß, der die Berechnung zur Stellungnahme erhielt, bezweifelte die Angaben nicht ohne Grund.[12] Mit Recht verwies er darauf, dass nicht alles Rotwild, das außerhalb des Hofjagdgeheges geschossen werde, tatsächlich auf dem Revier Grimnitz gestanden und dort gesetzt worden sei. Ebenso verhielt es sich mit den Wildzählungen, so intensiv und beharrlich sie auch getätigt worden waren. Es war daraus nicht zu entnehmen, wie viel Wild tatsächlich aus- und einwechselte.

Die Zählung des Wildbestandes bereitete den Förstern nach wie vor Schwierigkeiten, vor allem in den Wintern, in denen wenig oder gar kein Schnee fiel, wie 1882/83. Konnten am 1. März 1882 noch 2.964 Stück Rotwild gemeldet werden, so verringerte sich die Zahl ein Jahr später auf nur 2.531 Stück Wild, ohne dass ein erhöhter Abschuss erfolgt war. Somit durfte die Differenz von 433 Stück auf den schneearmen Winter zurückzuführen sein, in dem sich das Wild erfahrungsgemäß weniger an den Fütterungen zeigte und deshalb die Bestandserhebung vom 1. März 1883 von einer zu geringen Wilddichte ausging.

Einen Überblick über den Bestand an Rot- und Damwild in den Oberförstereien Groß Schönebeck, Grimnitz, Grunewald (Berlin) und Pechteich aus den Jagdjahren 1871 bis 1886 geben die Tabellen 1 und 2 im Anhang wieder. Daraus ergibt sich zum Beispiel für das Jagdjahr 1885/86 für die drei Schorfheider Oberförstereien ein Jahresbestand von 2.342 Stück Rot- und 775 Stück Damwild.

Wenn auch die Angaben der Stückzahlen mitunter variieren, so war doch in 15 Jahren ein deutlicher Anstieg des Bestandes zu verzeichnen. Für die Schorfheide wurde später ein durchschnittlicher Zuwachs des Gesamtbestandes an Rotwild von jährlich 23 Prozent bis 28 Prozent angenommen.

Der Kaiser genehmigte allen Oberförstern seit 1868 jährlich den Abschuss eines jagdbaren Hirsches ab zehn Enden. Es kann davon ausgegangen werden, dass sich nicht immer alle Revierverwalter daran hielten. Dem Oberförster von Liebenwalde Münnig passierte, gewollt oder ungewollt, das Missgeschick, einen jagdbaren Hirsch zu viel erlegt zu haben. Vom Hofjagdamt wurde er zurechtgewiesen, solche Überschreitungen seiner Kompetenz in Zukunft zu unterlassen. Das schien den Oberförster nicht weiter gestört zu haben, denn zwei Jahre später passierte ihm »versehentlich« das Gleiche noch einmal. Wieder blieb es bei einer Verwarnung.

Auch Oberförster von Hövel schoss 1881 im Revier Altenhof einen Hirsch von ungeraden zehn Enden, den er als einen von acht Enden ansprach. Der Hirsch war eigentlich zu jung und hätte geschont werden müssen, doch von Hövel glaubte, einen schwächeren Hirsch vor sich zu haben. In einem Schreiben an das Ministerium versuchte er seinen Abschuss damit zu rechtfertigen, dass er die Eissprosse nicht erkannt habe. Seine vorgesetzte Stelle verwies jedoch darauf, dass sich der Kaiser den Abschuss von jagdbaren Hirschen selbst vorbehalten habe und ihm der Abschuss angerechnet werden müsse.[13]

Während einer Lappjagd am 9. und 10. Januar 1885 im Revier Zehdenick wurden vier Hirsche »versehentlich« angeschossen. Das Hofjagdamt sah sich deshalb gezwungen, bei neuerlichen Verstößen drastische Strafen zu verhängen. Als Erstes wurde der Verlust der Jagdwaffe angedroht und die Zahlung von 20 Mark für jedes unerlaubte Geweihende in Aussicht gestellt. Der Monarch wie auch der Kronprinz und die königlichen Prinzen waren von dieser Regelung natürlich ausgenommen.[14] Für das Jagdjahr 1884 genehmigte der Kaiser Abschüsse u.a. für Kronprinz Friedrich Wilhelm (sechs Hirsche ab zehn Enden), Kronprinz Rudolf von Österreich (als Gast ohne Limit), Prinz Wilhelm (vier Hirsche ab zehn Enden), Prinz Friedrich Karl (acht Hirsche ab zehn Enden) sowie Prinz Heinrich (zwei Hirsche ab zehn Enden). Darüber hinaus hatten alle freie Wahl beim Abschuss von Damwild, das sich stark vermehrte und reduziert werden sollte.

Jagdeinladungskarte für Fürst Pleß.

Während der preußische Kronprinz nicht zum Schuss kam, gelang es allen anderen, ausreichende Beute zu machen. Prinz Friedrich Karl erlegte gleich zehn Rothirsche und einen Damhirsch. Der Kronprinz von Österreich erlegte fünf Rothirsche. Prinz Wilhelm erlegte zwei Zwölfender.

Den Forstbeamten im Ministerium wurden, streng nach Dienststellung, ebenfalls Abschüsse zugeteilt. Oberforstmeister von Alvensleben und der Direktor

Verlauf des Wildzauns (hervorgehoben) von der Havel bis zur Oder, 1795.

der Forstakademie in Eberswalde Dankelmann sowie die Forstmeister Bando und Stünzner erhielten einen Abschuss ohne Limitierung der Endenzahl. Dem Forstmeister von Blumen, der für das Grunewalder Revier zuständig war, wurde der Abschuss eines Damhirsches zugestanden, da es dort kein Rotwild gab.[15]

Es ist nicht verwunderlich, dass sämtliche Oberförster, mit ihrem jagdlichen Können und den Revierkenntnissen, stets Hirsche mit zwölf Enden erlegten, während ihren Vorgesetzten nur der Abschuss von Hirschen bis zu zehn Enden gelang.

VON WILDSCHÄDEN UND WILDZÄUNEN

Durch das Jagdgesetz vom 31. Oktober 1848 wurden Berechtigungen zur Jagd auf fremdem Grund und Boden aufgehoben. Somit existierte keine Regelung über die Erstattung von möglichen Wildschäden auf diesen Flächen. Jeder Grundbesitzer war nun berechtigt, auch um den Schutz seiner Feldfrüchte zu sichern, die Jagd selbst auszuüben und unbegrenzt Wild zu erlegen.
Die flächenmäßig größte Gemeinde im Schorfheidegebiet war Groß Schönebeck. Sie hatte ihre bejagbare Feldmark nach 1850 für die Dauer von sechs Jahren an den Fiskus verpachtet. Wohl mehr aus Unkenntnis der Rechtslage und der sich daraus ergebenen Konsequenzen versäumte sie es, in der Verpachtung einen möglichen Wildschadenersatz festzuschreiben.

1856 kam es denn auch zu massiven Beschwerden der Landwirte wegen Wildschäden durch Schwarzwild. Dabei behaupteten sie, dass 20 freigelassene, zahme »Schwarzwildsauen« ihre Felder verwüstet hätten. Tatsächlich sollen es aber nur zwei tragende Bachen gewesen sein, die zur Vergrößerung des Schwarzwildbestandes im Revier Groß Schönebeck beitragen sollten. Sie waren um 1852 im Suppenbruch der Oberförsterei Grimnitz ausgesetzt worden, um den dortigen Bestand von nur sieben Stück aufzubessern.[16] Diese kleine Population vermehrte sich außerordentlich. Schon 1854 konnten in den Oberförstereien Groß Schönebeck, Grimnitz und Reiersdorf insgesamt 70 bis 80 Stück Schwarzwild gezählt werden.

Die Forstverwaltung gab an, bereits im Winter 1854/55 im Revier Groß Schönebeck 24 Stück Schwarzwild erlegt oder für die Parforcejagden gefangen zu haben. Eine weitere Reduzierung bis auf 35 Stück konnte wegen der anhaltenden Klagen im folgenden Jahr erfolgen. Dieses Schwarzwild hatte sich überwiegend im Groß Schönebecker Raum aufgehalten. Dass eine so geringe Stückzahl auf einer Fläche von ca. 13.124 Hektar als überhöht bewertet wurde, legt den Schluss nahe, dass der tatsächliche Wildstand weit höher war. Denn im ersten Quartal 1856 wurden nochmals 22 Stück erlegt, womit der Zustand aus dem Jahr 1848 fast erreicht war.[17]

Obwohl 1855 Oberförster Lelm von Groß Schönebeck seine Schutzbeamten nachts wieder Streife laufen ließ, selbst im Sommer Treibjagden abgehalten wurden und auch die Landwirte tapfer gegen das Wild kämpften, blieben Schäden nicht aus. Eine Überprüfung durch die zuständige Landkreisverwaltung ergab zwar Wildschäden durch Schwarzwild, jedoch nicht in dem Umfang, wie es zum Beispiel die Beschwerdeführer »Grassow und Genossen« aus Groß Schönebeck behaupteten. Von einem übermäßigen Wildbestand könne also gar keine Rede sein, erklärte das zuständige Ministerium. Daraufhin wurden alle Ansprüche auf Schadensersatz zurückgewiesen.

Über das Verhalten der Förster enttäuscht, wandten sich die Landwirte direkt an den König. Dieser ordnete zwar eine erneute Untersuchung an, doch am Ergebnis an der zuvor ergangenen Entscheidung änderte sich nichts.

Erst als im Frühjahr 1856 die Wildschäden weiter zunahmen, musste Oberförster Lelm gestehen, dass »außer Zweifel gestellt, daß wirklich namhafter Schaden durch das aus den Königlichen Forsten [...] auswechselnde Schwarzwild, geschehen ist«.[18] Dies

DIE UCKER=MARK
DAS = HERTZOGTHUM = MECKLENBURG
VOR = POMMERN
DIE = MITTEL = MARK
DIE = NEUMARK
PRENTZLOW
Angermünde
Schwedt
Templin

bestätigte auch der preußische Kriegsminister Friedrich Gustav Graf von Waldersee als Abgeordneter des Niederbarnimschen Kreises und empfahl, Abhilfe zu schaffen. Die Landwirte seien allein nicht in der Lage und verfügten nicht über die Möglichkeiten, das Schwarzwild im Zaum zu halten, so der Graf.

Landrat Scharnweber erwog daraufhin, den Landwirten die Genehmigung zu erteilen, dem Schwarzwild auf ihren Feldern mit Gewehren entgegenzutreten. Das wollten die Forstbeamten aber auf gar keinen Fall, da sie durch diese Maßnahme eine Gefahr für das von ihnen gehegte Rotwild befürchteten. Das Hofjagdamt wollte es gar nicht erst soweit kommen lassen und schlug deshalb vor, die Hege des Schwarzwildes fallenzulassen. Daraufhin entschied der König im Juli 1856 und erteilte seinem Finanzminister Carl von Bodelschwingh die Erlaubnis, das Schwarzwild in der »Oberförsterei Groß Schönebeck und den angrenzenden Revieren bis zur Unschädlichkeit« abzuschießen. Von nun an wurde auf die Hege des Schwarzwildes in der Oberförsterei Grimnitz gänzlich verzichtet. Unter den gegebenen Umständen konnte, wie der Oberförster feststellte, kein guter Schwarzwildbestand mehr herangezüchtet werden.

Im Oktober 1856 wurde dem König empfohlen, aus »Rücksicht allerhöchster Gnade«, für die entstandenen Wildschäden eine Entschädigung zu zahlen. In der Folge wies dieser am 10. November den Minister des königlichen Hauses an, den Betroffenen insgesamt 150 Taler, 16 Silbergroschen und sieben Pfennige für ihre Schäden an den Saaten und dem Getreide zu zahlen. Daraufhin erhielten 40 Grundbesitzer anteilig das Geld ausbezahlt.[19]

Von 1857 an verpachtete die Gemeinde ihre bejagbaren Flächen erneut an den Fiskus und verlangte dafür ab 1862 250 Taler jährlich. Davon zahlte der König 170 Taler aus seiner eigenen Tasche. Dieser Beitrag wurde allerdings vor allem deshalb geleistet, um den Rotwildbestand weiter hegen zu können, außerdem auch, um unliebsame Anfragen bei Beratungen des Landtages zu unterbinden. Mit der sehr hohen Pachtzahlung wurde der Versuch unternommen, die Landwirte zu befriedigen und sie von Beschwerden an den Landtag – wegen Wildschäden auf ihren Feldern und zu hohen Wildbeständen in den königlichen Forsten – abzuhalten. Die Gemeinden verstanden es, den Pachtpreis in der Folgezeit immer weiter in die Höhe zu treiben, da das Hofjagdamt stets einwilligte, um die Kontrolle auf den Feldmarken nicht zu verlieren.

Es ist unumstritten, dass sich das Hofjagdamt unter Kaiser Wilhelm I. bemühte, das Schwarzwild in der gesamten Schorfheide zu reduzieren. Noch 1865 wurde davon ausgegangen, dass es möglich sei, es auszurotten. Zwischenzeitlich stiegen aber die Bestände an Rot- und Damwild weiter an und wurden nun zum Gegenstand neuer Wildschadensforderungen. Dazu hieß es: »[...] es ziehen sich außerdem noch zu gewissen Jahreszeiten in der Grimnitzer Forst so unmögliche Massen von Rotwild zusammen, daß die betreffenden Reviere dadurch weiterhin als Merkwürdigkeiten bekannt geworden sind, daß aber auch unbestreitbar die in der Nähe belegenen Felder erheblich darunter leiden.«[20]

Zum 31. Dezember 1864 endete abermals der Jagdpachtvertrag mit der Gemeinde Groß Schönebeck. Die Landwirte forderten daraufhin nicht mehr nur die bare Entschädigung, sondern zum ersten Mal die Errichtung eines Wildzauns oder im Verhinderungsfalle die Verpflichtung der königlichen Regierung, den gesamten Wildschaden zu ersetzen. Das Hofjagdamt war bereit, diesen zu begleichen, jedoch nicht als Wildschadenersatz, sondern getarnt als Lohnzuschuss für die kommunalen Feldhüter. Es hieß dazu weiter: »Es ist der Wunsch des Finanzministers und auch wohl der Königlichen Regierung zu Potsdam, den merkwürdigen und berühmten Wildstand der Grimnitzer und Groß Schönebecker Forst zu erhalten, die Mittel aber, welche in Vorschlag gebracht sind, um diesen Zweck zu erreichen, sollen nur zu einem geringen Anteil der Staatskasse, dagegen dem Kronfideikommissfonds zur Last fallen, weil nach der Meinung des Finanzministers die Erhaltung des in Rede stehenden Wildstandes vornehmlich im Interesse des Hofjagdamtes wünschenswert sei.«[21]

Damit wollte der Minister seinen Etat entlasten und schätzte realistisch ein, dass schließlich die Schorfheide weniger durch organisierte Hofjagden als vom König und den Prinzen privat bejagt wurde. Der neue Pachtvertrag sollte auf sechs Jahre bis zum Jahre 1871 abgeschlossen werden. Die Pachtforderungen steigerten sich von bisher 250 auf 450 Taler jährlich. Dem König wurde daraufhin empfohlen, einem solchen Vertrag nicht zuzustimmen, da es zu ständig höheren Geldforderungen kommen könnte. Finanzminister August Freiherr von der Heydt dagegen empfahl, auf den Vorschlag einzugehen. Zugleich forderte er, Versuche mit Wildzäunen nach den im Fürstenthum Lippe-Detmold gemachten Erfahrungen anzustellen. Sollten die Versuche den Vorstellungen des Hofjagdamtes und der Forstverwaltung entsprechen, so müsse die gesamte Feldmark Groß Schönebeck auf einer Länge von 15.040 Metern[22] gegen die Schorfheide abgezäunt werden. Die Kosten dafür wurden damals – nach einer heutigen vorsichtigen Umrechnung – auf etwa 43.000 Euro geschätzt, eine durchaus akzeptable Rechnung, wenn berücksichtigt wird, dass jährlich etwa 9.700 Euro an Jagdpacht gezahlt wurden.

Aber die Mahner warnten den König vor der Umsetzung eines solchen Vorhabens, denn die Kosten für den Zaunbau könnten ins Uferlose laufen, sollte die komplette Schorfheide eingezäunt werden. Es hieß dazu, dies sei, »soweit es sich dabei um Eurer Königlichen Majestät Jagdvergnügen, und um die Erhaltung des vorhandenen starken Wildstandes [...] handelt, nichts Empfehlenswertes. Sobald der betreffende Waldkomplex durch einen Zaun gegen die umgebenden Grundstücke vollständig abgesperrt wird, ist derselbe fernerhin nichts anderes als ein gewöhnlicher Wildpark, wie Eure Königliche Majestät dergleichen bei Potsdam, [...] Grunewald und bei Königs Wusterhausen bereits haben, [...].«[23]

Dazu kam, dass die bereits genannten Wildgärten in kürzerer Zeit als die Schorfheide zu erreichen waren, womit auf die körperlichen Anstrengungen einer längeren Reise des alternden Königs angespielt wurde. Aber auch auf die enormen Kosten der Errichtung und Unterhaltung des Zauns sowie der erforderlichen Wildfütterung, da das Wild nun nicht mehr seine Nahrung auf den Feldern aufnehmen könne, wurde hingewiesen.

Der Gedanke, einen Wildzaun in der Schorfheide zu errichten, war nicht neu, sondern schon 1848, mit dem Beschluss der Nationalversammlung über ein Jagdgesetz, diskutiert worden. Der damalige Oberförster von Grimnitz Schmidt schrieb im Oktober jenen Jahres an den Oberforst- und Hofjägermeister von Pachelbl-Gehag: »Insofern das neue Jagdgesetz in der Maßgabe, wie es von der Nationalversammlung beschlossen worden ist, bestätigt werden sollte und [...] beabsichtigt wird, den in hiesigen Revieren seit Jahrhunderten berühmt gewesenen Rotwildstand nicht auf einem male gänzlich verschwinden zu sehen, sondern solchen wenigstens auf einem Teile des Reviers noch zu erhalten, so sehe ich es für unumgänglich notwendig, [...] die Schorfheide und Große Kiehnheide [...] zu vergattern [...].«[24]

Damit sollte das Auswechseln des Rotwildes auf die Feldmark von Joachimsthal bis nach den Wiesen am Werbellinsee verhindert werden. Schmidts Gedanken gingen sogar soweit, den Zaun auf der entgegengesetzten Seite, westlich vom Werbellinsee, bis an die Chaussee nach Prenzlau weiterzuziehen. Damit wäre ein Großteil der Oberförsterei im Umfang von etwa 7.665 Hektar miteinbezogen gewesen. Der dafür zu errichtende Zaun hätte sich, unter Einbeziehung der schon vorhandenen Schonungsgatter, auf 10.099 Meter Länge belaufen. 7.279 Meter Zaun hätten neu errichtet und 2.820 Meter vorhandener Gatterzaun umgesetzt werden müssen. Schon allein an Holzpfählen waren 3.053 Stück in einer Länge von 3,20 Metern notwendig. Zur längeren Haltbarkeit sollten sie am

Fußende angekohlt werden.[25] Der Zaun sollte vollständig aus Holz hergestellt werden, ohne jegliche Verwendung von Draht. Für das Passieren der Fuhrwerke waren zehn Tore vorgesehen. Damit das Wild die Möglichkeit hatte, in das Gehege zu gelangen, sollten zehn Einsprünge entstehen.

Im Anschluss an eine eingehende Prüfung wurde dem Vorschlag zugestimmt. Nachdem der König das neue Gesetz unterzeichnet hatte, erhielt Oberförster Schmidt die Anweisung, sofort mit der Umsetzung zu beginnen. Es dauerte dennoch bis 1850, ehe mit den Arbeiten begonnen werden konnte. Bereits im Jahr darauf war der Zaun fertig, doch nur wenige Jahre später, 1855, waren erste Stellen schadhaft und mussten ausgebessert werden.

Erst nachdem Oberförster von Hövel geäußert hatte, er habe die Beobachtung gemacht, dass altes Rotwild durchaus in der Lage sei, durch Anheben der Holzlatten durch den Wildzaun hindurchzukriechen, kamen, nach 1883, Überlegungen auf, den reinen Holzzaun durch ein Drahtzaun zu ersetzen.

Zum Schutz von Anpflanzungen hatte Oberförster Sachse erste Versuche mit Stachel- und normalem Draht aus kupfernen Telefonleitungen unternommen. Seinem Fazit zufolge bewährte sich der Stacheldraht. Witte schloss sich der Auffassung seines Kollegen an und schrieb, dass ein Holzzaun schon nach drei bis fünf Jahren schadhaft werde, ein Drahtzaun dagegen eine Lebensdauer von 30 Jahren habe.[26] Es vergingen über zehn Jahre, bis sich schlussendlich das bekannte wabenförmige Maschendrahtgeflecht durchsetzte.

1872 kam es auf der Feldmark Groß Schönebeck erneut zu erheblichen Wildschadensklagen. »Das Rotwild ist so vertraut, daß es sich von den Wildkehrern nur eine kurze Strecke in den Wald zurückscheuchen läßt, um bald nach deren Entfernung wieder auf den Feldern herauszutreten«, hieß es dazu. Abermals wurde die Forderung erhoben, den Wildstand drastisch zu senken oder die Feldmark mit einem Wildzaun zu schützen. 1873 war ein Teil der Groß Schönebecker Feldmark bereits gegen die fiskalischen Forstflächen abgezäunt. Dieser Zaun war noch vollständig aus Holz in Form eines Lattenzaunes und hatte eine Höhe von circa zwei Metern. Inzwischen fanden sich immer mehr Fürsprecher für einen kompletten Wildzaun, um den ständigen Forderungen der Gemeinde entgegenwirken zu können. Ihnen schloss sich schließlich auch der Kaiser an. Am 23. August 1872 teilte er aus Bad Gastein dem Ministerium des Königlichen Hauses mit, dass er dem vorgeschlagenen Bau eines Wildzauns zustimme. Die Kosten für die Errichtung und Unterhaltung sollten aus dem Kronfideikommissfonds erstattet werden. Um für den Zaunbau Zeit zu gewinnen, gelang es Oberförster Witte 1877 noch einmal, die Jagd der Gemeinde Groß Schönebeck anzupachten: »Ursprünglich wurde von der Gemeinde ein Jagdpachtgeld von 3.000 Mark gefordert. Nachdem ich nach vielfältigen Verhandlungen [...] als Maximum 1.500 geboten, [...] wurde durch Gemeindebeschluß festgestellt, dem [...] Hofjagdamte die Jagd nicht zu verpachten. [...] Wie es mir nun möglich geworden, dennoch wieder zur Geltung zu kommen und wie viel Ärger ich habe schlucken müssen, das gehört hier nicht her. Kurz die Jagd ist nun gepachtet und will ich hoffen, daß der mit unsäglicher Mühe herabgedrückte Preis von 700 Talern [...] nicht beanstandet wird.«

In dem Schreiben bekundete Witte, wenig Verständnis für die Landwirte zu haben, und legte dar, wie diese tatsächlich unter dem Rotwild zu leiden hätten, was er wohl öffentlich nie so gesagt hätte und endete: »Hand aufs Herz, so ist die Jagdpacht nicht zu übermäßig und wird dem [...] Hofjagdamte die Erhaltung ihrer besten Hochwildjagd [...] erhalten.«[27]

Die Abneigung der Landbevölkerung gegen die Forstbeamten erreichte zu diesem Zeitpunkt ihren Höhepunkt. Denn nicht der Kaiser oder das Hofjagdamt wurden für den gestiegenen Wildstand verantwortlich gemacht, sondern die lokalen Forstbeamten. Witte resümierte daher, »es werden die Pachtforderungen immer höher und die Abneigung gegen die Verpachtung

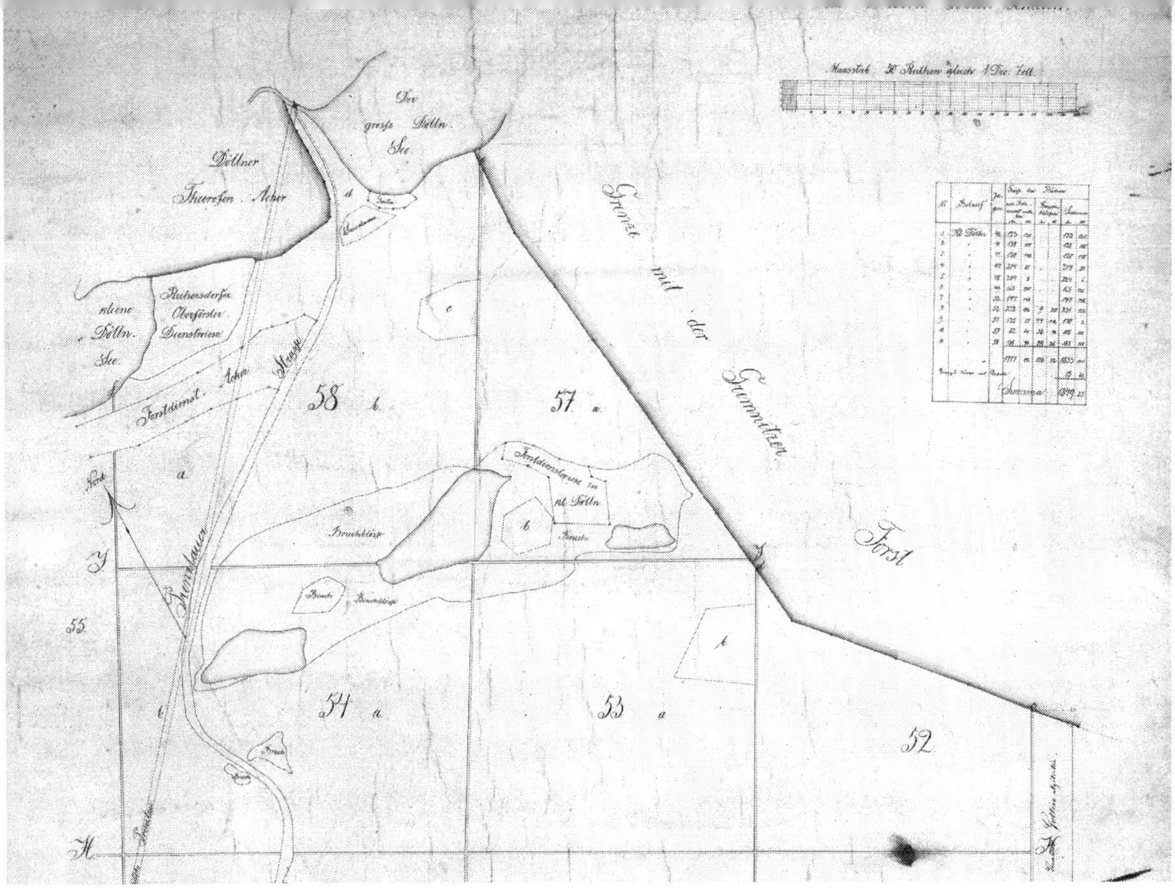

Kartenausschnitt aus dem Plan zur Zaunziehung vom Döllnsee bis zum Werbellinsee.

mehr und mehr«.[28] Er verwies weiter darauf, dass die vollständige Eingatterung dieser Feldmark nun in Vorbereitung sei, damit das Problem endlich gelöst werde.

Die Planungen gingen soweit, auch den südwestlichen und westlichen Teil der Schorfheide vollständig mit einem Zaun zu umgeben, was eine Zaunlänge von weiteren 14,7 Kilometern bedeutete.

Im August 1885 brachte der Vorschlag der Regierung, den Abschuss von Rotwild für die Oberförsterei Reiersdorf auf 200 Stück festzulegen, den dortigen Oberförster Euen in Erregung. In einem Schreiben, das von Hövel verfasste, wurde angegeben, dass bereits an den Revieraußengrenzen zu den Gemeinden Friedrichswalde, Ringenwalde, Gollin und Vietmannsdorf jährlich 100 Stück verloren gingen. Hövel erwähnte dabei einen alten morschen Wildzaun aus Holzlatten, der zwischen Grimnitz und Reiersdorf stehe und bis zum Großen Döllnsee führe. Durch diesen werde der Wechsel von Reiersdorf nach Grimnitz verlegt und das Wild gezwungen, den See zu umgehen.

Dennoch sei dieser Wechsel so stark, dass der morsche Zaun durch das andrängende Wild niedergedrückt und etwa 150 Stück Wild hin und her ziehen würden. Besonders zu bedauern sei das Auswechseln von starken Hirschen, die dann ausnahmslos an den Grenzen abgeschossen würden, so von Hövel. Er schlug vor, den Abschuss für die Hofjagdreviere erheblich zu vermindern, wenn der Wechsel erhalten bleiben solle. Er schrieb weiter: »Ich sehe hierbei von dem Ammen-Märchen, dass die Schorfheide irgend welchen Zugang hat, ab, denn in meinem eigenen Reviere habe ich wohl Auswechsel nach der linken Seite des Werbellinsee, niemals aber von dort Zugang nach der Schorfheide, und ebenso ist es mit den anderen Revieren, sowohl das Standwild in Glambeck als Reiersdorf ist so erheblich stärker als das Wild der Schorfheide [...].«[29]

Forstmeister Heinrich Christoph von Minckwitz.

Als Beispiel führte er zwei damals sehr bekannte Hirsche an, nämlich einen kapitalen von 14 Enden, erlegt nach der Brunft 1884 von Prinz Rudolf von Österreich. Dieser augenscheinlich nicht sehr stark abgebrunftete Hirsch wog 96 Kilogramm. Dagegen brachte der zweite, ebenfalls kapitale Hirsch von zwölf Enden, den Großfürst Wladimir von Russland erlegte, 138 Kilogramm auf die Waage.

Hövel befürwortete, im Interesse des Wildstandes einen undurchlässigen Wildzaun an der Feldmarkgrenze zu Reiersdorf zu ziehen. Er war der Auffassung, dass ein solcher Zaun unvermeidlich sei, würden doch die Beschwerden über Wildschäden solange geführt, bis ein Zaun errichtet sei. Damit hatte er nicht ganz unrecht, denn am 9. August 1886 wurde auch Reiersdorf in das Hofjagdrevier eingegliedert.[30] Ein Jahr zuvor hatten erste Pläne vorgelegen, die eine vollständige Einzäunung des Hofjagdkomplexes vorsahen.

Am 9. August 1886 ordnete Kaiser Wilhelm I. an: »[...], daß die Hofjagdreviere der Schorfheide: Groß Schönebeck, Pechteich, und Grimnitz und die daran grenzenden Oberförsterei Reiersdorf nebst Teilen der Oberförsterei Zehdenick nunmehr vollständig eingegattert und [...] zu einem Rotwildgehege eingerichtet werden. [...] Die Kosten der erstmaligen Herstellung der Eingatterung sind zu drei Viertelteilen, diejenigen der künftigen Unterhaltung derselben aber gänzlich aus dem Kron-Fidei-Kommiß-Fonds zu bestreiten.«[31]

Der Kaiser bezahlte also einen erheblichen Teil der Kosten aus seiner eigenen Tasche. Die Gesamtsumme, die er für den Zaunbau aufbrachte, beliefen sich auf über 250.000 Mark, was etwa 1,6 Millionen Euro entspricht.[32]

Schon im laufenden Jahr 1886 lagen die Karten vor, die den Verlauf des zu errichtenden Wildzauns markierten. Am 13. August erteilte der zuständige Minister die Genehmigung, mit der Abgatterung längs der Grenzen zu den Feldmarken Friedrichswalde, Ringenwalde, Wesendorf, Kurtschlag und Dölln zu beginnen. Erstmals kam nun ein Maschendrahtzaun mit einer Maschenweite von 140 Millimetern und einer Höhe von zwei Metern zum Einsatz. An den bekannten Wildwechseln wurden Einsprünge eingebaut, um dem Wild den Einzug in das Hofjagdgehege zu ermöglichen. Diese Einsprünge waren so konstruiert, dass das Wild ein-, aber nicht wieder herauswechseln konnte. Sie erlebten später, nach der Gründung des Staatsjagdgebietes 1961, eine erfolgreiche Renaissance in der Schorfheide.

1887 war erstmals das gesamte Hofjagdgebiet Schorfheide gegenüber den angrenzenden Feldmarken durch einen über 71 Kilometer langen Wildzaun abgegrenzt. 1909 kamen noch Teile des Reviers Ringofen dazu, die mit weiteren 2.850 Metern Zaun in das Gehege eingegliedert wurden. Damit betrug die Gesamtlänge 74.010 Meter.

Parallel liefen die Bemühungen der Oberförster, so viele private Grundstücksflächen innerhalb der

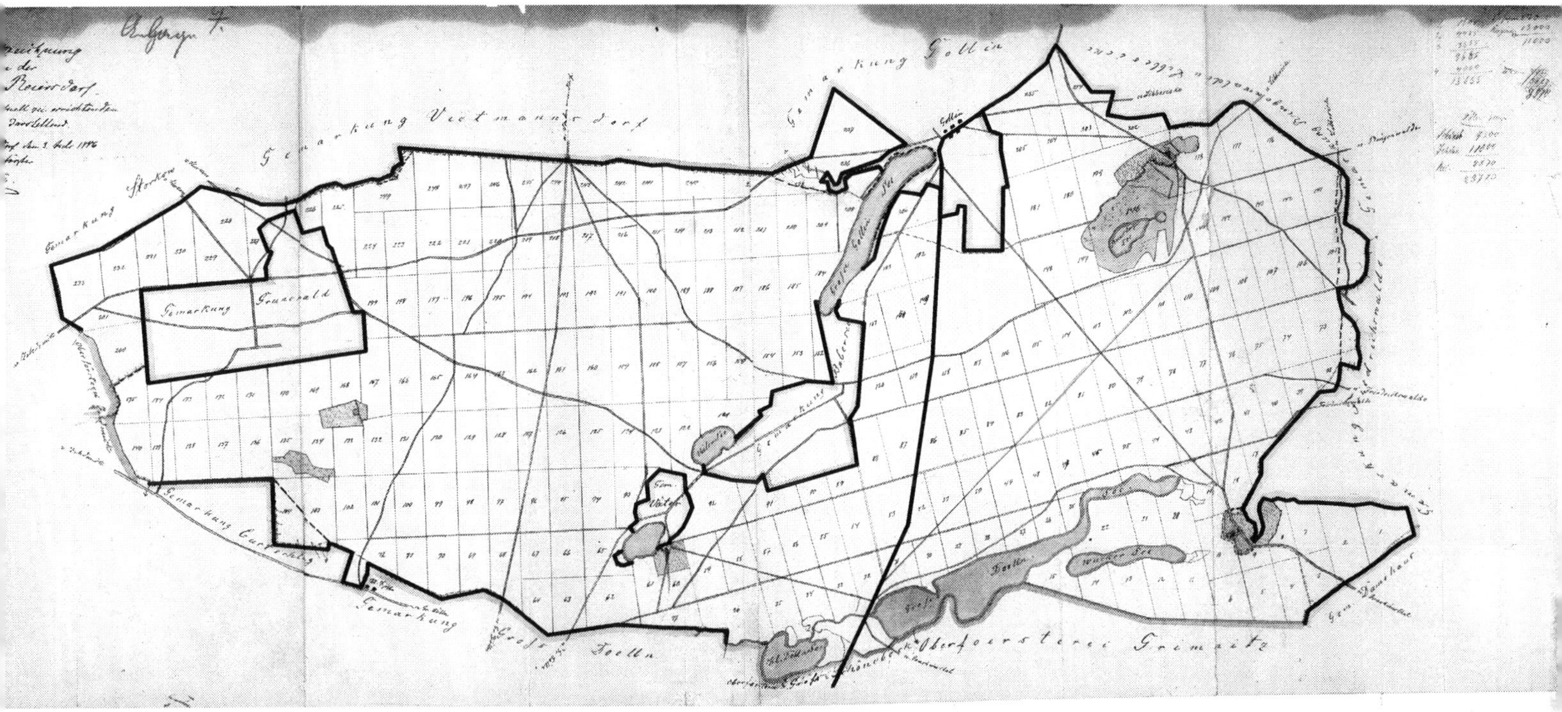

Übersicht der Zaunziehung in der Oberförsterei Reiersdorf 1886, hervorgehoben eingezeichnet der Zaunverlauf.

eingezäunten Bereiche als möglich zu erwerben. Die Forstverwaltung und insbesondere die Oberförster waren aus ihrer Erfahrung heraus gewohnt, in jedem Zivilisten einen potenziellen Wild- oder Holzdieb zu sehen. Je weniger private landwirtschaftliche Nutzer es im Hofjagdgehege gab, umso weniger Probleme hatten sie.

Witte bemängelte 1887, dass bei der ersten Eingatterung seines Revieres, wohl im Interesse einer schnellen Sicherung des Wildbestandes, rund 765 Hektar ausgeschlossen worden waren. Es handelte sich um Flächen der Feldmark von Groß Schönebeck bis Klandorf. Darunter befand sich ein Anteil von 255 Hektar Schonungen, in das zunehmend Wild aus anderen Gegenden hineinwechselte, um dann auf den angrenzenden Feldmarken geschossen zu werden.

Einen weiteren Schwachpunkt des Gatters bildete der Bereich an der Chaussee von Berlin nach Prenzlau unmittelbar hinter dem Ortsausgang von Groß Schönebeck. Hier befand sich kein Tor und das Wild konnte ungehindert auswechseln, was dem Oberförster von Minckwitz Sorgen bereitete: »In Folge der [...] Beschaffenheit des Zaunes [...] sind etwa 10 von den besten Dusterlaker Hirschen ausgebrochen [...] und sind auch schon vier in der Nachbarschaft, wo sonst keine starken Hirsche gestanden haben, erlegt worden. Kommt das Frühjahr, ohne dass etwas geschieht, so liegt die dringende Gefahr vor, dass der größte Teil der nochvorhandenen starken Dusterlaker Hirsche ausbricht und damit für das Hofjagdgehege [...] verloren ist. Ich kann trotz aller Sorgfalt [...] keine Verantwortung übernehmen.«[33]

Mit dem Abschluss der vollständigen Einzäunung hatten die Oberförster ihr Ziel erreicht; nun hatten sie endlich »Ruhe« vor den Wildschadensklagen der Landwirte. Erst später wurde bemerkt, dass alte, vertraute

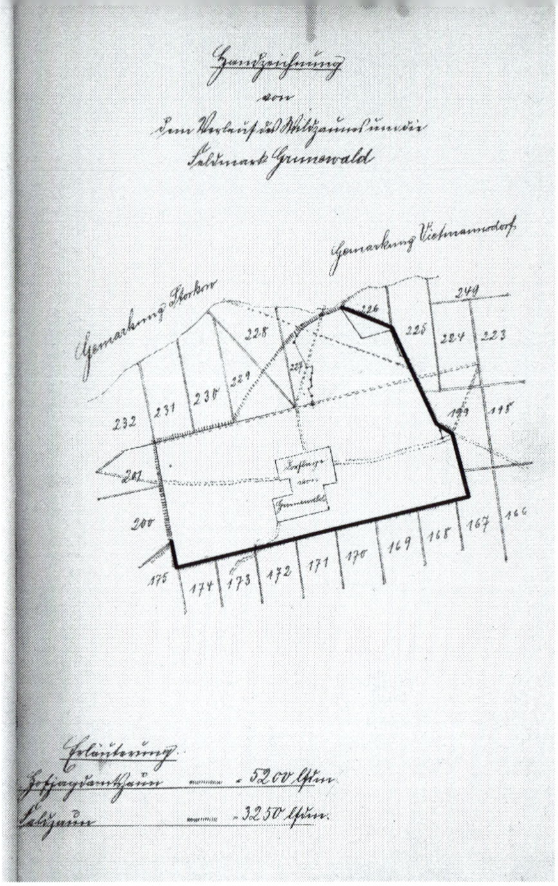

Zaunziehung um die Dorflage Grunewald, hervorgehoben 5.200 Meter Hofjagdzaun.

Wildwechsel durch den Zaun blockiert worden waren. Vor allem an einigen kleinen Seen, wie zum Beispiel am Kleinen Väter-See, an denen das Wild zu schöpfen gewohnt war, drängte es gegen den Zaun. Erst mit der Einbeziehung dieses privaten Sees in das Gehege im Jahr 1907 konnte das Wild wieder ungehindert dorthin gelangen.

Doch schon bald trat ein weiteres Problem auf. Landwirte, Holzkäufer und andere taten sich schwer, beim Durchqueren der Jagdgebiete die Gattertore wieder hinter sich zu schließen. Zahlreiche Vorschläge von Torkonstruktionen wurden diskutiert, um das Öffnen und Schließen für den Durchgangsverkehr zu erleichtern. Vergleiche und Erfahrungen mit Rominten wurden ausgetauscht, doch eine zufriedenstellende Lösung fand sich nicht.[34]

Ob mutwillig oder bewusst, vielleicht auch um die Forstleute herauszufordern, kam es immer wieder zu teils heftigen Auseinandersetzungen. Die Forstbeamten lagen regelrecht auf der Lauer, um einen Übeltäter, der das Tor nicht wieder schloss, auf frischer Tat zu ertappen. Dass die Benutzer der Wege das Öffnen und Schließen als eine Last ansahen, ist nicht verwunderlich, zumal Orte wie zum Beispiel der kleine Bebersee, Grunewald und Groß Väter vollständig eingezäunt waren. Wollten Pferdewagen den Zaun passieren, musste der Kutscher immer umständlich auf- und absteigen.

Auch der Pfarrer aus Dölln hatte seine Probleme mit den Toren, wenn er diese auf seinen Dienstreisen passieren musste. Er schrieb 1907 an die Regierung: »Während wir uns in der Reiersdorfer Forst solcher Wildgatter erfreuen, welche sich von selbst öffnen und schließen, sind in der Gr. Schönebecker Forst nur solche vorhanden, welche nur nach einer Seite hin geöffnet werden können. Dadurch bin ich schon öfter in Gefahr geraten, einmal sind mir die wildgewordenen Pferde durchgegangen und haben sich am hiesigen Gatter festgemacht, so dass ich ganz hilflos war.«[35]

1913 erreichte die gegatterte Fläche in den fünf Oberförstereien eine Gesamtgröße von 33.320 Hektar und damit ihren Höchststand. Bis zum Ende der Monarchie wurden die Zaunanlagen unterhalten und instandgesetzt. Nach 1918 wurden diese Maßnahmen – wegen fehlender finanzieller Mittel – stark reduziert.

DES KAISERS UND DES KÖNIGS JAGDEN

Kaiser Wilhelm I. liebte, wie seine Vorfahren, die Jagd und ließ sich zu dieser auch gern einladen.

1819 folgte er als Prinz der Einladung des Barons Hans Heinrich von Wülknitz, dem das Gut Lanke gehörte. Diese am 16. Dezember durchgeführte Jagd blieb bei ihm in schmerzlicher Erinnerung.[36] Nachdem der Prinz seinen Stand eingenommen hatte, begann er sofort, sein Jagdgewehr, einen Vorderlader, zu laden und eröffnete das Feuer auf das vorbeiziehende Wild. Durch eine Unvorsichtigkeit beim erneuten Laden entzündete sich das Pulver vorzeitig. Seine linke Hand wurde so schwer verletzt, dass Prinz Wilhelm umgehend zum »Barbier und Chirurgus Nicolai« nach Bernau gebracht werden musste. Der konnte den rechten Zeigefinger des Prinzen nicht mehr retten und amputierte ihm zwei Glieder des Fingers, die er sogleich in ein Glas mit Spiritus legte. 1823 schickte der Barbier – heute würden wir ihn Friseur nennen – die beiden Glieder an den Prinzen zurück und erhielt dafür ein Dankschreiben und zwei Friedrichsdor geschenkt.

Wilhelm I. kurte lange Zeit an dem verkürzten Finger. Ein Jahr später schrieb er in einem Brief an Oldwig von Natzmer: »Wie lebhaft habe ich am 16. des unglücklichen Jagd-Jahrestages gedacht und mich ihrer großen Liebe und Teilnahme erinnert. Mein Krüppelfinger sieht, wie sie wissen, toll genug aus; jeder Stoß ist aber so empfindlich, daß ich den Patienten oft verwünsche. An Festigkeit nimmt er nicht besonders zu. Ein Krüppel bleibt ein Krüppel, und wenn er auch artistement versteckt ist; ich fühle es nur zu sehr!«[37]

Ob es nun Baron von Wülknitz oder von Redern war, der um 1827 das Gut Lanke erwarb, ist heute nicht mehr genau festzustellen. Jedenfalls wurde später an der Stelle des Unglücks ein etwa 1,80 Meter hoher Obelisk aus Granit gesetzt. Dieser Gedenkstein soll, neben dem darin eingemeißelten Datum, auch eine farbliche Aufschrift gehabt haben. Sie ging jedoch im Laufe der Zeit durch die Witterungseinflüsse verloren. Der Stein indes hat die Wirren der Zeit überstanden und kann heute als Prinzenstein noch auf dem Grenzweg zu den Abteilungen 32/31 und 42/43 besichtigt werden.

Wilhelms Jagdleidenschaft sollte dieses Missgeschick nicht schmälern. Im November 1826 reiste er mit seinem Bruder nach Weimar, um der Verlobung des Prinzen Karl mit Marie, der Tochter des Großherzogs Karl August, beizuwohnen. Die Reise unternahm Prinz Wilhelm allerdings nicht ganz freiwillig. Sollte er doch nach einer verbotenen, tiefen und innigen

Der Prinzenstein im Revier Lanke Abteilung 31/32.

Liebe zu der nicht standesgemäßen Fürstentochter Elisa von Radziwill die Tochter des Großherzogs von Sachsen-Weimar, Auguste, kennenlernen. Sie wurde zwar später seine Frau, doch hatte er dafür noch nicht den rechten Sinn und ging lieber auf die Jagd. An seinen Erzieher von Natzmer schrieb er: »In Weimar habe ich eine sehr angenehme Zeit passiert – obgleich es Momente für mich gab, die höchst schmerzlich sein mußten, da ich ein Glück entstehen sah, wie ich es erst vor wenigen Monaten verloren hatte. Der Befehl zu dieser Reise ist ein Beweis, daß mir das Leben nicht leicht gemacht wird.« Und weiter: »[...] siebzig Hasen, dreißig Fasane und zwei Hirsche auf einen Schuß sind meine Trophäen von sieben Jagden.«[38]

Mit der Übernahme der Regentschaft von seinem erkrankten Bruder Friedrich Wilhelm IV. wurde Wilhelm I. der Erste Jäger Preußens, und musste nicht mehr um einen zu genehmigenden Abschuss nachsuchen. Dennoch behielt er sich, wie schon sein Vater und Bruder, gegenüber seiner Verwandtschaft vor, selbst zu entscheiden, was und wie viel Wild geschossen werden durfte. Zum Beispiel schrieb er aus Cottbus am 21. September 1861: »Ich erteile hiermit Meinem Neffen, dem Prinzen Friedrich Karl, die Erlaubnis, in der engeren Schorfheide einen bis zwei höchstens, und in den angrenzenden Revieren einige Rothirsche zu schießen.«[39]

In der Anfangszeit der Regierungszeit Wilhelms I. war es nicht unüblich, dass Forstbeamte im Ministerium erst spät davon erfuhren, wenn der König zur Jagd ausfuhr. Die Ministerialbeamten erhielten meist erst im Nachhinein von einer Jagd Kenntnis, wenn zum Beispiel Unkosten zu begleichen waren. Sie waren darüber wenig erfreut und fühlten sich vom Hofjagdamt übergangen.

So erfuhr 1862 der zuständige Oberforstmeister von Schwarzköppen erst aus der Zeitung, dass der König sich am 28. und 29. September zu einer Jagd in der Schorfheide aufgehalten hatte. Er forderte den Oberförster Schmidt in Grimnitz auf, umgehend einen ausführlichen Bericht über den Jagdverlauf an ihn abzugeben. Schmidt erwähnte darin unter anderem, der König habe am ersten Jagdtag mehrfach auf Rothirsche geschossen, aber nicht getroffen. Am zweiten Jagdtag war dem König Diana ebenfalls nicht hold; er schoss zwei Hirsche weidwund und verfehlte zwei weitere. Die ihn begleitenden Neffen Prinz Carl von Preußen und Prinz Friedrich Karl waren dagegen treffsicherer und erlegten Hirsche von acht und 14 Enden.

In jüngeren Jahren jagte Wilhelm I. gern auf das wehrhafte Schwarzwild. Dazu nutzte er besonders die Reviere der Oberförsterei Königs Wusterhausen. Anlässlich der Hofjagd vom 10. Dezember 1866 im Revier Dubrow wurden dort 27 Stück Damwild und an Schwarzwild elf Keiler, fünf Bachen, acht Überläufer und 13 Frischlinge gestreckt.[40] Zusätzlich fielen ein Stück Rehwild »zweifelhaften Geschlechts« und sechs Hasen. Im offiziellen Hofjagdrapport von 1866 hieß es in der damaligen Schreibweise dazu: »Mit der am vorigen Sonnabend in den Forsten der Königlichen Haus-Fidei-Kommiß-Herrschaft Königs Wusterhausen abgehaltenen Hofjagd auf Sauen und Damwild fand für dieses Jahr die Reihe der auswärtigen Hochwildjagden ihren Abschluß.

Se. Majestät der Kaiser und König hatte Allerhöchst sich schon am Freitag Nachmittag mit Ihren Königlichen Hoheiten den Prinzen Wilhelm und Friedrich Karl von Preußen, dem Großherzoge und Erbgroßherzoge von Sachsen Weimar, dem Prinzen August von Württemberg, Se. Hoheit dem Herzoge von Sachsen Altenburg, Ihre Durchlauchten dem Prinzen Heinrich VII. Reuß, und den Fürsten Radziwill und Hatzfeld-Trachenberg, den Ministern von Puttkamer und von Bötticher [...] nach Königs Wusterhausen begeben. [...] Und ward der Abend in hergebrachter Weise in den oberen althistorischen Räumen des Jagdschlosses bei Thonpfeife und irdenen Bierkrügen zugebracht und verließen des Kaisers und Königs Majestät die Gesellschaft erst gegen 11 Uhr. Sonnabend Morgen um 7 Uhr 30 Min. ward zum Wecken, 8 Uhr 45 Minuten zum Aufbruch geblasen und gegen 9 ½ Uhr erfolgte die Abfahrt zur Jagd, zunächst per Bahn bis Halbe, dann zu Wagen zum Rendezvous unweit der Oberförsterei Hammer.

In dem ersten mit dunkelem Zeuge in der Schurre abgestellten Jagen auf Damwild und Sauen fielen die ersten Schüsse auf dem Kaiserstande gegen 11 Uhr, die letzen auf nämlicher Strecke gegen Mittag. Dann folgte das Déjeuner im Jagdzelte, die Strecke des Jagens mit 77 Schauflern, 47 Stück Damwild, 68 groben und 12 geringen Sauen, und dieser 2 Uhr Nachmittags das zweite in der Dubrow, [...]. Gegen 3 Uhr war auch dessen Strecke mit 67 Schauflern, 74 Stück Damwild, 16 groben und 5 geringen Sauen verrichtet. [...] Der Oberst-Jägermeister Fürst von Pleß leitete die Jagd unter Assistenz des Hof-Jägermeisters vom Dienst Freiherrn von Heintze, des Ober-Forstmeisters von Spankeren und Forstmeisters von Sirakowski.«[41]

Forstmeister Adolf Henne Ambrosius Witte, 1896.

Die eingestellten Jagden und die damit verbundene Jagdkultur entsprachen durchaus dem Willen und dem Wunsch von Wilhelm I. Sein später bei diesen Jagden ebenfalls anwesender Enkel Prinz Wilhelm wuchs mit dieser Kultur auf. In der Zeit von 1869 bis 1886 erlegte Wilhelm I. in dem Hofjagdrevier Schorfheide insgesamt 287 Stück Wild.[42] (S. 195)

Neben den großen Hofjagdgebieten Letzlinger Heide und Schorfheide standen Wilhelm I. nach 1866 auch noch die Jagdgebiete im ehemaligen Hannoverschen Königreich zu Verfügung. Vor allem der unweit von Hannover gelegene Saupark Springe mit seinem großen Schwarzwildbestand wurde von ihm gern bejagt. Daneben wurden die Hofjagdgebiete um Berlin weiter genutzt. Kunersdorf-Flottstelle, Köpenick, Lehnin, Mühlenbeck-Woltersdorf, Oranienburg, Potsdam-Ahrensdorf-Zedlitz, Rüdersdorf, Spandau-Grunewald und Tegel-Jungfernheide waren unter anderem noch häufig gewählte Veranstaltungsorte für Hofjagden. Besonders die Jagd auf Hasen war dort nach wie vor sehr beliebt.

Der Aufwand für eine solche Jagd war überaus hoch. So fungierten am 21. Dezember 1860 auf dem Schöneberger und Tempelhofer Feld zehn Unteroffiziere und 140 Soldaten als Treiber. 1866 in Wilmersdorf waren es sogar 380 Soldaten, die von den Gardejägern oder den Gardeschützen gestellt wurden.

1879 wurden auf dem Buckower Feld von 24 Schützen 643 Hasen geschossen, davon entfielen allein 52 auf Prinz Carl von Preußen und 103 auf Prinz Friedrich Karl. Diese beiden Prinzen schossen stets viel. Anlässlich einer Hasenjagd bei Magdeburg, bereits 40 Jahre zuvor, war eine Gesamtstrecke in fünf Treiben 3.205 Hasen zusammengekommen, von denen Prinz Carl und Prinz Albrecht zusammen 684 Hasen geschossen hatten.[43]

Für den Winter 1869/70 waren insgesamt zehn Hofjagden vorgesehen. In vier Oberförstereien wurde auf eine Jagd verzichtet. Hier hatte der Oberforstmeister von Massow entschieden, dass sich wegen Wildmangels die Jagd nicht lohnen würde. Selbst in den bevorzugten Jagdgebieten Göhrde, Letzlingen und Saupark Springe verbot der Kaiser in jenem Jahr eine Hofjagd, um das Schwarzwild zu schonen.

Für den 17. Dezember 1869 befahl Kaiser Wilhelm I. nach alter Tradition eine eingestellte Jagd auf Rotwild im Revier Pechteich. Zu dieser Zeit war diese Jagdmethode dort schon fast aus der Mode gekommen und die Forstbeamten hatten mit der Vorbereitung nicht wenige Sorgen. Pfarrer Steeger berichtete nach Angaben von Oberförster Witte darüber und schrieb: »Den mit dieser ganz aus Gebrauch gekommenen Jagdart völlig unbekannten Oberförstern brachte diese Kabinettsordre eine schwere Aufgabe und verursachte viel Herzklopfen. Alle Jagdschmöker wurden nachgeschlagen, neuere Werke studiert, Anfragen an jagdkundige Forstmänner [nach] nah und fern gerichtet. Trotzdem wurden wir das Fieber nicht los, bis alles zu einem glücklichen Ende gebracht war.«[44]

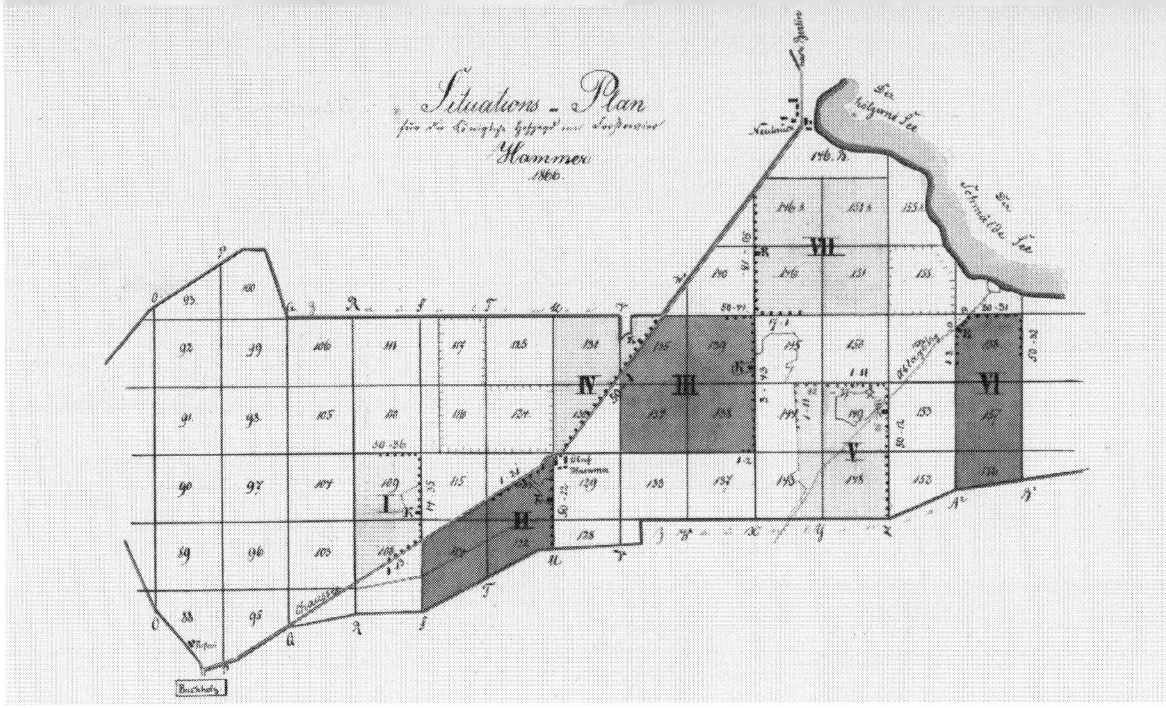

Hofjagd vom 10. und 11. Dezember 1866 im Revier Hammer bei Königs Wusterhausen. Im Gatter Hammer befanden sich 1872 zehn Rothirsche, 30 Tiere und Kälber, 150 Damhirsche und 470 Damtiere und -kälber, 100 Keiler, Bachen, Überläufer und 75 Frischlinge; sechs Rehböcke, elf Ricken und einige Kitze.

Bereits Wochen vor dem Termin wurden über eine allgemeine Bekanntmachung Pferdefuhrwerke gesucht, die das komplette Jagdzeug aus dem Jagdschloss Grunewald nach Groß Schönebeck transportieren sollten. Insgesamt waren zwölf Fuhrwerke, mit jeweils mindestens drei Pferden bespannt, notwendig. Sie mussten 5.640 Meter Jagdzeug, die gleiche Länge an Netzen und 7.520 Meter Lappen transportieren.

Diejenigen Fuhrwerksbesitzer, die den Zuschlag erhielten, waren beauftragt, die Fuhrleistung innerhalb von sechs Stunden zu beginnen und spätestens nach vier Tagen zu beenden. Inklusive des Rücktransportes sollte jeder Auftragnehmer 15 Taler und zusätzlich für jeden geleisteten Tag weitere drei Taler erhalten. Dies dürfte für die damalige Zeit lukrativ gewesen sein. Es muss aber berücksichtigt werden, dass eine Fahrt über zehn Stunden dauerte und der Kutscher auch während der Jagd selbst Fuhrleistungen zu erbringen hatte. Zusätzlich waren Hilfsleistungen beim Errichten von Zäunen und Kammern vorgesehen, in die das Rotwild vor Beginn der Jagd gedrückt werden musste.

Doch neben der schweren Arbeit brachte so eine königliche Jagd immer auch etwas Abwechslung in den Alltag des Hilfspersonals. Denn zusätzlich zum Lohn gab es freie Beköstigung. Neben Brot und kaltem Fleisch standen einige Fässchen bayrischen Bieres, Grog oder Punsch bereit.

Auch im Kriegsjahr 1870/71 ließ der in Versailles weilende König die Jagd nicht aus dem Auge. Er ließ das Hofjagdamt wissen, dass nur in der Göhrde und in Springe gejagt werden dürfe und nicht in der Letzlinger Heide. Forstdirektor Burkhard in Hannover meinte hierzu am 15. Juni 1871: »Ich denke mir nämlich, dass Se. Majestät unser Allerhöchster Herr nach so schwerer, aber hochwichtigen Arbeit nun auch wieder die Jagdbüchse zur Hand nehmen, die seit Jahr und Tag geruht hat.«[45]

Die eingestellten Jagden des Hofjagdamts erregten an der Forstschule in Eberswalde großes Interesse, wurde damit doch die Hohe Schule der alten, mittelalterlichen Jagdpraxis demonstriert. In ihren späteren Revieren würden die zukünftigen Oberförster diese Art der Jägerei nicht mehr kennenlernen. Was lag also näher, als mit den Studierenden zu einer Exkursion in die Schorfheide zu ziehen, um ihnen die Fanganlagen, Netze, Lappen, Kammern und Stände zu erläutern?

Vom jägerischen Standpunkt her war zudem die praktische Unterweisung interessant, wie das Hochwild vor Beginn der Jagd aus dem Fanggehege in die einzelnen Kammern gedrückt werden musste.

Dies geschah unter größter Vorsicht und Ruhe einen Tag vor der Jagd. Kam es in dieser Phase zu einer übermäßigen Beunruhigung, bestand die Gefahr des Ausbrechens und die Jagd hätte abgesagt werden müssen.

Einen erneuten Höhepunkt erlebte die Schorfheide anlässlich des Besuches des italienischen Königs Viktor Emanuel im September 1873 in Berlin. Für Donnerstag, den 25. September, war eine Jagd auf Rotwild im Revier Pechteich vorgesehen. Früh um 8 Uhr fuhr die ganze Jagdgesellschaft vom Stettiner Bahnhof per Extrazug in Richtung Eberswalde ab. Dort angekommen, ging es mit der Kutsche weiter über die Orte Lichterfelde, Werbellin, Eichhorst nach Hubertusstock. Da die Rückreise für den Abend vorgesehen war, hatte Fürst Pleß vorsorglich zwei Dutzend Pechfackeln bringen lassen, um den Weg ausleuchten zu können. Im Pechteicher Revier ergab die Strecke 38 Hirsche mit zusammen 302 Enden. Die Angabe der Endenzahl war für den Schützen deshalb wichtig, weil er hiernach ein Schussgeld ausgezahlt bekam. Im Einzelnen erlegten unter anderem:

	Rotwild	Geweihenden
König Viktor Emanuel von Italien	4 Hirsche	mit 34 Enden
Kronprinz Friedrich von Preußen	2 Hirsche	mit 20 Enden
Prinz Friedrich Karl von Preußen	7 Hirsche	mit 67 Enden
Prinz August von Württemberg	6 Hirsche	mit 38 Enden
Herzog Wilhelm von Mecklenburg	1 Hirsch	mit 9 Enden
Fürst Pleß	2 Hirsche	mit 18 Enden
Exzellenz Lombardini	2 Hirsche	mit 7 Enden
Graf von der Asseburg	1 Hirsch	mit 10 Enden[46]

Von vier Hirschen konnten die Schützen nicht ermittelt werden, was erstmals vermerkt wurde. Bei späteren Jagden kam dies nicht mehr vor, denn fortan wurde jedes gestreckte Stück Wild einem Schützen zugewiesen, was manch einem Sonntagsjäger die Ehre rettete.

Ein Jahr später, am 5. Dezember 1874, lud der Kaiser wieder zu einer großen Jagd in die Schorfheide ein. Dabei waren unter anderem der König von Sachsen, die Großherzöge von Mecklenburg-Schwerin und von Sachsen-Weimar, weiterhin die Prinzen Georg von Sachsen, Friedrich der Niederlande, August von Württemberg, Carl und Friedrich Karl von Preußen. Diesmal erfolgte die Anreise am Freitag, dem 4. Dezember, nachmittags. Die Fürsten zu Hohenlohe-Langenburg und Wied reisten erst zum Jagdtag an und nahmen nur am zweiten Treiben teil. Für den 5., einen Sonnabend, war der Beginn der ersten Jagd in der Oberförsterei Groß Schönebeck auf 10 Uhr angesetzt. Der Tag, so die Überlieferung, »liess gleich bei Sonnenaufgang einen herrlichen Jagdtag verhoffen, und gewährte die Schorfheide bei zwei Grad Kälte und vollkommender Windstille im hellen Sonnenschein einen prächtigen Anblick«.

Das erste Treiben dauerte nur eine Stunde und 15 Minuten. Danach ging es zum »Déjeuner« in das Jagdzelt, ehe sich das zweite Treiben anschloss. Für dieses hatten die Förster und Waldarbeiter zuvor das Rotwild wieder in mit hohen Leinentüchern abgetrennte Kammern gedrückt. Diese befanden sich in einem Areal von etwa 650 Metern Länge und 100 Metern Breite, das wiederum mit an Leinen befestigten Jagdlappen und Netzen abgegrenzt war. Entlang dieser Linie befanden sich zehn etwa 2,50 Meter hohe Schützenstände, auf denen sich der Kaiser und die fürstlichen Gäste einrichteten. Alle anderen Schützen nahmen ihre Stände hinter den Lappen und Netzen ein. Nachdem die Hornisten das Signal zum Beginn des Hauptjagens und zum Öffnen der Kammern gaben, trat das Wild vor die Schützen: »Um 2 Uhr eröffnete das Feuer aus den Kanzeln beider Majestäten und kam

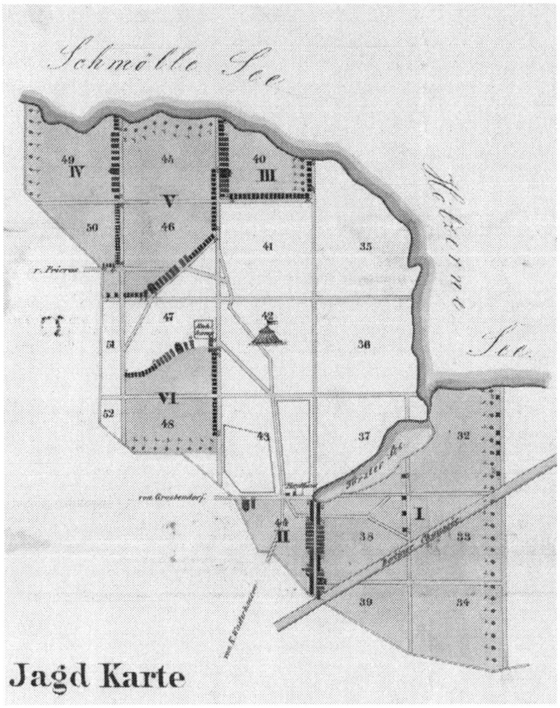

Plan der Hofjagd in Dubrow. In dem Wildgatter Dubrow bei Woltersdorf befanden sich 1872 140 Damhirsche, 400 Tiere und Kälber, 140 Keiler, Bachen und Überläufer sowie 120 Frischlinge.

nun auch vor dem Abblasen kaum wieder zum Schweigen. Um 3 ½ Uhr ward Strecke gemacht, und ergab dieselbe 59 Hirsche und 171 Stück Wild.«

Es war der professionellen Anlage des Eingestellten Jagens und der konsequenten Jagddisziplin zu verdanken, dass es bei dem Kugelhagel zu keinen Unfällen kam. Kaiser Wilhelm I. erlegte sechs Hirsche und sieben Tiere. Der Kronprinz kam auf acht Hirsche und neun Tiere. Schützenkönig wurde Prinz Friedrich Karl mit zwölf Hirschen und 30 Tieren, er erlegte also während des anderthalbstündigen Treibens alle 2,8 Minuten ein Stück. Prinz Friedrich der Niederlande konnte nur drei erlegte Tiere vorweisen. Wie immer bei solchen Jagden war eine gewisse Unsicherheit bei der Zuordnung der erlegten Stücke vorhanden. Dass es stets zu Schwierigkeiten bei der Zuordnung kam, verdeutlicht eine Mitteilung des Pechteicher Oberförsters vom 13. Dezember 1875, die sich auf die Jagd vom 10. Dezember bezog: »Die nicht unerhebliche Differenz dieses Resultates mit demjenigen, welches ich am Jagdtage persönlich zu überbringen die Ehre hatte, begründet sich darin, daß zunächst das Heranschaffen der verendeten Stücke [...] zeitraubende Schwierigkeiten verursachte, daß dadurch der während der Jagd [...] eingetretene Schneefall sehr viele Stücke so verdeckte, daß sie, zumal durch den hohen Bewuchs, am Jagdtage nicht mehr gefunden werden konnten, [...] daß einige Stücke derartige Schüsse hatten, daß man ihrer erst am folgenden Morgen [...] habhaft werden konnte.«[47]

Nach der Jagd fuhr man zurück zum Jagdschloss Hubertusstock, um das vorbereitete »Diner« einnehmen zu können. Anschließend ging es per Pferdewagen zur Eisenbahnhaltestelle Britz, von wo man mit der Eisenbahn nach Berlin zurückfuhr. Die Gesamtkosten dieser Jagd beliefen sich auf über 3.321 Taler.

Das hohe Alter des Kaisers – immerhin hatte er 1877 bereits das 80. Lebensjahr erreicht – veranlasste den Oberstjägermeister, die Jagden so zu organisieren, dass »Majestät ohne allzu große Mühen zum Jagderfolg gelangen« konnte. Fürst Pleß schrieb deshalb an den Oberforstmeister von Massow: »[...] ich bei dem hohen Alter unsers Allergnädigsten Herrn ungern zu einer Parforcetour raten möchte, so wird nichts übrig bleiben [...] die Vormittagsstunden durch eine Lappjagd auszufüllen. Für den Allerhöchsten Jagdherrn [...] darf es uns ja aber auch nicht auf einige Hirsche ankommen und würde das Jagdvergnügen eines einzigen eingestellten Jagens mit 20 Hirschen den Umständen und Kosten, welche eine Hofjagd nun einmal bereitet, kaum entsprechen. Ich bitte daher ein Lapptreiben wie bisher einrichten zu wollen; auch bleiben, wenn darin wirklich 20 bis 30 [Stück] Rotwild erlegt werden sollten, immer noch 120 bis 140 Stück für das Haupttreiben übrig.«[48]

Ein oft gesehener Jagdgast war Prinz Carl von Preußen. Auf ihn hatte die Schorfheide, neben den jagdlichen Erlebnissen, einen anderen tiefen Eindruck hinterlassen, vor allem, wenn er am Ufer des landschaftlich reizvollen Werbellinsees weilte. 1877 kaufte er sich aus dem Jagen 20 eine Fläche von 0,978 Hektar, unmittelbar an der Mündung des Werbellinkanals in den Werbellinsee.[49] Dort errichtete er einen Aussichtsturm, der im Gedenken an das alte Geschlecht der Askanier »Askanierturm« genannt wurde. Dies geschah auch deshalb, weil man beim Ausheben der Fundamente auf Reste der alten Burg Werbellin gestoßen war.

Für Gäste aus den europäischen Herrscherhäusern war ihr Besuch in der Regel mit einem Jagdausflug in den Wildpark von Potsdam oder in die Schorfheide verbunden. Der Zar von Russland erlegte bei seinem Besuch am 28. September 1868 in Potsdam einen Rothirsch, zwei Rottiere und einen Damhirsch. Prinz Leopold von Bayern pirschte mit Oberförster Witte im September 1875 in der Schorfheide auf einen Zwölfender, den er weidwund schoss. Witte gelang es, drei Tage später, dem Hirsch im Revier Michen den Fangschuss zu geben und dem Prinzen die gut geperlte Trophäe nachträglich zu überreichen.

Der Kaiser unterhielt und pflegte, wie schon sein Bruder und sein Vater, die persönlichen Beziehungen zu Italien und Russland, was nicht zuletzt Preußen eine jahrzehntelange Friedensperiode bescherte. 1876 besuchte nicht nur der Kronprinz von Italien, sondern auch Großfürst Wladimir und der spätere Zar Großfürst Nicolaus Deutschland, und immer beinhaltete ein solcher Aufenthalt auch eine Jagd.[50]

Als am 6. März 1878 Erzherzog Rudolf von Österreich-Ungarn zu Besuch kam, blieb er in Potsdam und jagte nur im Wildpark vor Ort. Dort konnte er zwei Rothirsche, darunter einen weißen, erlegen. Vom 28. bis 29. August 1879 war Kaiser Wilhelm I. mit dem Großfürsten Wladimir, dem zweiten Sohn des Zaren, und Prinz Alexis von Russland auf Hubertusstock. Wladimir erlegte vier Rothirsche und ein Rottier, der Kaiser vier. Zwei Jahre später besuchte Wladimir abermals die Schorfheide, um auf die Jagd zu gehen.

Kronprinz Rudolf von Österreich, der nur ein Jahr älter als Prinz Wilhelm (der spätere Kaiser Wilhelm II.) war, lernte die Schorfheide bei seinem Besuch 1883 kennen.[51] Ihm zu Ehren fanden eine große Lappjagd in den Fliederbergen des Reviers Pechteich und eine in Grimnitz am 8. und 9. November statt. Ihn verband zwar eine große Jagdleidenschaft mit Prinz Wilhelm von Preußen, doch persönlich und in politischen Ansichten mochten sich die beiden wenig. Vorerst war davon noch nicht viel zu spüren, zumal Rudolf dem aufgeschlossenen, liberalen Kronprinzen Friedrich näherstand als dessen Sohn Wilhelm. Erst nachdem dieser als Wilhelm II. Kaiser geworden war, verschlechterte sich das Verhältnis zunehmend.

Jagdübersicht einer Jagd auf Gänse und Trappen bei Berlin, 1874.

Ein Albtraum für die verantwortlichen Oberförster war es, wenn es dem Wild in seiner Panik gelang, die Leinentücher der Kammern niederzudrücken und zu flüchten. In der Regel war dann die Jagd zu Ende, ohne dass der Kaiser und seine Gäste auch nur einen Schuss hatten abgeben können.

Balduin von Hövel berichtete später, dass es ihm gelang, das Wild nur mit seinem Reitpferd in die vorbereitete Lappstadt zu drücken. Das Rotwild schien damals durch die intensiven Fütterungen mit Menschen vertraut und an die Kirrungen so gewöhnt gewesen zu sein, dass es sich wie eine zahme Nutztierherde dirigieren ließ. Selbst außerhalb der winterlichen Fütterungen folgte das Wild dem vertrauten Futterwagen in die Fangkammern. Dennoch waren bis zu 200 Treiber notwendig, um das Beitreiben des Wildes durchzuführen.[52]

Durch die Platzierung der Schützenstände wurde es möglich, dem Kaiser eine große und seinen Gästen eine angemessene Strecke zu sichern, ging es doch hauptsächlich um die Anzahl der gestreckten Hirsche. Die Qualität der Trophäen war damals noch zweitrangig.

Am 17. November 1882 setzte starkes Schneetreiben ein, als der Kaiser mit seinen Gästen, dem König Georg von Sachsen, dem Kronprinzen Friedrich Wilhelm, dem Großfürsten Wladimir von Russland, um 12 Uhr eintrafen. Mit vierspännigen Kutschen ging es weiter bis zum Jagdplatz. Dort empfingen sie Oberstjägermeister Fürst Pleß und Hofjägermeister von Heintze. Die Stände des Kaisers und des Königs von Sachsen waren leicht erhöht, mit Tannenzweigen verkleidet und mit einer Überdachung versehen. In dem eingelappten Jagen befanden sich circa 60 Stück Rotwild. Um 13:30 Uhr erging das Signal »Anjagd« und gegen 15:15 Uhr das Signal »Jagd vorbei«. Der Kaiser schoss insgesamt 46 Mal und erlegte zwölf Stück. Der König von Sachsen konnte nur zwei Hirsche erlegen. Danach fuhr die Kutsche des Kaisers vor und brachte ihn zum Werbellinsee, wo das Ufer mit Lagerfeuern und Fackeln erleuchtet wurde. Vier Schiffe nahmen die Gäste und das erlegte Wild auf und fuhren dem anderen, ebenfalls erleuchteten Ufer entgegen. Das Wild durfte aus Zeitmangel nicht aufgebrochen, sondern nur gelüftet werden, um es schnell zum Streckenplatz bringen zu können. Dort erwartete sie heller Fackelschein, der die gesamte Wegstrecke bis zum Jagdschloss Hubertusstock ausleuchtete. Gegen 16:30 Uhr trafen der Kaiser und die Jagdgesellschaft dort ein. Sie wurden von den Hornisten der Forstschule Groß Schönebeck mit dem Fürstenruf begrüßt. Während die Jagdgäste das Diner in den zwei Etagen des Hauses einnahmen, legten die Förster an der Westseite des Jagdschlosses inzwischen die Strecke. Nach dem Essen wurde sie gegen 19:30 Uhr verblasen.

Am nächsten Morgen brach die Jagdgesellschaft zuerst zu einer kleinen Lappjagd in der Nähe des Jagdschlosses im Jagen 9 auf. Um 12 Uhr versammelten sich alle wieder am Schloss und um 12:45 Uhr ging es erneut hinaus zum Hauptjagen in den Jagen 301 und 302 der Oberförsterei Groß Schönebeck. Diese Jagd wurde um 14 Uhr angeblasen und nach einer Stunde beendet. Es fielen 40 Rothirsche, 248 Stück weibliches Rotwild und 15 Stück Damwild. Anschließend fuhr die Jagdgesellschaft nach Hubertusstock zurück, wo gegen 18:30 Uhr die Abfahrt zum Bahnhof Eberswalde anstand. An allen Kreuzungen und Weggabelungen wurden Fackeln und kleine Feuer errichtet, damit die Jagdgäste in der Dunkelheit den Weg nicht verfehlten.

Die Gesamtstrecke beider Jagdtage betrug 119 Rothirsche, 282 Stück Rotkahlwild, 24 Stück Damwild und zwei Rehböcke. Davon entfielen auf Kaiser Wilhelm I. 33 Hirsche, 32 Stück Rotkahlwild und ein Stück Damwild sowie ein Rehbock, auf den König von Sachsen zwölf Rothirsche und 28 Stück Kahlwild. Kronprinz Friedrich Wilhelm erlegte sechs Hirsche und ein Stück Rotkahlwild und zwei Stück Damwild. Sein 21-jähriger Sohn Wilhelm brachte es auf zehn Hirsche und 18 Stück Kahlwild. Großfürst Wladimir von Russland schoss 15 Hirsche, 14 Stück Rotkahlwild und fünf Stück Damwild.

Im Herbst 1883 war die Welt noch in Ordnung, zumal Reichskanzler Fürst Bismarck bemüht war, freundschaftliche Beziehungen zu Österreich zu unterhalten. Was lag da näher, als das Verhältnis zur Do-

König Albert von Sachsen (l.) und Kaiser Wilhelm I. (2.v.l.) in Hubertusstock, 1880.

naumonarchie auf einer Jagd weiter zu festigen. Während des Besuches einer österreichischen Delegation Anfang November 1883 in Berlin fand zu Ehren des Kronprinzen Rudolf eine zweitägige Hofjagd in der Schorfheide statt, am 8. November im Revier Pechteich und einen Tag später in Grimnitz. Während es dem 86-jährigen Kaiser gelang, im ersten Jagen sechs Rothirsche zu erlegen, schoss Rudolf einen Zwölf-, einen Acht-, drei Sechsender, zwei Rotspießer und einen Damhirsch. Prinz Wilhelm von Preußen hielt sich zurück und erbeutete drei Rothirsche.

Am 20. Oktober 1884 trafen sich die beiden jungen Prinzen erneut in der Schorfheide zur Jagd. Während Prinz Wilhelm in der Oberförsterei Groß Schönebeck jagte, überließ er Rudolf das Revier Grimnitz. Dort erlegte dieser drei Rothirsche, sowie einen Damhirsch. Prinz Wilhelm gelang es, drei Rothirsche zu erlegen.

Mit der Ernennung des Fürsten Hans Heinrich von Pleß zum Oberstjägermeister hatte der König einen Mann ausgewählt, der das preußische Jagdwesen entscheidend voranbringen sollte. Der Fürst verstand es, den Monarchen von den notwendigen Hegemaßnahmen zu überzeugen. Unter seinem fördernden Einfluss entwickelte sich das Jagdwesen in die gewünschte Richtung. Er war es auch, der übertriebenen jagdlichen Gelüsten der königlichen Prinzen Einhalt gebot und sich nicht scheute ihnen entgegenzutreten. 1875 stellte zum Beispiel Prinz Friedrich Karl den Antrag, neben den sechs ihm genehmigten Abschüssen an Kahlwild zusätzlich noch Spießer vor der Brunft schießen zu dürfen, »zur Übung meiner Schießkunst«, wie er an Pleß schrieb. Hauptsächlich beabsichtigte er dies im Grunewald und im Wildpark Potsdam zu tun. Der Fürst erwiderte: »Den Abschuss im Tiergarten bei Potsdam betreffend, muss ich […] anführen, dass wir

[...] an Rotwild durch den Milzbrand Verluste gehabt haben und dass ich den Abschuss starker Hirsche, der Zahl nach, bis auf Weiteres verringert habe ... Den Höchsten Herrschaften liegt natürlich wenig am Abschuss geringer Hirsche und des Wildes. Um aber viel starke Hirsche erlegen zu können, müssen wir erst dieselben erziehen und Eure [...] Hoheit werden Höchst sich hoffentlich überzeugen, dass die Geweihe auch im Tiergarten sich wesentlich bessern. Wenn aber die Zwölfender Hirsche erlegt werden, wo kommen dann die Vierzehnender her? Drei bis vier Jahre wird mit den jagdbaren Hirschen noch sehr haushalterisch verfahren werden müssen.«

Pleß verwies weiter darauf, dass in vielen Rotwildbeständen ein überproportionaler Überhang an alten Hirschen vorhanden sei, deren Endenzahl sehr gering war. Ursache war, dass jeder berechtigte Schütze versuchte, Hirsche nur um des Schießens willen und der Trophäe zu erlegen, und er damit zwangsläufig den Bestand an schlecht veranlagten Hirschen förderte. In diesem weitverbreiteten Übel sah der Oberjägermeister einen wesentlichen Grund für die schlechte Geweihbildung: »Die Hirsche werden aber nach der Endenzahl angesprochen [...]. Wenn Eurer ... Hoheit ... ein jagdbarer und ein geringer Hirsch zur Pirsch offeriert ist, so bezieht sich dies auch nur auf die Endenzahl des Geweihes und würde richtiger lauten: ein Hirsch von zehn Enden und darüber und ein Hirsch unter zehn Enden. [...] Wollen Eure Hoheit nun die Gnade haben, den sogenannten geringen Hirsch aus der Zahl der starken Hirsche, ihrem Alter und Leibesstärke nach gut jagdbaren Hirsch, welcher jedoch unter ungeraden zehn Enden tragen zu erlegen, so [...] erweisen Eure Hoheit [...] damit [...] eine Wohltat.«[53]

Wenn der Prinz so verfahren wolle, würde der Oberjägermeister ihm noch zwei weitere schlecht veranlagte Hirsche zur Disposition stellen, »während ich dies bei jagdbaren Hirschen der Endenzahl nach sowie bei wirklichen geringen [jungen] Hirschen nicht zu tun vermag«. Der Fürst unterließ es dabei nicht zu bemerken, dass diese Art der Auswahl und das schwierige Ansprechen die Pirsch erst interessant machen würden. Dazu müssten eine gute Wildkenntnis und ein geübtes Jägerauge vorhanden sein. Ein so verdienter Bruch habe einen viel höheren Rang als der Abschuss eines Zwölfenders, der im folgenden Jahr 14 Enden tragen könne, empfahl er. Fürst Pleß war mit seiner Auffassung einer der Ersten, der den Abschuss schwacher Stücke vor dem starker propagierte.

Es war Fürst Pleß, der in der Schorfheide das aus früherer Zeit bekannte, aber aufwendige Lapptreiben im »Hohen Zeug« wieder aus der Taufe hob. Er hatte dieses Verfahren fast jährlich bei sich ausprobiert und verfeinert. Ein erster Versuch sollte in der Schorfheide aus Anlass des Besuches des italienischen Königs am 13. November 1875 stattfinden. Dazu hatte Pleß den späteren Oberjägermeister Freiherr von Heintze zu sich nach Oberschlesien beordert, um mit ihm seine »Ideen« für die Jagd durchzusprechen.

Aufgabe war es, so viel Rotwild als möglich in einem bestimmten Gebiet bis zum Tag der Jagd festzumachen. Dazu wurde 14 Tage zuvor das Wild mit Kartoffeln und Eicheln angefüttert. In der Regel wurde dafür ein Revier ausgewählt, das größere Dickungen aufwies, damit sich das Wild darin zurückziehen konnte. In dieser Zeit hatte jegliche Beunruhigung im Revier zu unterbleiben.

Um nun das Wild an diesen Ort zu bekommen, wurde im weiteren Umfeld, meist mithilfe des Pferdewagens, das Wild leicht beunruhigt. Benötigte Hochsitze oder Schirme für den Jagdtag mussten spätestens zu diesem Zeitpunkt aufgestellt sein. Dann wurden in etwa 80 Metern Abstand, rund um die Dickung und den Futterplatz, Forken ausgefahren. Dabei handelte es sich um etwa drei Meter lange Holzstangen, die sich an einem Ende gabelten und an denen später die Netze und Leinentücher (Hohes Zeug) befestigt werden konnten. Einen Tag vor Beginn der Jagd begann das Einlappen. Dazu wurden, unter Vermeidung jeglichen Lärms, Leinenlappen, die an dünnen Seilen befestigt

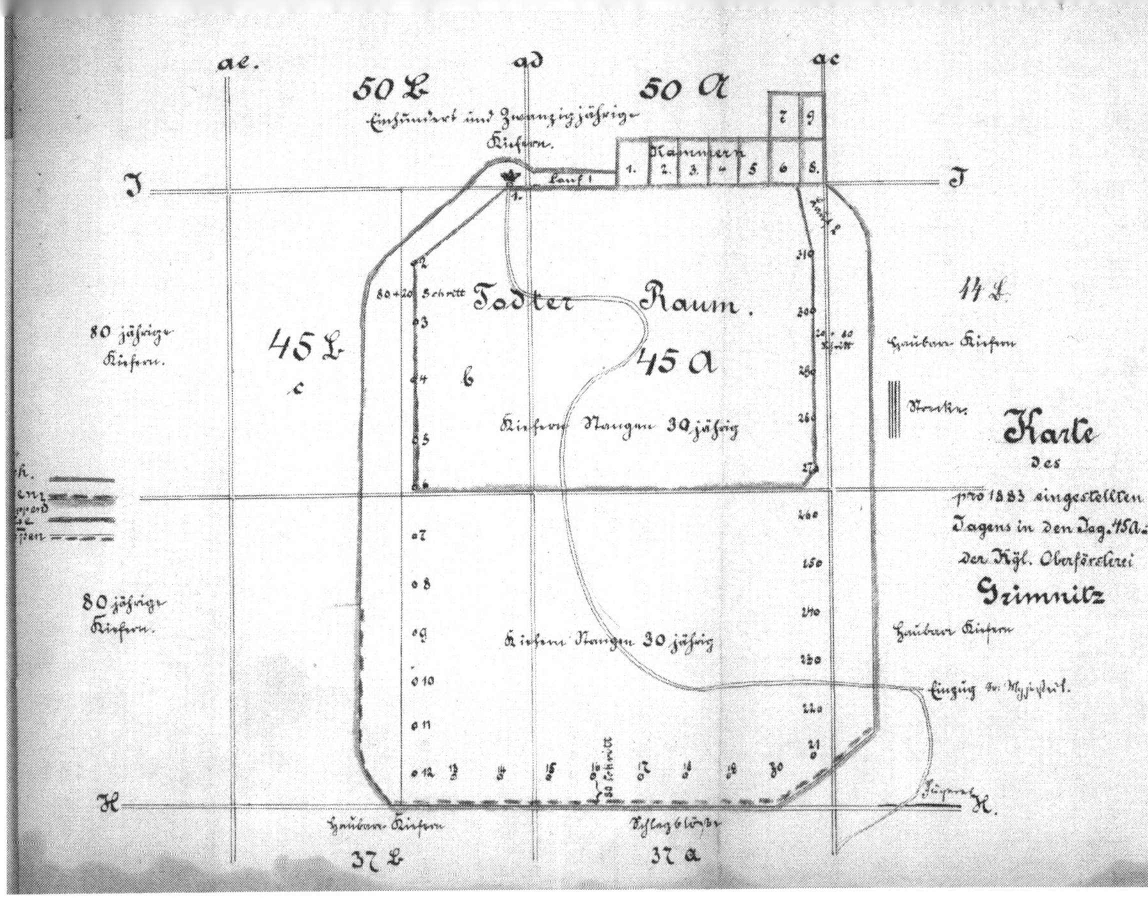

Plan einer Jagd in der Oberförsterei Grimnitz, 1883.

waren, ausgefahren und das Wild behutsam eingeengt. War das Einlappen bis an die Stelle, wo das Hohe Zeug aufgestellt und die Jagd durchgeführt werden sollte, geglückt, brachten Pferdewagen die Leinentücher heran, die sofort aufgestellt werden mussten.

War alles bereit, blieb eine Mannschaft die ganze Nacht bei dem Wild. Angelegte Feuerhaufen und ständiges Patrouillieren um die »Lappstadt« sollten Störungen von außen und ein Ausbrechen des Wildes verhindern. Am nächsten Morgen wurde das Zelt für die Begrüßung der beiden Könige aufgestellt. Dort trafen sich die Monarchen zu einem Frühstück, bevor die Jagd gegen 12 Uhr begann. Nun hatten die Treiber die Aufgabe, das Wild in kleinen Rudeln aus der Lappstadt an die Schirme der Schützen zu drücken.

Meist sah der Ablauf der Jagd eine Pause nach etwa einer Stunde vor, um dann, nach einer weiteren Stunde, fortgesetzt zu werden, bis alles Wild aus der Lappstadt getrieben war. Dass der König immer den ersten und besten Schützenstand erhielt, verstand sich von selbst. Fürst Pleß rechnete bei dieser Jagd mit etwa 150 Stück eingefangenem Rotwild.[54]

Was an Jagdzeug für solch eine Jagd benötigt wurde, verdeutlicht die Anforderung aus dem Jahr 1883. Oberförster Sachse bat für das Treiben am 9. und 10. November um die Lieferung von 10.000 Metern Leinenlappen und zusätzlich 250 Metern Netze aus dem Jagdschloss Grunewald.[55]

Es war äußerste Disziplin erforderlich: Geschossen wurde nur nach außen und nie nach innen, wo sich die ganze Treiberwehr und die Hilfsmannschaften aufhielten. Vor jeder Jagd gingen Mitteilungen an alle betroffenen Landratsämter, um jeglichen Zwischenfällen vorzubeugen, denn seit den Attentaten auf den Kaiser in Berlin sollte nichts dem Zufall überlassen bleiben.

Jagdergebnis der Jagd vom 29. Oktober 1887.

Zum Beispiel wies der Landrat des Kreises Niederbarnim für die Jagdreise des Kaisers am Freitag, dem 5. November 1883, an: »Von der Kreisgrenze [...] ab haben die Gendarmen Zimmermann und Wohlfeil dem Wagen Se. Majestät bis Hubertusstock vorzureiten. [...] Zur Ausführung dieses Auftrages haben diese [...] zusammenzutreffen, am 4ten die Strecke zu bereiten und sich genau zu orientieren. Es ist den Pferden für den kommenden Tag ausreichend Ruhe zu gewähren. Zur Aufrechterhaltung der Ordnung bei den Zu- und Abfahrten Se. Majestät [...] sowie bei der Jagd selbst [...] werden unter Führung des Herrn Oberwachtmeisters Noack beordert die Gendarmen: Bremer aus Wandlitz, Heine zu Birkenwerder, Gericke und Münter zu Alt Landsberg, Wolff zu Marienwerder, Friedrich zu Zerpenschleuse, Sommer zu Bernau und Schulze zu Schönwalde.«[56] Alle zehn Polizisten hatten sich bei dem zuständigen Oberförster zu melden und seinen Anweisungen strikt Folge zu leisten, bis der Kaiser und sein Gefolge das Kreisgebiet wieder verlassen hatten.

Bei dieser Jagd schoss der Kaiser, mit seinen 83 Jahren, noch elf Hirsche. Sein Jagdgast, der Bruder des russischen Zaren, Großfürst Wladimir, brachte es auf die gleiche Strecke. Insgesamt wurden 83 Stück Wild gestreckt.

Die Bereitstellung von Sicherungspersonal war nicht immer unproblematisch, weil für ein bis zwei Tage die umliegenden Ortschaften ohne Gendarmerieschutz blieben. In den späteren Jahren stieg der Bedarf sogar bis auf 17 Polizisten an, besonders dann, wenn der Kaiser über Nacht auf Hubertusstock blieb.

Vom Hofjagdamt gingen weiterhin präzise Anweisungen an die jeweilige Oberförsterei, in der die Jagd stattfinden sollte. Für die Hofjagd am 29. und 30. Oktober 1886 legten alle drei Oberförster, in deren Oberförstereien eine Jagd möglich schien, dem Jagdamt detaillierte Zeichnungen zu den Planungen vor. Von der Bereitstellung der Brüche bis zur Lage der Feuerstellen, von der Auswahl des Platzes für das Aufbrechen des Wildes und dem Abtransport zum Streckenplatz bis zur formgerechten Auslegung des gestreckten Wildes war alles geplant.

Es hieß dazu: »Das Wild wird stets auf die rechte Seite gestreckt, mit dem Kopf und Rücken nach der linken Seite, von welcher Seine Majestät der Kaiser zur Abnahme der Strecke herantreten. Wird die Strecke erst tags abgehaltener Jagd gelegt, so wird das Wild am Erlegungsort sauber aufgebrochen und zur Strecke transportiert. Auf der Strecke selbst werden in diesem Falle reichlich Nadelholzbrüche zur Hälfte in die offene Bauchhöhle gesteckt, so dass das Wild zum Teil ausgefüllt wird und die grünen Zweige nach außen hervorstehen. Zwischen je 2 Wildreihen ist eine Fahrspur offen zu lassen, auf welchem die Wildwagen bis an die Stelle der Strecke fahren können [...]. Die Strecke wird tags zuvor abgesenkt und sämtliche Reihen nach der Linie vorgehakt und durch Pfähle gekennzeichnet. [...] Die Strecke Seiner Majestät erhält die

König Viktor Emanuel mit Kaiser Wilhelm I. auf einer Waldfahrt am 25. September 1873 durch die Schorfheide.

erste Reihe, wenn nichts besonderes befohlen wird. [...] Sobald die Strecke beendet ist, stellt die Jägerei sich ebendort links von den Hornisten auf und gleichzeitig übergibt der Streckenordner dem Oberforstmeister den Strecken-Rapport [...] Abnahme der Strecke durch Seine Majestät.«

Die Auswertung der Rotwildzählungen von 1878 bis zum Frühjahr 1890, also von 13 Jahren, ergab, dass im Durchschnitt pro Jahr 126 jagdbare Hirsche, 149 geringe Hirsche, 61 Spießer und 62 Hirschkälber vorhanden waren. Somit standen insgesamt 398 Stück männliches Wild zu Verfügung.

Pleß war der Erste, der durch eigene Beobachtungen nachwies, dass der Hirsch etwa im 13. Lebensjahr die höchste Geweihentwicklung erreichte. Er plädierte deshalb dafür, kapitale Hirsche erst mit 13 Jahren zu erlegen. Zu dieser Zeit war es leider immer noch üblich, den Abschuss nach der Geweihendenzahl und nicht nach dem Alter durchzuführen. Erst 1886 hob er das über 18-jährige Abschussverbot für jagdbare Hirsche vom April 1868 in den angrenzenden Oberförstereien auf.[57]

Die letzte Hofjagd in der Regierungszeit von Kaiser Wilhelm I. fand am 29. Oktober 1887 statt. Ursprünglich plädierten die Oberförster für eine Vorverlegung des Termins. Sie befürchteten, dass nach der Brunft Teile des Rotwildes schon in andere Teile der Schorfheide und darüber hinaus abgewandert sein könnten und damit nicht ausreichend Wild für die Jagd vorhanden wäre.

Der Kaiser bestand jedoch auf dem Termin und kündigte für diesen Tag sein Erscheinen an. Oberförster von Hövel meldete daraufhin am 22. Oktober 1887: »Die Herren Oberförster müssen daher alles aufbringen, um der Ungunst der Lage zu Trotz eine gute Jagd zu sichern. Eigentlich bezweifle ich es auch nicht,

Kaiserstein für Wilhelm I. von 1884 im Revier Voigtswiese, 2007.

daß es dem Oberförster Witte noch gelingen wird, 150 Stück Rotwild anzukörnen, sollte dieses wider Erwarten nicht gelingen, so müssen wir entweder versuchen das fehlende beizutreiben, oder aber an anderer, mit Wild besser besetzten Stelle ein Reserve-Lappjagen improvisieren.«[58]

Als Improvisateure und Perfektionisten enttäuschten die Förster auch diesmal ihren Jagdherrn nicht. Selbst die sichere Rückfahrt in der früh einbrechenden Dunkelheit wurde vorausschauend geplant. Beim Ausleuchten der Wege nach den Bahnstationen Britz oder Eberswalde mit Fackeln machte sich jedoch das Problem ihrer kurzen Brenndauer störend bemerkbar. Oberförster von Hövel hatte deshalb schon im Jahr 1885 Versuche unternommen, die Fahrstrecke mit Torfballen auszuleuchten. Dazu wurden 50 Torfballen im Abstand von 50 Metern am Straßenrand ausgelegt, die mit je einem halben Liter Terpentin getränkt und einem Kienstück versehen waren. Ein Probebrennen ergab, dass ein Mann zehn Minuten benötigte, um auf einer Strecke von einem Kilometer alle Stücke anzuzünden. Die Brenndauer betrug rund 30 Minuten, wobei die Ballen dann einige Stunden weiterhin glimmten und gut sichtbar waren.[59]

Hatten König Friedrich Wilhelm III. und Friedrich Wilhelm IV. noch keinen Wert auf Jagden mit großen Strecken für sich selbst gelegt, so änderte sich dies in der Regierungszeit Wilhelm I. Dass dies aber von Wilhelm I. so gewollt und »befohlen« war, ist eher unwahrscheinlich und lässt sich archivalisch nicht nachweisen. Sicher ist, dass Kaiser Wilhelm I. für einen höheren Wildstand, besonders beim Rotwild in der Schorfheide, verantwortlich war. Er liebte starke Bestände und, mit zunehmendem Alter, ebenso die »bequeme« Jagd von einem Jagdschirm aus, vor dem das Wild direkt vorbei geleitet wurde. Die Forstbeamten von damals taten als überzeugte Patrioten und Royalisten alles, um nichts dem Zufall zu überlassen. Lob und Anerkennung von allerhöchster Stelle waren stets der Lohn für ihren Einsatz.

Außerhalb der Umgebung von Hubertusstock befanden sich keine Schirme oder Hochstände. Einzelne Jagdgäste wurden mit dem Pferdewagen so dicht als möglich an das Wild herangefahren, sodass der Schütze sich unbemerkt vom fahrenden Wagen hinter einen Baum begeben konnte. Das Wild verfolgte dann nur den weiterfahrenden Pferdewagen, nicht aber den abgestiegenen Schützen. Kam der Gast nicht zum Schuss, versuchte der begleitende Förster das Wild gegen den Schützen zu drücken. Ein Verfahren, das häufig zur Anwendung kam, aber nicht immer gelang, denn die meisten Jagdgäste kannten das Verhalten des Wildes nicht oder es fehlte ihnen die jagdliche Erfahrung in einem Hochwildrevier.

Die Zusammenstellung des gestreckten Wildes vom 1. Juli 1887 bis zum 2. Juni 1888, also des letzten Regierungsjahres Kaiser Wilhelms I. und der kurzen Regierungszeit Friedrichs III. ergibt eine Strecke von

Gedenkstein für Wilhelm I. vor dem Forsthaus Wildfang, Februar 2009.

insgesamt 1.989 Stück Wild für das Gebiet der Schorfheide. (S. 195)

Kaiser Wilhelm I. wird nach dem Oktober 1887 nicht mehr in Jagdnachweisen aufgeführt. Der spätere Kaiser Wilhelm II. wiederum schoss, noch als Kronprinz, nur einen einzigen Hirsch, nämlich auf der Pirsch im Herbst 1887 im Revier Grimnitz. Diese Zurückhaltung änderte sich mit seinem Regierungsantritt nach dem 15. Juni 1888 grundlegend. Sein Vater, Kaiser Friedrich III., ebenfalls Jäger, zeigte sich in der Schorfheide nur unregelmäßig. Von ihm sind keine größeren Streckenmeldungen bekannt.

Oberstjägermeister Fürst Pleß regte schon 1884 an, für seinen Kaiser und König Wilhelm I. einen Gedenkstein zu setzen. Am 31. Oktober hatte der Kaiser noch mit 87 Jahren an einer Hofjagd im Revier Voigtswiese teilgenommen, jedoch nichts erlegt. Ein findiger Mathematiker fand heraus, dass es genau der 32.000 Lebenstag des Kaisers war. Der daraufhin gesetzte Gedenkstein findet sich noch heute unmittelbar gegenüber dem Ort, wo das Frühstückszelt gestanden hatte.

Nach den Vorstellungen von Pleß sollte ein weiterer Gedenkstein möglichst groß sein und nur von einer Seite bearbeitet werden. Der erste Entwurf sah noch eine Inschrift in lateinischer Sprache vor. In einem Schreiben an den Fürsten Pleß wurde dagegen argumentiert, dass »der Sinn der Inschrift den Bewohnern der Umgebung unbekannt bleiben sollte, ist kaum zu befürchten, da Pastor und Lehrer ihnen die Übersetzung liefern werden«.[60]

Fürst Pleß entschied daraufhin, dass die Inschrift in deutscher Sprache gehalten werden sollte und legte den endgültigen Text fest: »Wilhelm dem Großen in Märkischer Ehren Als Waidmannsheil der Jägerei 22. März 1897 Wilhelm II.«.

Ansichtskarte mit Gedenkstein für Wilhelm I., 1901.

Diesem Fürsten hatte die preußische Jagd sehr viel zu verdanken, nicht nur weil er Ordnung in die Verwaltung der Hofjagden brachte, sondern auch aufgrund seiner Auffassung, dass Wild nicht gleich Wild sei, das wahllos abgeschossen werden könne. Er legte neue Maßstäbe an die Rotwildhege und brachte das Weidwerk in Preußen zu einer neuen Blüte.

Als der Kaiser sein jagdliches Leben beendete, konnte er auf eine beachtliche Jagdstrecke zurückblicken. Er erlegte bis zum 20. April 1884 369 Rothirsche, 435 Stück Rotwild, 798 Damhirsche, 595 Stück Damwild und 1.884 Stück Schwarzwild,[61] insgesamt 4.081 Stück Wild. Sein Enkel sollte ihn noch übertreffen.

WILHELM II. UND SEINE HIRSCHE

DIE VERHÄLTNISSE UNTER KAISER WILHELM II.

Der spätere Kaiser erlegte, nach seiner eigenen Aussage, seinen ersten Fasan 1872 bei Lindstädt nahe Potsdam. Seinen ersten Hirsch, einen Rothirsch von zehn Enden, erbeutete er am 9. Oktober 1876 mit 17 Jahren in der Schorfheide.[1] Ein Jahr später war er Gast auf dem Gut Hohenfinow und erlegte dort am 9. September 1877 seinen ersten Rehbock. In Erinnerung an dieses Ereignis pflanzte er später am 8. Mai 1890 eine Eiche, die sich heute zu einem prächtigen Baum neben dem Gedenkstein entwickelt hat.[2]

Zu einer Hofjagd in der Schorfheide wurde er erstmals im Jahre 1877 eingeladen; er nahm mit seinem Bruder Prinz Heinrich daran teil.[3] Schon im August jenen Jahres hatte er sich auf Schloss Groß Schönebeck aufgehalten und unter der Leitung des Oberförsters gepirscht. Dabei soll er fast eine halbe Stunde lang bei Regenwetter in einer Pfütze gekniet haben, um auf einen Hirsch schießen zu können.[4]

Mit 20 Jahren erhielt er 1879 von seinem Großvater die Erlaubnis, in der Schorfheide zwei jagdbare und zwei geringe Hirsche zu erlegen. Seit dem Ende der 1880er-Jahre reiste Prinz Wilhelm regelmäßig zur Jagd in die Schorfheide.[5]

1880 wurde ihm erlaubt, Damwild nach »Belieben« zu erlegen, also ohne Begrenzung der Stückzahl.[6] Im Juni 1880 teilte das Hofjagdamt mit, dass Prinz Wilhelm einmalig sogar 18 Rothirsche erlegen dürfe.[7] 1881 schoss er in den Revieren Rehluch, Prötze und Trämmersee am 12. und 13. August drei Rothirsche von sechs bis zwölf Enden. Ebenso fielen vier Damhirsche.[8] Er war stets bemüht, sein genehmigtes Abschusssoll mindestens zu erfüllen und scheute dafür keine körperlichen Anstrengungen. Mitunter nahm Prinz Wilhelm es mit der Zahl seiner zulässigen Abschüsse auch nicht so genau. Obwohl ihm sein Großvater 1886 nur vier Rothirsche zubilligte, schoss er bei seinem Besuch vom 27. September bis 1. Oktober 1886 insgesamt acht.[9] Um den unerlaubten Mehrabschuss zu rechtfertigen, wurde dieser seinem Vater, dem Kronprinzen Friedrich, zugerechnet. Dieser besaß eine Freigabe von sechs Hirschen, von denen er nicht einen einzigen erlegt hatte.[10]

Nach seiner Thronbesteigung bestanden diese Beschränkungen für den neuen Kaiser freilich nicht länger. Mehr noch: Er beanspruchte das Recht auf die stärksten Trophäen fortan ganz für sich allein. In einer Verfügung vom 12. September 1888 teilte die Regierung den fünf Oberförstereien mit, dass die Umwandlung der Schorfheide in ein Pirschrevier des Kaisers beschleunigt werden solle. Kaiser Wilhelm II. hatte in einer kurzen Mitteilung angeordnet: »Ich befehle, daß in meinem Jagdgehege Schorfheide als Jagdart nur die Pürsch stattfindet. Die jagdbaren Hirsche werde ich allein schießen.«[11] Damit war klar, dass es keine althergebrachten Jagden wie unter seinem Großvater mehr geben würde und ihm allein auf etwa 38.298 Hektar die stärksten Trophäen zustanden.

Wilhelm II. in der Hofjagduniform.

Zur Verbesserung der Geweihqualität ließ Wilhelm II. alle Hirsche mit minderwertiger Geweihbildung erlegen und den Bestand auf etwa 800 Stück zurückschießen. Unter den zu Liquidierenden befanden sich auch die unliebsamen »Büffel«, Hirsche, die gar kein Geweih, sondern nur verkümmerte Rosenstöcke trugen. Doch wogen die Geweihe bis 1898 immer noch nur drei bis vier Kilogramm im Durchschnitt. Sie verbesserten sich danach langsam auf fünf bis sechs Kilogramm. Das stärkste Geweihgewicht zeigte ein 18-Ender in Grimnitz mit schon beachtlichen acht Kilogramm.[12]

Parallel sollte das Damwild so schnell wie möglich ausgerottet werden. Der Abschuss des weiblichen Damwildes sollte bis zur bevorstehenden Jagd mit allen Kräften vorangetrieben werden, der Abschuss des männlichen Wildes aber erst nach der Hofjagd.[13] Die Ausrottung des Damwildes geht allerdings schon auf einen Erlass Kaiser Wilhelms I. vom 18. August 1887 zurück. Damals wurde angeordnet, dass Damwild, wenn es sich nicht innerhalb der vorgesehenen Unterhaltungskosten von 50.000 Mark »durchwintern lasse«, gänzlich abzuschießen sei. Damit sollten Fütterungsgelder zugunsten des Rotwildes eingespart werden. Nach dem Erlass vom 12. Juli 1889 sollte nur soviel Damwild als für die Pirsch »den die Allerhöchsten und höchsten Herrschaften begleitenden Cavaliere und eine hinreichenden Besetzung der Lappjagden auf weibliches Rotwild mit Schauflern notwendig ist« erhalten werden.

Im Jahr 1892 resümierte Fürst Pleß, dass er schon seit Langem von einer gänzlichen Ausrottung des Damwildes Abstand genommen habe und begründete dies damit, weil es »eines gewissen Bestandes dieser Wildart zu einer den Verhältnissen angemessenen Unterhaltung der Umgebung und der Gäste Seiner Majestät des Kaisers und Königs während Allerhöchst Seines Aufenthalts auf Hubertusstock durchaus bedarf«.[14]

Er sah einen Normalzustand zum jeweiligen Frühjahr von etwa 300 bis 400 Stück auf circa 20.000 Hektar Waldfläche als wirtschaftlich vertretbar an. Dagegen bemängelte er, dass die bisherigen ungenauen Zählungen beim Damwild eine genaue Abschuss- und Bestandsanalyse unmöglich machten. Dabei verwies er auf den Frühjahrsbestand des Jahres 1890. Der wurde mit 677 Stück und einem nachweisbaren Abschuss von 480 Stück angegeben. Dagegen wurde 1891 ein Bestand von 1.148 Stück gezählt, das vorgesehene Abschusssoll von 804 Stück aber wieder nicht erreicht.

Doch der eigentliche Grund, weshalb es nie zu einer radikalen Dezimierung des Damwildes in der Schorfheide kam, war ein anderer: Der Kaiser fand Gefallen an dem Damwild, besonders die im höheren Alter bei den Hirschen vorhandene starke Schaufelbildung. Dem Trophäen liebenden Kaiser und seinem Oberjägermeister war es nicht unangenehm, eine Wildart zu haben, die früher als das Rotwild einen starken Hauptschmuck zeigte.

Kaiser Wilhelm II. (rechts) begutachtet einen Hirsch in der Schorfheide.

Die erste Hofjagd ließ Kaiser Wilhelm II. am Freitag, dem 2. November 1889, in der Oberförsterei Pechteich im Suppenbruch Jagen 156/160 und 166/169 abhalten. Ein Hauptjagen fand in der Oberförsterei Grimnitz im Brand-Jagen 96 und 97 statt. Damit alle Jagdgäste zu den Jagdschirmen transportiert werden konnten, waren insgesamt 28 Gespanne notwendig, die sich am Jagdzelt aufzustellen hatten. Gespannt erwarteten nun alle den neuen Kaiser, der mit dem Zug bis Eberswalde anreiste. Um 10 Uhr des 2. November nahm der Oberforstmeister, der Oberförster Sachse, den Kaiser und sein Gefolge an der Reviergrenze in Empfang. Nach einer kurzen Begrüßung ging es sofort im flotten Trab in das Revier. Am Jagdzelt angekommen, erklang durch Hornisten der Fürstengruß und es fand die sofortige Abfahrt zu den Jagdständen statt.

Nach dem Anblasen dirigierten die Oberförster Sachse und Witte die 45 Mann starke Treiberwehr über Jagdsignale mit dem Horn. In einer guten Stunde war die Jagd zu Ende und die Gäste bestiegen um 12:30 Uhr wieder ihre Wagen und fuhren zum zweiten Jagen, einem Hauptjagen, das um 13:45 Uhr angeblasen wurde. Zuvor musste noch in größter Eile die Strecke vor dem Stand des Kaisers ausgelegt werden.[15]

Regelmäßig fand sich der Kaiser nun zwischen dem 19. September und dem 12. Oktober zur Jagd in der Schorfheide ein. Während seiner Herrschaft kamen die Jahrzehnte zuvor in der Schorfheide eingeleiteten Hegemaßnahmen seines Großvaters voll zum Tragen. Nun gehörten auch die Oberförstereien Reiersdorf und Teile von Zehdenick endgültig zum Hofjagdgehege. Somit standen dem Monarchen fünf Oberförstereien mit rund 40.000 Hektar zur jagdlichen Nutzung bereit.

Der junge Kaiser schränkte gleich zu Beginn seiner Regierungszeit das Jagdrecht seiner fünf Schorfheider

Jagdeinladung für den Grafen August zu Eulenburg.

Oberförster ein. Zwar genehmigte er ihnen den Abschuss je eines jagdbaren Hirsches bis zu zwölf Geweihenden, jedoch erst, wenn die Allerhöchsten Herrschaften ihren Abschuss erfüllt hatten. Zu Zeiten seines Vorgängers war es ihnen noch erlaubt gewesen, schon mit Beginn der Jagdzeit ihren Jahreshirsch zu strecken. Ebenso verlangte er, das Hofjagdamt solle mehr Jagden zu Repräsentationszwecken organisieren. Am 10. Juli 1889 schrieb Fürst Pleß an den zuständigen Oberforstmeister: »Um den heurigen Bedarf an größeren Hofjagdamts-Jagden zu entsprechen, wird es unerläßlich sein, in der Schorfheide davon zwei abzuhalten und dabei ca. 200 Stück Rotwild und möglichst viel Damwild abzuschießen. Zu diesem Zweck sehr kostspielige Jagden einzurichten liegt aber, da Allerhöchste Herrschaften davon voraussichtlich keinen Teil (über) nehmen werden, nicht in meiner Absicht, […].«

Der Fürst erkannte bald, dass der junge Herr viel verlangte, sich jedoch wenig um die Bereitstellung der Mittel kümmerte. Doch konnte der Oberstjägermeister den jagdbesessenen Kaiser bald von der Notwendigkeit zusätzlicher Mittel und der Einschränkung nicht mehr zeitgemäßer Jagdpraktiken überzeugen. Fürst Pleß war der Wegbereiter der modernen, auf wissenschaftlicher Grundlage fußenden Wildbewirtschaftung des ausgehenden 19. Jahrhunderts. Zur Verdeutlichung seiner Vorstellungen ließ er den Oberförstern eine Aufstellung aus seinem Revier in Schlesien überreichen. Aus der 13-jährigen Übersicht sollten die Beamten erkennen, wie Rotwild bewirtschaftet werden sollte, welche Bedeutung die Altersklassen und das Geschlechterverhältnis einnehmen.

Große Probleme hatte er mit den vorhandenen Streckenstatistiken im Hofjagdamt, die er mit den Aufzeichnungen von Hövel verglich. Der Fürst schrieb: »Die […] übersandte Nachweisung des von Seiner Majestät weiland Kaiser Wilhelm I. auf den Jagden in der Schorfheide erlegten Wildes, wie sie vom Oberförster von Hövel aufgestellt ist, stimmt mit den vom Hof-Jagd-Amt gesammelten Spezial-Rapporten so wenig überein, dass ich Bedenken trage, sie so in dem auf dem Jagdschloß befindlichen Album einzutragen.«[16]

Damit wurde erstmals erwähnt, dass sich auf dem Jagdschloss ein Streckenbuch befand, in dem alle Abschüsse verzeichnet wurden. Dieses Schussbuch ist leider verschollen und es ist zu vermuten, dass es bereits in den Wirren nach dem Ersten Weltkrieg verloren gegangen ist. Um die anstehenden Jagden kostengünstiger zu gestalten und das weibliche Wild zu reduzieren, wies Fürst Pleß die Forstbeamten an, altes Lappzeug zurechtzumachen, um damit mittlere Schonungen einzulappen. Anschließend sollten in diesen Arealen Fütterungen angelegt und die Zugänge so verengt werden, dass reichlich Kahlwild, aber wenige Hirsche hindurch konnten. Denn diese sollten weitestgehend geschont bleiben, um sie für den Kaiser und dessen Gäste zum Abschuss aufzusparen.

Wilhelm II. besichtigt den gestreckten 18 Ender im Park von Hubertusstock; fotografiert von der Kaiserin, 1908.

Derartige Jagden sollten zu Anfang und Ende November durchgeführt werden. Als Pleß sich mit der Planung der Jagden befasste und dabei die Jagdakten einsah, beanstandete er, dass in der Vergangenheit in der Oberförsterei Falkenhagen 50 Prozent und in Grimnitz 60 Prozent der Gesamtstrecke der Forstbeamten männliches Damwild gewesen war. Damit hatten die Forstleute nicht nur ihren Plan deutlich überzogen, sondern auch mehr männliche als weibliche Stücke erlegt. So konnte die vom Fürsten vorgeschriebene weitergehende Reduktion des Damwildes nicht vorankommen. Er schrieb deshalb am 12. Juli 1889, »dass es mir mit der energischen Reduktion des Damwildstandes in der Schorfheide voller Ernst ist und dass ich als äußerstes Maß nur soviel von dieser Wildart erhalten zu sehen wünsche, als für die Pürsche der Allerhöchsten und Höchsten Herrschaften [...] und eine hinreichende Besetzung der sonst so reizlosen Lappjagden auf weibliches Rotwild mit Schauflern notwendig ist. Weder die rasche Reduktion des Gesamt Damwildbestandes aber, noch auch die Anzucht einer hinreichenden Zahl von Schauflern wird erreicht, wenn von den Forst- und Jagdbeamten vorwiegend männliches Wild geschossen wird.«[17]

Dieser Vorwurf traf die Oberförster, die sich in ihrer Ehre verletzt sahen, hart. Der Reiersdorfer Oberförster erwiderte deshalb, dass er die Anweisung erhalten habe, soviel Damwild zu schießen als möglich. Und von Hövel bemerkte, dass er noch nicht einmal 15 Prozent an männlichem Damwild erlegt und der Kaiser ihm befohlen habe, für die Ausbildung der Schweißhunde so viel Damwild schießen zu können, als er für nötig halte.

Die Abschusszahlen an Damwild für das Jagdjahr 1888/89 in den fünf Oberförstereien der Schorfheide belegen dagegen, dass Fürst Pleß die Oberförs-

Oberförsterei Grimnitz, um 1900.

ter zu Unrecht beschuldigte. Sie hatten von der Gesamtdamwildstrecke über 74 Prozent weibliches und über 25 Prozent männliches Damwild erlegt und damit massiv die geforderte Reduktion vorangetrieben. Oberförster Witte, der vom 1. April 1889 bis 20. Januar 1890 111 Stück Damwild meldete, konnte am 20. Januar 1890 berichten: »Sämtliche Forstbeamten des Reviers haben die Aufforderung erhalten, alles ihnen vor die Büchse kommende Kahlwild vom Damwild zu erlegen, es ist nunmehr die Ausrottung dieses Wildes soweit bewirkt, dass an den Fütterungen nur ganz vereinzelte Stücke und diese meist nur von männlichem Wilde vorkommen, im übrigen Reviere tagsüber man seine Schwierigkeiten hat, ein Stück Damwild zu erlegen.«[18]

Oberförster Witte legte nunmehr für zwei geplante Lappjagden im Jagdjahr 1889 in den Jagen 171/173, 63/65 und 90/92, zwischen dem kleinen und großen Glasowsee, einen detaillierten Kostenvoranschlag vor. Danach waren 400 Mark, etwa 2.864 Euro, für das Ankirren mit Kartoffeln vorgesehen. Schon zehn Tage vor Beginn der Jagd wurde mit dieser Arbeit begonnen. Das Herstellen von 40 Schirmen sollte 120 Mark kosten, die Anfuhr des 12.000 Meter langen Lappzeuges vom Bahnhof Biesenthal und wieder zurück, war mit 150 Mark veranschlagt. Für den Transport der Schützen wurden zehn und zusätzlich zwei Reservewagen benötigt, die mit 144 Mark zu Buche schlugen. Dagegen waren die Kosten, um zwei Raummeter Kiefernholz zu zerkleinern und für die Jagdfeuer bereitzustellen, mit 16,30 Mark gering. Insgesamt sollten sich die Kosten der Jagd auf 1.100 Mark (etwa 7.876 Euro) belaufen. Zum Vergleich: Ein Revierförster verdiente lediglich etwa 150 bis 200 Mark im Jahr.[19] Für den reibungslosen Ablauf der Jagd sollten 88 Hilfskräfte sorgen.

Wilhelm II. (rechts) im Jagdschirm.

Oberstjägermeister und Kaiser Wilhelm II. waren sich einig, dass die Pirsch die einzig wahre Jagd sei und keine eingestellten Jagden mehr durchgeführt werden sollten, was dann auch in der Schorfheide geschah.

Der Kaiser lud im ersten Jahr seiner Regierung den russischen Zaren zu einem Besuch nach Berlin und zu einer Kaiserjagd in die Schorfheide ein, die am 12. Oktober 1889 stattfand. Bei dieser Jagd erlegte der Zar sechs Hirsche. Großfürst Georg Alexander von Russland erbeutete drei Hirsche.

Während sich, wie erwähnt, der Kaiser noch als Kronprinz beim Abschuss von Hirschen eher zurückgehalten hatte, änderte sich das in den späteren Jahren. (S. 195) Insgesamt sind 1890/91 1.781 Stück Wild zur Strecke gekommen. Von den 71 erlegten Rothirschen kamen auf Wilhelm II. elf Stück, die alle in der Zeit vom 11. bis 15. Oktober gestreckt wurden. Gleichwohl war dies eine noch bescheidene Anzahl gegenüber späteren Jahren mit Strecken bis zu 60 Hirschen zum Beispiel im Jagdjahr 1898/99.[20]

1893/94 wurden im gleichen Gebiet insgesamt 93 Hirsche ab vier Enden aufwärts erlegt. Davon entfielen allein 27 Stück auf den Kaiser. Ein Jahr später ergab seine Strecke an Rothirschen, erlegt nur in der Schorfheide, sogar 52 Stück.

Fürst Pleß soll den Kaiser oft auf die Einhaltung der Weidgerechtigkeit hingewiesen und ihm geraten haben, sich nicht als Rekordschießer missbrauchen zu lassen.[21] Doch sein Mahnen verhallte im Wind. 1892 übergab Pleß die praktische Leitung des Hofjagdamtes an den Vize-Oberjägermeister Freiherr von Heintze ab. Er blieb zwar weiterhin Oberstjägermeister, zog sich jedoch immer mehr zurück.

Als Kaiser Wilhelm II. im Oktober 1893 aus Rominten nach Hubertusstock kam, konnte er in Grimnitz auf der Pirsch insgesamt 18 Hirsche strecken!

Kaiserbahnhof am Werbellinsee, 1900.

Nicht ohne Stolz und Freude ließ er am 17. Oktober ein Telegramm an den Oberforstmeister von Alvensleben mit folgendem Inhalt senden: »Zur Strecke 28 Hirsche, 2 Schaufler. Davon sind 16 Ender 5 (Stück), 14 Ender 9, 12 Ender 6, 10 Ender 7. Letztere sind ihrer schlechten Geweihe halber von mir als unbrauchbar geschossen. Größte Spannweite 1 Meter 16 cm. Größte Stangenhöhe 1 Meter 5 cm. Größter Rosenumfang 25 cm. Wild ist vortrefflich im Stand. Der Nachwuchs an starken Hirschen gut belegt. Kapitalhirsche in guter Zahl übrig gelassen. Anfang der Fütterung bald wünschenswert. Hövel und Witte haben ihre Sache hervorragend gemacht. Ich bin sehr mit ihnen zufrieden, einige Befehle und Wünsche habe ich ihnen mündlich gegeben.«[22]

Fast genau ein Jahr später gelang ihm noch ein besseres Resultat: Drei Hirsche von 16, acht von 14, 16 von zwölf, acht von zehn, zwei von acht Enden und ein Rotspießer fielen. Das ergab eine Gesamtstrecke von 38 Rothirschen! 25 Stück davon fielen in der Oberförsterei Grimnitz, die restlichen in Groß Schönebeck.

1896 konnte Kaiser Wilhelm II. in Grimnitz seinen ersten Hirsch von 22 Enden erlegen. Es war, zumindest von der Endenzahl, der stärkste Hirsch, der seit Hunderten von Jahren in der Schorfheide erlegt wurde.

Dass der Kaiser überwiegend die Grimnitz Reviere zur Jagd bevorzugte, lag daran, dass dort infolge der günstigen Bodenverhältnisse die beste Äsung und alter Eichenbestand vorhanden waren. In diesen reichhaltigen Eichenbeständen nahm das Wild seinen Einstand im Herbst ein. Ähnliche Verhältnisse fanden sich in Pechteich, doch wurde dort während einer eingestellten Jagd der gesamte Rotwildstand abgeschossen.[23]

Fast regelmäßig ließ der Kaiser bei Oberförster von Hövel anfragen, wann die Zeit für die Jagd auf Hirsche am günstigsten sei. Es scheint fast so, als ob er seine weiteren Reisepläne davon abhängig machte. So antwortete von Hövel zum Beispiel Anfang Februar 1897: »Wenn seine Majestät noch Hirsche schießen wollen, dürfte es erforderlich sein, so schnell wie möglich zu kommen, weil die Hirsche im Februar abwerfen; [...].«

Der Kaiser reiste daraufhin am 18. in die Schorfheide und befahl auch die vier weiteren Oberförster zu sich. Bei diesem Treffen ging es scheinbar recht zwanglos zu, hatte doch der Oberhofmarschall die Aufgabe, eigens für den Besuch 20 Skatspiele aus Altenburg zu beschaffen.

Für die Jagdsaison 1898 meldeten die Oberförstereien am 30. August insgesamt 133 Hirsche, die für den Kaiser zum Abschuss vorhanden waren. Darunter befanden sich drei 18- und zehn 16-Ender. (S. 195)

Die Anfahrt mit der Kutsche vom Bahnhof Eberswalde hatte sich bislang bei anhaltendem Regenwetter schwierig gestaltet und war zeitaufwendig gewesen. Die Wege waren noch nicht gepflastert und dadurch aufgeweicht. Nicht selten hatten die Ökonomie- und

Wilhelm II. beobachtet die Registrierung eines von ihm gestreckten Rothirsches. Fotografiert von der Kaiserin Auguste Viktoria.

Möbelwagen statt mit vier, mit sechs Pferden bespannt werden müssen, um vorwärts zu kommen. Daraufhin veranlasste der Kaiser den Bau einer neuen Bahnstation.[24] 1898 konnte die Bahnstation »Kaiserbahnhof« kurz vor der Stadt Joachimsthal fertiggestellt werden. Die Firma »Wolgaster Actien-Gesellschaft für Holzbearbeitung«, die auch die Halle im ostpreußischen Pröckelwitz für den Kaiser errichtet hatte, fertigte die Bahnhofshalle an.[25] Damit entfiel die umständliche und zeitraubende Fahrt von Eberswalde bis zum Jagdhaus mit der Kutsche. Jetzt war es dem Kaiser möglich, direkt aus dem Zug in den Jagdwagen zu steigen, um schon auf der Fahrt nach Hubertusstock in den angrenzenden Revieren pirschen zu können. Am 18. September 1898 fuhr Kaiser Wilhelm II. das erste Mal mit dem Zug bis zum neuen Bahnhof. Er kam direkt aus Wien, wo er sich zu politischen Gesprächen mit dem Kaiser getroffen hatte.

Zuvor hatte von Hövel den Höhepunkt der Brunftzeit für den 20. bis 26. September angekündigt. Daraufhin verlegte Wilhelm II. seine geplante Reise vom 23. auf den 18. vor, denn er hatte mit einem späteren Beginn der Brunft gerechnet. Anschließend fuhr er am 24. weiter nach Rominten, um die dortige Brunft nicht zu verpassen.

Gleich am 19. September fielen zehn Rothirsche. Am 20. begann die Pirsch schon um 7 Uhr. Das Frühstück wurde an einem besonderen Platz am Glasowsee eingenommen. Von dort aus bot sich den Jagdgästen ein herrlicher Blick auf den See. Noch Jahre später war diese Stelle ein bevorzugter Ausflugspunkt für die Bewohner aus den umliegenden Gemeinden.

Die Strecke lautete: neun Rothirsche und ein Damhirsch. Hier schoss der Kaiser auf einen Hirsch, der 272 Schritt (ca. 200 Meter) entfernt stand und zur Strecke kam. Der 22. September brachte die höchste

Förster Hoffmann (2.v.r.) von der Försterei Döllnsee und seine Familie am Frühstücksplatz des Kaisers am Großen Glasowsee.

Strecke, acht kapitale Hirsche fielen an einem Vormittag. Hofmarschall von Lynker konnte dann auch dem Oberhof- und Hausmarschall August Ludwig Traugott Botho Graf zu Eulenburg per Telegramm melden: »In Hubertusstock verlief alles gut. Seine Majestät hatten gestern Vormittag eine Strecke von acht Kapital Hirschen wie sie die Schorfheide an einem Tage noch nicht geliefert hat. Heute früh wieder ein Sechszehner und zwei Vierzehner, Gesamtstrecke 41 Hirsche.«[26]

Als er am 12. Oktober 1911 nach Grimnitz kam, meldete von Hövel acht jagdbare Hirsche und behauptete, alle könnten während nur einer einzigen Pirschfahrt erlegt werden. Der Kaiser nahm ihn beim Wort und kam für nur einen Tag nach Grimnitz. Die Pirschfahrt begann am Morgen um 6 Uhr und endete am Mittag um 12 Uhr auf Hubertusstock. Es gelang jedoch nur, sieben Hirsche zu erlegen, weil der achte durch eine Unvorsichtigkeit des begleitenden Leibjägers gestört wurde. Von Hövel konnte es indes einrichten, dass noch ein anderer Hirsch auf der Rückfahrt fiel, somit hatte er sein Wort halten können.[27] Der Kaiser hatte an diesem Vormittag eine Fläche von 2.550 Hektar bejagt. Am 9. Januar 1911 gelang ihm die Erlegung des ersten Rothirsches mit 24 Enden, der in einem märkischen Revier gestreckt wurde.[28]

Im Dezember 1913 war für den Kaiser die Welt noch in Ordnung und er ging davon aus, dass er auch im neuen Jahr dem Weidwerk würde nachgehen können. So plante er zum Ausklang des Jahres noch eine Jagd im Hofjagdrevier Oranienburg. Am 4. Dezember teilte Oberjägermeister von Heintze dem Oberhof- und Hausmarschall Graf Eulenburg mit, dass mit einem Abschuss von 20 bis 30 Stück Rotwild, darunter einigen Hirschen, zu rechnen sei. Ebenso seien etwa 200 Stück Damwild vorhanden. Eulenburg teilte daraufhin mit, dass Majestät den Jagdtermin auf Diens-

Einweihung des Gedenksteines für den Oberjägermeister von Heintze (Mitte) in der Oberförsterei Reiersdorf, 1904.

tag, den 30. Dezember festgelegt habe. Der Treffpunkt sollte in dem Dorf Schönwalde sein. Als Gäste waren u.a. geladen: Reichskanzler Theobald von Bethmann Hollweg, Minister Clemens August Freiherr von Schorlemer-Lieser, Graf von Arnim Boitzenburg und Fürst zu Solms-Baruth.[29]

WILDFÜTTERUNG, WILDZÄHLUNG UND WILDABSCHUSS

Eine systematische, regelmäßige Wildfütterung in der Schorfheide scheint Friedrich Wilhelm IV. begonnen zu haben. Mit der Errichtung der ersten stationären »Schießhütte« im Jahre 1845 sollte gleichzeitig auf einer Fläche von etwa 5,6 Hektar ein Hafer-, Wicken-, Erbsen- und Kleegemisch ausgesäht werden. Damit entstand der erste Wildacker in der Schorfheide. Für den Sommer 1846 war der erste Grünschnitt zur Heugewinnung angedacht und ab dem Spätsommer die Freigabe für das Wild vorgesehen. Damit wurde beabsichtigt, das Wild schon frühzeitig in der Nähe des später zu errichtenden Jagdhauses Hubertusstock zu binden.[30]

Unter Kaiser Wilhelm I. wurde die Wildfütterung fortgesetzt, verstärkt und intensiviert. 1861 errechnete Oberförster Schmidt einen Bedarf von über 38 Kubikmeter Eicheln für das vorhandene Wild.[31] 1864 sollten deshalb erste Versuche unternommen werden, größere Wildäcker anzulegen. Da es dafür keine Vergleichswerte gab, wurden Flächen von fünf bis sieben Hektar Größe mit Luzerne und im Unterbau mit Grassamen geplant. Darüber entstand ein Streit, da bezweifelt wurde, dass der Bewuchs wegen des hohen Wildstandes überhaupt hochkommen und ausreichen würde. Schließlich einigte man sich auf eine Versuchsfläche

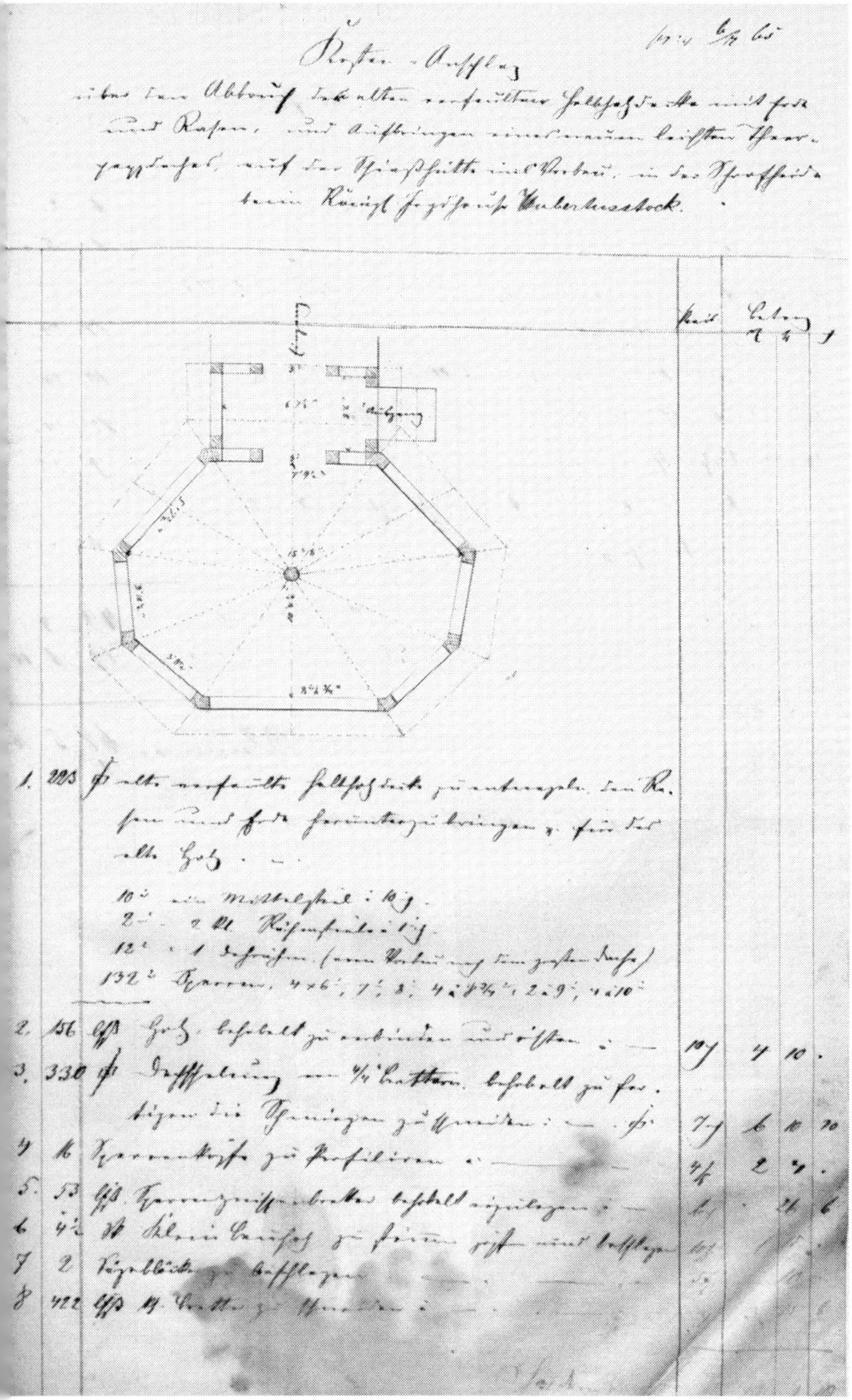

von zwölf bis 25 Hektar Größe, die mit einem Drahtzaun vor Verbiss geschützt werden sollte.[32]

Schon um das Jahr 1870 befanden sich mehrere Futterschuppen, Raufen, Salzlecken und Wildäcker in den Revieren, was zu erheblichen Folgekosten führte. Fürst Pleß sah sich daher veranlasst, die für das Jahr 1876 angeforderten Mittel in Höhe von 40.000 Mark für die gesamten Hofjagdreviere zu kürzen. Dennoch erreichte der Etat mit zusätzlichen 10.000 Mark gegenüber dem Vorjahreszeitraum einen Höchststand. Allein für die drei Schorfheider Oberförstereien Groß Schönebeck, Grimnitz und Pechteich waren 33.000 Mark vorgesehen.[33]

Die Forstverwaltung unterstand damals noch immer dem Finanzministerium mit dem Minister Otto von Camphausen (1812–1896). In einem Bericht des Ministeriums vom 31. Januar 1877 wurde festgestellt, dass sich der Wildstand um das Jagdschloss Hubertusstock stark verringert habe. Den Grund dafür sah man in den großen Freiflächen, die dem Wild keine Deckung böten und in den schlechten Äsungsverhältnissen. Es wurde deshalb vorgeschlagen, rund 42 Hektar um das Jagdschloss in drei Schläge einzuteilen und mit Lupinen, Hafer und Gras zu besäen. Diese Flächen sollten später zur Brunftzeit dem Rotwild zur Verfügung stehen. Davon versprach man sich einen verstärkten Zulauf und das längere Verweilen des Wildes am Standort.

Die Futterkosten wurden im Winter 1875/76 auf neun Mark pro Stück Rotwild berechnet. Der Winter 1876/77 war besonders hart für das Wild. Noch Anfang März lag eine geschlossene Schneedecke, deren Oberfläche so verharscht war, dass das Wild nicht an die Bodenvegetation kam. Aus diesem Grund musste zum Beispiel die Oberförsterei Pechteich täglich über eine Tonne Heu von den Gemeinden aus der Oderregion ankaufen. Ähnlich verhielt es sich in den folgenden Jahren.

Im November 1878 leitete der Grimnitzer Oberförster Stävie seinen vier Amtskollegen die Mitteilung

Winterliche Fütterung des Schwarzwildes in der Schorfheide, 1893.

des Oberförsters von Hövel aus Clötze im Regierungsbezirk Magdeburg weiter, dass er über 1.000 Scheffel Eicheln (rund 55 Kubikmeter) abzugeben habe. Damit trat erstmals der Name von Hövel im Zusammenhang mit der Schorfheide auf.

Ein Jahr später übernahm von Hövel das Grimnitzer Revier und wurde neben Witte bald der hervorragendste Revierverwalter und Rotwildsachverständige der Schorfheide. Er teilte dem damaligen Forstmeister Hildebrandt am 7. November 1879 mit, »dass die zur Wildfütterung genehmigten Gelder [...] bis Ende dieses Monats reichen werden, der [...] hohe Schnee unter welchem sich unmittelbar über der Erde eine Kruste befindet verhindert das Wild gänzlich sich Äsung zu suchen. Ich lasse täglich noch breite Futterbahnen [...] fahren, bin aber der Ansicht, dass diese Fütterung nicht ausreichend ist, weil das gefütterte Heu innerhalb einer Stunde bis auf den letzten Halm aufgenommen ist, ohne dass das Wild soviel erhalten hat, dass es satt ist; pro Kopf gerechnet kommen noch nicht 4 Pfund (2 kg) pro Stück, ein Quantum, welches kaum im Stande ist, das Wild zu erhalten.«[34]

Für den Rest des Winters, so errechnete von Hövel, würde er 75 Tonnen Heu benötigen und bat um eine weitere Geldzuweisung in Höhe von 7.000 Mark. Dabei wies er in einem späteren Schreiben darauf hin, dass im Winter 1878/79 wegen nicht ausreichender Fütterung rund 100 Stück Rotwild eingegangen seien und schrieb: »[...] das Wild sah kläglich aus, setzte ganz schlecht, viele Kälber gingen ein oder kümmerten, weil die abgekommenen Tiere die erforderliche Milch nicht hatten [...].«[35]

Im Februar 1882 wurde von Hövel wegen seines überzogenen Fütterungsfonds kritisiert und zu einer Stellungnahme aufgefordert. In dieser rechnete der neue Förster mit seinem Vorgänger Stävie scharf ab

Grundriss der Schießhütte von Hubertusstock, 1865.

Forstmeister Monicke.

und warf ihm vor, dass dieser sich mit seinem Fütterungsfonds eingerichtet und das Wild »mangelhaft gepflegt« habe. Im Winter 1880 seien über 200 Stück Fallwild zu beklagen gewesen, die er auf die mangelhafte Pflege seines Vorgängers zurückführte.

Dadurch sei es immer wieder zu erheblichen Verlusten unter dem Wild gekommen. Er dagegen habe zwar »seinen Fonds sehr bedeutend« überschritten, damit aber die Verluste an Fallwild gering halten können. Um den Vorwurf der übermäßigen Fütterung des Wildes zu entkräften und als Beweis für seine »gute« Hege legte er einen Vergleich der Bestandszahlen seit seinem Amtsantritt im Jahr 1879 vor. Sie belegten deutlich, dass er den Rotwildbestand in seiner bisherigen Amtsführung in erheblichem Umfang vermehrt hatte: 1878/79 waren es noch 782 Stück Rotwild, 1881/82 bereits 1.331.

In nur drei Jahren gelang es von Hövel, den Rotwildbestand in seiner Oberförsterei um 72 Prozent zu erhöhen und er war der Auffassung, damit den Wünschen des Hofjagdamtes entsprochen zu haben. Von Hövel versuchte, seine hohen Mehrausgaben zu rechtfertigen und berief sich auf eine Äußerung des Königs, der ihm gegenüber seine große Befriedigung über die gute Geweihbildung in seinem Bereich geäußert hätte. (S. 208)

Im November 1885 befanden sich in der Oberförsterei Groß Schönebeck etwa 800 Stück Rot- und 300 Stück Damwild. (S. 207) Bei der zunehmenden Kälte und eintretendem Schneefall wechselten aus den benachbarten Revieren Zehdenick und Reiersdorf weitere 300 Stück Rot- und 200 Stück Damwild in die Reviere Hirschberg, Lotzin und Trämmersee ein. Nach dem Tauwetter setzte ab Mitte Januar 1886 Frost mit -14 Grad Celsius ein. Dadurch gelangte das Wild nicht mehr an die Bodenvegetation und es mussten zusätzliche Futterstellen eingerichtet werden. Wurden bis zum Eintreten des Frostes nur Kartoffeln gefüttert, so ging man danach zu Raufutter über.[36]

Der Abschuss war in dieser Zeit immer noch sehr zurückhaltend. Geschossen wurden nur zehn geringe Hirsche, fünf Spießer und 35 Alttiere. Schmaltiere und Kälber wurden überhaupt nicht erlegt. Mit einem Abschuss von nur 50 Stück Rotwild galt dessen Vermehrung als oberste Zielstellung. Dem Damwild wurde zu dieser Zeit noch keine große Bedeutung beigemessen, der Bestand mit insgesamt 755 Stück angegeben. (S. 209) Der Abschuss von 120 Stück des Gesamtbestandes[37] reichte jedoch nicht aus, um den Zuwachs in Grenzen zu halten, der sich in den nächsten Jahrzehnten ebenfalls weiter erhöhte. (S. 196)

Folglich wurden immer intensivere Zufütterungen nötig, denen möglichst genaue Wildzählungen vorausgingen, um den jährlichen Finanzbedarf ermitteln zu können. Zur besseren Geweihbildung wurde Mais und Hafer, ansonsten Heu, Kartoffeln, Lupinen und Eicheln gefüttert. In seinen Erinnerungen berichtete von Hövel: »Bei ausschließlicher Heufütterung wird das Wild faul, sucht nicht nach der vorhandenen Äsung, fällt ab,

Zar Nikolaus II. (Mitte) und Kaiser Wilhelm II. (rechts) beim Abschreiten der Strecke nach der großen Hofjagd anlässlich des Staatsbesuches des Zaren, November 1910.

die Losung wird steinhart, und wenn im Frühjahr die frische grüne Äsung einsetzt, bekommt jedes Stück Durchfall, und der Abgang an Fallwild ist sehr erheblich. Ich habe festgestellt, daß bei ausschließlicher Heufütterung, wie ich sie vorfand, das Wild ein großes Bedürfnis nach Wasser hatte.«[38]

Als von Hövel zur Fütterung von Kartoffeln überging, fand das Wild zu seinem natürlichen Verhalten zurück. In dieser Zeit befanden sich in den Hofjagdrevieren der Schorfheide annähernd 2.312 Stück Rotwild und 1.142 Stück Damwild, was zusammen 3.454 Stück Wild ergibt bzw. eine Dichte von rund 8,5 Stück auf 100 Hektar. (S. 210)

Der Gesamtfutterverbrauch belief sich für das laufende Jagdjahr auf rund 1.000 Tonnen. Für Rotwild wurde damals ein Tagesraufutterverbrauch von 2,5 Kilogramm errechnet, der mit neun Pfennig Kosten pro Tag zu Buche schlug.[39] In der Regel begannen die Fütterungen Anfang Dezember und endeten Ende April. Im Durchschnitt musste an 170 bis 180 Tagen im Jahr gefüttert werden.

Auf den mineralstoffarmen und sandigen Böden der Schorfheide war schon über Jahre, wegen des hohen Wildstandes, keine ausreichende Vegetation mehr vorhanden. Deshalb nahm die Fütterung, vor allem in den Wintermonaten, einen extremen Umfang an. Wenn auch noch im Sommer die Niederschläge ausblieben, wie 1903 und 1911, und damit die Nahrungsgrundlage wegfiel, was für die Wildbestände katastrophale Folgen hatte, musste ebenso zugefüttert werden. Oberförster von Minckwitz berichtete deshalb im Oktober 1912 ans Ministerium: »Der trockene Sommer 1911 ließ das Rotwild im hiesigen Revier sehr schlecht in den Winter treten [...] Diese [Kälte] räumte außerordentlich unter dem Kahlwild auf, so daß bis März 70 Stück gefunden wurden. Im Frühjahr ging dann noch mehr Wild ein und ebenso wurden beim genaueren Absuchen der Dickungen noch weitere Winterverluste festgestellt. [...] Der Nachwuchs von 1911 ist jedenfalls völlig vernichtet.«[40]

Von Minckwitz sprach sogar davon, dass der Verlust an Kahlwild ungefähr dem des Jahresabschusssolls entspreche, also etwa 140 Stück.

Als im Ersten Weltkrieg die Fütterungen verringert werden mussten und ab 1917 stark eingeschränkt waren, zeigte sich, dass das männliche Rotwild besonders starke Geweihe ausbildete. In Grimnitz konnten ein Hirsch mit ungeraden 24, einer mit geraden 20 Enden und acht mit je 18 Enden gezählt werden.[41] Die Förster führten diese Entwicklung auf den milden Winter, die früh einsetzende frische Äsung und die Schonung der älteren Hirsche zurück. Denn Kaiser Wilhelm II. kam nach 1913 nicht mehr zur Jagd in die Schorfheide.

Die fehlende Winterversorgung wirkte sich also auf die Geweihentwicklung nicht negativ aus. Dagegen zeigte sich im darauffolgenden langen und kalten Winter 1917/18 ein anderes Bild. Es wurden nur noch zwei 18-Ender bestätigt, obwohl kein Abschuss erfolgt war.

Aus heutiger Sicht bedeutet die Fütterung des Wildes einen ungeheuren Kostenaufwand, v.a. da das einzige Ziel darin bestand, ausreichend Wild für jagdliche Zwecke bereitzustellen. Wir müssen heute aber berücksichtigen, dass dies damals nicht nur in Preußen, sondern auch bei allen übrigen Bundesfürsten ein ganz normales Verfahren war, was gewissermaßen auch Arbeitsplätze schuf, erhielt und ein Einkommen für untere Sozialschichten bedeutete.

Wenn davon ausgegangen wird, dass im Jahr 1900 das Schorfheider Hofjagdgebiet 40.171 Hektar groß war, so ergibt sich eine damalige Wilddichte von 8,33 Stück Rotwild und 6,51 Stück Damwild auf 100 Hektar. Allein in den zehn Jahren bis zur Jahrhundertwende steigerten die Forstbeamten den Rotwildbestand um rund ein Drittel.

Der Plan sah für das erste Jahr des 20. Jahrhunderts einen Abschuss von 980 Stück Rot- und 1.200 Stück Damwild vor. Oberjägermeister Freiherr von Heintze bemerkte dazu, »dass er [der Abschuss] ganz und rechtzeitig im Jahre erfüllt wird, um die Wildfutterkosten tunlichst zu verringern. Im vergangenen Jahr ist das Abschusssoll von 900 Stück mit 246 Stück Rotwild [...] unerfüllt geblieben. [...] Das Abschusssoll an Damwild möchte ich um 50 geringe Hirsche und 50 Spießer, in Summe also um 100 [...] herabgesetzt sehen. Alles zum Abschuss bestimmte weibliche Rot- und Damwild und alle Kälber können vom Forstpersonal abgeschossen werden, inngleichen die in der Anlage unterstrichene Zahl geringer Hirsche und Spießer, so dass [...] 65 jagdbare und 80 geringe Hirsche, 28 Rotspießer, 5 Vollschaufler, 32 Halbschaufler, 105 geringe Damspießer verbleiben.«

Heintze lag viel daran, dass seine Pläne erfüllt wurden, und er forderte, wie beispielsweise 1898, das Forstpersonal auf, sich gebührend dafür einzusetzen: »Dass das Abschusssoll an Kahlwild [...], wenn auch nicht unter strenger Innehaltung der Altersklassen so doch der Zahl nach unweigerlich ganz und möglichst zeitig erfüllt wird.«[42] Das wiederum gefiel anscheinend dem Kaiser nicht, er vertrat die Ansicht, es sei besser, das Rotwild erst nach Neujahr zu bejagen, damit nicht Tiere zu früh von den Kälbern weggeschossen werden: »Da Seine Majestät [...] bei Gelegenheit Allerhöchst seiner letzten Anwesenheit in der Schorfheide den mündlichen Befehl zu erteilen geruht haben, dass Kahlwild nicht vor dem 1. Januar abgeschossen werden soll, um die Kälber zu schonen, so muss dem selbstverständlich strikt nachgekommen werden, [...].«

Die damit verbundene Unruhe in der winterlichen Notzeit scheint der Kaiser zunächst nicht in Erwägung gezogen zu haben. Möglicherweise gab aber einer der Forstbeamten beim begleitenden Pirschgang einen entsprechenden Hinweis, jedenfalls schränkte von Heintze den Befehl des Kaisers bald ein: »[...] doch kann sich dies m. E. nur auf diejenigen Alttiere, die ihre Kälber noch weiter führen sollen und daher überhaupt wohl nur in Ausnahmefällen zum Abschuss bestimmt

Hegemeister Scholz mit Gästen bei der Wildbeobachtung im Revier Hubertusstock.

sind, nicht aber auf gelte oder solche Tiere beziehen, deren Kälber bereits früher abgeschossen sind.

Zur Ersparung von Futtergeldern ist es vielmehr notwendig, den Wildstand so früh wie möglich nicht nur von allem kümmernden Zeuge, sondern auch von dem zum Abschuss reifen gelten Kahlwilde zu säubern.«[43]

Erschwerend kam für die Förster dazu, dass sie ihren Abschuss aus den »eigenen« Wildbeständen ihrer Zuständigkeitsbezirke tätigen sollten und nicht aus denen, die als Grenzrudel bezeichnet wurden. Eine nicht immer leichte Aufgabe, zumal nicht immer zu erkennen war, woher die Rudel in der Nacht gezogen kamen.

Im Winter 1907/08 ließ das Hofjagdamt für alle fünf Oberförstereien der Schorfheide eine Rotwildstatistik erarbeiten. In diese sollten für den Zeitraum von 1897 bis 1906 alle damals relevanten Angaben über den Rotwildstand einfließen. Beauftragt wurde damit der Regierungs- und Forstrat Erdmann, der die zehnjährige Entwicklung des Rotwildes anhand der vorhandenen Daten des Hofjagdamtes auswertete. Die Arbeit sollte die Grundlagen zu einer noch besseren Wildbewirtschaftung bilden.

Die dazu notwendigen Wildzählungen wurden gleichzeitig in allen Revieren an drei aufeinanderfolgenden Tagen durchgeführt. Sie wurden darüber hinaus durch Kontrollzählungen in kurzfristigen Abständen überprüft und können daher als annähernd richtig angesehen werden, wenn auch die genaue Ermittlung des Zuwachses nicht gelang.

Damals bildeten wie heute Wildzählungen und die Zuwachsberechnungen die Grundlage für die Bewertung der Wildstandsverhältnisse. Sie galten als zentrale Faktoren für die Festlegung des Abschusses. Erdmann schlug vor, die laufenden statistischen Erhebungen weiter zu betreiben, damit nach einigen Jahren eine

Reichskanzler Theobald von Bethmann Hollweg (Mitte) und Wilhelm II. (rechts), dahinter ein typisches Wildfangnetz.

erneute Momentaufnahme erarbeitet werden könne. Leider kam es dazu nicht mehr, jedenfalls finden sich keine derartigen Unterlagen. Erdmanns Dokumentation enthielt umfangreiche Daten zu Wildbestand, Abschuss sowie Anzahl des Fallwildes in jeder der fünf Oberförstereien von 1897 bis 1906. (S. 211) So geht daraus hervor, dass der Wildstand im zehnjährigen Durchschnitt auf je 100 Hektar 9,37 Stück Rotwild betrug, ein Wert, der weit über der naturverträglichen Wilddichte der Schorfheide lag. Folglich fielen für die gesamte Schorfheide Futterkosten in Höhe von damals ungeheuren 829.423 Mark an. (S. 217)

Bis zum Beginn des Ersten Weltkriegs 1914 konnten zum 1. März 3.117 Stück Rot- und 3.273 Stück Damwild in den fünf Schorfheider Oberförstereien gezählt werden. (S. 197) Insgesamt waren das 6.390 Stück Wild. Damit erreichten Rot- und Damwild im Frühjahr 1914 ihren höchsten Stand. Dabei ergab sich eine Schalenwilddichte – ohne Schwarz und Rehwild – von 16 Stück auf 100 Hektar. Als wünschenswert und tragbar galt für die Schorfheide ein Bestand von 2.000 Stück Rot- und 400 Stück Damwild, das wären etwa 4,98 Stück auf 100 Hektar der Gesamtfläche.

Aus eigenem Ermessen unternahmen die Oberförster nichts, um den hohen Wildstand zu verringern. Kaiser Wilhelm II. liebte hohe Wildbestände und an diesem Zustand wollten die Schorfheider Revierverwalter auch nichts ändern. Solange ihre von Jahr zu Jahr geforderten höheren Wildfuttergelder bewilligt wurden, war ihre Welt in Ordnung. Die Kreatur Wild war in dieser Hinsicht für sie nur ein Mittel, um persönliche Achtung und Anerkennung zu erheischen. Der Einklang von Wald, Wild und Natur erschien, aus heutiger Sicht, noch sehr unterentwickelt.

Letzten Endes war es der Kaiser selbst, dem die hohen Wildbestände auffielen, wenn auch nur beim

Damwild. Bei seinem letzten Jagdaufenthalt in der Schorfheide im Herbst 1913 machte er zu Forstmeister von Hövel eine entsprechende Bemerkung. Die veranlasste ihn, dem Hofjagdamt umgehend Mitteilung zu machen und höhere Abschusszahlen für das Damwild zu fordern, worauf der bereits verabschiedete Abschussplan für das Damwild nach oben korrigiert wurde. (S. 197)

Insgesamt sollten demnach 1.560 Stück Damwild – vor allem in den Revieren Grimnitz und Zehdenick – erlegt werden, was eine Reduzierung des Gesamtbestandes um knapp die Hälfte bedeutete. Am 30. März 1914 meldete Forstmeister Nitsche aus Zehdenick, dass bereits 760 Stück abgeschossen worden seien und er für das kommende Jahr einen erneuten, verstärkten Abschuss von 800 bis 1.000 Stück vorschlage. Oberjägermeister von Heintze hatte nichts dagegen einzuwenden, gab aber die Anweisung, im laufenden Jahr etwa 100 Damhirsche einzufangen und zur Blutauffrischung in das Oranienburger Hofjagdrevier zu transportieren.

Als einziger von den Oberförstern kritisierte von Minckwitz die Regierungsverfügung, die von ihm wie ein Befehl aufgenommen wurde und seines Erachtens einem Massenabschuss glich. Als Erstes stellte er in seinem Schreiben fest, dass wohl davon auszugehen sei, dass keine Kolbenhirsche geschossen werden sollten und »dass die angeordnete Maßregel des Massenabschusses der 5 Schorfheideoberförstereien m. E. wesentliche nationale, ökonomische Bedenken hat, da der Markt durch diese 1000–1500 Stück Wild wesentlich belastet werden wird [...]. Weiter würden die Wildbestände sehr starke Einbuße erleiden und sehr zurückgehen, denn die mutterlos gewordenen, und zwar schon am 15. Oktober, Kälber gehen unbedingt im Winter ein [...] Dass ich es auch für unwaidmännisch halte und dass es ein schlechtes Vorbild gibt, Alttiere schon im Oktober und November von den Kälbern wegzuschießen, kann ich nicht unterlassen zu bemerken.«

Forstmeister Dressler, 1919.

Zudem war er der Ansicht, dass dieser Abschuss innerhalb von vier Wochen überhaupt nicht zu bewerkstelligen sei, da die wenigen Förster ja auch ihre rein forstlichen Verrichtungen zu tätigen hätten. Minckwitz vermutete, dass es hierbei wohl nicht nur um eine Reduzierung ging, sondern um die Versorgung der Bevölkerung mit ausreichend Fleisch zu Beginn des Krieges. Mit dieser Vermutung hatte er durchaus recht. Schließlich befahl der Kaiser, den Damwildbestand um die Hälfte zu reduzieren. Der Abschuss sollte bis spätestens zum 15. November 1914 beendet sein. Dies bedeutete, dass, bei einem Bestand von 3.275 Stück Damwild, 1.638 Stück geschossen werden sollten. Oberförster von Minckwitz gelang es, bis zum 1. November gerade einmal 15 Damhirsche und 52 Stück Kahlwild zu erlegen. Bis zum geforderten Stichtag gelang es den fünf Oberförstereien gerade einmal, 836 Stück zu erlegen.

Anfang November lag der zweite »Rapport« dazu vor, wie viel Damwild im Jagdjahr 1914/15 erlegt worden war. Das Ergebnis war niederschmetternd. Während von der Hofjagdverwaltung nur sechs Stück gestreckt werden konnten, gelang es dem Forstpersonal bis zum 30. Oktober 1915 immerhin, 437 Stück zu erlegen. Nach dem Abschussplan hätten es jedoch 1.789 Stück Damwild sein sollen. Damit geriet die vorgesehene Verminderung weiterhin ins Stocken. Die Gründe dafür liegen im Dunkeln und die Zielstellung wurde bis zum Ende des Krieges nicht erreicht.

Beim Rotwild sah es nicht anders aus. Von den 46 starken Hirschen, die überwiegend für den Kaiser bereitgehalten worden waren, wurde nicht ein Einziger gestreckt, von den 143 Stück, die für das Hofjagdamt zurückgehalten wurden, fielen nur zwei geringe Hirsche. Vom gesamten geplanten Rotwildabschuss in Höhe von 612 Stück wurden 1914/15 nur 549 Stück geschossen.

Wenn auch die Vermarktung des anfallenden Wildbrets zu Höchstpreisen in Friedenszeiten nicht die wichtigste Maxime war, änderte sich dies im Verlauf des Krieges. Jetzt, wo die Geldmittel und vor allem in den Städten das Fleisch knapp wurden, achtete die Ministerialforstverwaltung auf eine Vermarktung zu höchsten Gewinnen. Das hatte zur Folge, dass der städtischen Bevölkerung fast gar kein Wildfleisch mehr zukam. Der preußische Minister für Landwirtschaft, Domänen und Forsten, Freiherr von Schorlemer, wies in seiner Verfügung Nr. III 44/1916 an, mit allen Mitteln auf einen baldigen und verstärkten Abschuss von Wild hinzuarbeiten, um der Fleischknappheit entgegenzuwirken. Die Forstbehörden waren angehalten, den Gemeinden Wild zu überlassen, wenn diese sich verpflichteten, das Wildbret ohne Gewinnerzielung an die minderbemittelte Bevölkerung weiterzugeben. Sie mussten jedoch die Ware zuvor zu den festgesetzten Höchstpreisen erwerben. Der Oberförster von Groß Schönebeck von Minckwitz schrieb am 11. Februar 1917 dazu: »Die angegebenen durchschnittlichen Wildpreise des amtlichen Marktberichtes können nicht zu Grunde gelegt werden, da das Wild der Schorfheide notorisch viel schlechter ernährt und daher minderwertiger ist als das aus freier Wildbahn; es muss ferner vielfach zu der ungünstigsten Jahreszeit – alle Hirsche in oder nach der Brunft, die Alttiere im Januar, also im schlechtesten Wildbretzustande, abgeschossen werden.«

Auch wenn bereits der frühzeitige Abschuss gefordert worden war, galt in der Schorfheide grundsätzlich immer noch der Befehl des Kaisers aus dem Jahre 1898, und dieser wirkte sich jetzt ungünstig auf die Bereitstellung von Wildfleisch für die Bevölkerung aus. Im Juli 1916 legte das Hofjagdamt für die Schorfheide fest, dass an Rotwild 326 Stück, sowie an Damwild 565 Stück noch vor Beginn der Herbstfütterung abzuschießen seien. Damit wollte man der erwähnten Verfügung des Landwirtschaftsministers Rechnung tragen. Auffallend dabei war, dass alle mittleren bis starken Trophäenträger von dieser Regelung ausgenommen waren.[44]

War es den Oberförstern bis 1914 nicht zwingend vorgeschrieben, zu welchen Preisen sie das anfallende Wildbret abgaben, so änderte sich das während des Krieges. Sie waren nunmehr verpflichtet, das Wild zu den festgesetzten Höchstpreisen zu verkaufen, woran sich jedoch nicht alle hielten. Minckwitz zum Beispiel teilte im Januar 1917 mit, dass er an Holzhauer und ärmere Personen der Gemeinde Wildbret zu den alten Konditionen abgegeben habe.

Gegen eine zunehmende Kontrolle beim Wildbretverkauf wehrten sich die Oberförster heftig. Einige kauften das geschossene Wild auf und verkauften es dann selbst – mit Gewinn – an Wildhändler oder private Abnehmer. Als das Ministerium von ihnen verlangte, den Nachweis des Wildverkaufs aus dem Jahre 1913 einzureichen, meldete zum Beispiel Groß Schönebeck, dass die Unterlagen nicht mehr zur Verfügung stünden. Somit konnte keine vermutete Unregelmäßigkeit nachgewiesen werden. Das veranlasste das Ministerium zu verlangen, dass in Zukunft das Gewicht des Wildes von einem zweiten Forstbeamten zu beglaubigen sei. Minckwitz schrieb dazu: »[...] die Verwertung des Wildes ist nach m.E. meine persönliche Angelegenheit; ich übernehme es und trage ja auch den Schaden, wenn es Taxe und das Schussgeld nicht bringt oder verdorben an der Verkaufsstelle ankommt.« Ebenso dachte Forstmeister Dressler und erteilte selbstbewusst eine Absage: »Über die Verwertung des Wildes aus dem Jahre 1916 habe ich keine Unterlagen. [...] Außerdem ist die Wildvermarktung, nachdem ich meiner Verpflichtung an die Forstkasse nachgekommen bin, lediglich meine persönliche, private Angelegenheit, über welche ich auch meiner vorgesetzten Behörde Rechenschaft zu geben nicht verpflichtet bin.«

Daraufhin wurde den Oberförstern ab dem Jahr 1917 der private Wildhandel untersagt. Die Absicht des Ministers für Landwirtschaft vom Herbst 1918, den planmäßigen Abschuss an Rot- und Damwild um mindestens die Hälfte zu erhöhen, ließ sich nicht verwirklichen. Hauptsächlich sollten Mutterwild, geringe Hirsche und Spießer zum Abschuss kommen. Erstmals hätte damit wieder, und das seit fast 50 Jahren, ein tragbarer Bestand von zwei Stück Rot- oder Damwild auf 50 Hektar erreicht werden können.

Im Vergleich zu den Bestandszahlen aus dem Jahre 1914 verringerte sich der Gesamtbestand aber nur um 1.897 Stück. Das ergab für 1918 noch eine Wilddichte beim Rot- und Damwild von 11,8 Stück auf 100 Hektar. Der Gesamtbestand betrug immer noch 4.495 Stück Rot und Damwild. (S. 198) Interessant ist hier der Vergleich des Abschusses der Jahre 1914 und 1918.[45] (S. 218) Nicht nur von Minckwitz musste am 25. Februar 1919 erneut bestätigen, dass der Planabschuss nicht erreicht werden konnte und er begründete dies mit einer zu großen Beunruhigung durch Pilzsammler und schloss mit der Bemerkung: »Im Allgemeinen ist der Wildstand bedeutend vermindert worden, wohl auch zum Teil durch Unberechtigte.« Es ist durchaus davon auszugehen, dass tatsächlich ein nicht geringer Aderlass durch Wilderer erfolgte.

Am 19. August 1919 legte der neue sozialdemokratische Minister Otto Braun (1872–1955) fest, dass in den folgenden zwei bis drei Jahren der Bestand an Rot- und Damwild auf 804 Stück zu reduzieren sei. Als Ausgangspunkt nahm er die Zählung vom 1. März 1919.

Die zu erzielende Wildbretmasse war gerade in der Zeit nach dem Krieg von außerordentlicher Bedeutung. Denn nicht nur in den Städten, sondern auch in den ländlichen Gebieten herrschte große Fleischknappheit, welche die neue Regierung mit Wildbret zu mildern versuchte. Doch zuvor versuchte das Hofjagdamt den Wünschen des Kaisers zu entsprechen und die Trophäenqualität beim Rotwild zu steigern.

Oberförsterei	Rotwild	Damwild	Summe	Verträglich 2 St./50 ha	Noch zu erlegen	Zu erwarten Wild in kg
Groß Schönebeck	320	206	526	343	183	8.784
Grimnitz	469	419	888	374	514	24.672
Pechteich	254	219	473	228	245	11.760
Reiersdorf	268	197	465	309	156	7.488
Zehdenick	444	527	971	354	617	29.616
Gesamt/Stück	1.755	1.568	3.323	1.608	1.715	82.320 kg

Bestand an Rot- und Damwild nach der Zählung vom 1. März 1919.

BLUTAUFFRISCHUNG DURCH UNGARISCHES ROTWILD

»Seine Majestät der Kaiser und König haben Allergnädigst zu befehlen geruht, daß zur Verstärkung des heimischen Rotwildes, im besonderen das in der Schorfheide stehende, ungarisches Wild eingeführt werden soll. Es werden voraussichtlich Kälber sein, welche abgesondert aufgezogen und dann als Schmaltiere zu guten einheimischen Hirschen, 5 bis 6 jährigen Hirschen zu guten einheimischen Tieren zugelassen werden müssen.«[46]

So beginnt das Schreiben des Oberstjägermeisters Fürst von Pleß an den Oberforstmeister von Alvensleben vom 26. Februar 1889. Damit begann ein neues Kapitel in der langen Schorfheider Jagdgeschichte. Zwar wurden schon in früheren Jahren die Geweihe des ostpreußischen und ungarischen Rotwildes gerühmt, doch hatte bis dahin noch kein preußischer Monarch Kreuzungsversuche in der Schorfheide unternommen.

Zuerst kam es darauf an, eine geeignete Örtlichkeit zu finden, in der die Zucht durchgeführt werden konnte. Dazu sollte ein Areal von zehn bis 20 Hektar Größe, mit etwas Dickung und freier Äsung gefunden werden. Daran sollte ein circa 200 bis 300 Hektar großes Gebiet mit passenden Holzbeständen und ebenfalls möglichst guter natürlicher Äsung angrenzen.

Es war vorgesehen, dass die Kälber zunächst einige Monate in einem kleinen Gehege gefüttert und dort verbleiben sollten. Vom dritten bis etwa fünften Lebensjahr an würden die Stücke in das Vorgehege gebracht werden, in dem sich kein Damwild, sondern nur ausgesuchtes männliches Rotwild befand. Aus diesem Vorgehege sollte dann im Laufe der Zeit die weitere Schorfheide mit dem fremden, ausgewachsenen Kahlwild gespeist werden.

Dafür schlug der Fürst den Bereich um die Gemeinden Kappe und Kurtschlag vor. Für die Aufzucht empfahl Witte, ein kleines Gehege in der Nähe des Trämmer Sees zu errichten und dazu teilweise die Flächen der Jagen 160 und 161 zu nutzen. Während einer Ortsbesichtigung wurde der Vorschlag jedoch wieder verworfen, da dieser Standort von sehr viel Rotwild aufgesucht wurde, das dort gute Äsungsbedingungen vorfand. Es wurde befürchtet, dass es heimischem Rotwild gelingen könnte, in das Aufzuchtsgehege einzuwechseln.

In einer weiteren Begehung am 21. April 1889 fiel das Revier Kappe zuerst durch. Daraufhin sollten die Gehege an die Reviergrenze zu Reiersdorf verlegt werden. Aber auch dort sah man Probleme, da auf dem Döllnfließ noch Holz geflößt wurde. Die Entscheidung fiel letztlich doch für das Revier Kappe in der Oberförsterei Zehdenick. Der zuständige Oberförster von Schütz meldete am 16. November 1889, dass der Bau des Blockhauses für die Gehegeaufsicht, das Futterhaus und zwei Brunnen abgeschlossen worden sei. Mit der Aufsicht des Wildes sollte der Hilfsjäger Brandt beauftragt werden, der später in dem Blockhaus äußert spartanisch lebte.

Durch das umzäunte Gehege führten 13 Wege, davon sieben öffentliche. Diese mussten alle mit Toren versehen werden, damit das Wild nicht entweichen konnte. Dies setzte voraus, dass alle Benutzer das Tor nach Durchquerung wieder ordnungsgemäß schlossen. Angebrachte Hinweisschilder wiesen zwar darauf hin, wurden aber von der Bevölkerung konsequent ignoriert. Selbst die Verfolgung durch Forstbeamte und die Belegung mit einem Ordnungsgeld verschärften lediglich das Verhältnis zwischen Bürger und Staatsmacht. Es hieß von den Toren, sie würden »ununterbrochen böswilligerweise regelrecht nicht nur offen gelassen, sondern sogar zerbrochen werden«.

Zeitgleich liefen die Vorbereitungen für die Beschaffung des Rotwildes. Der fürstliche Oberforstmeister von Knipping aus Bückeburg teilte am 2. Dezember 1889 mit, dass zwölf männliche und neun weibliche Rotwildkälber ungarischer Herkunft für den Transport bereitstünden. Am 18. Dezember ka-

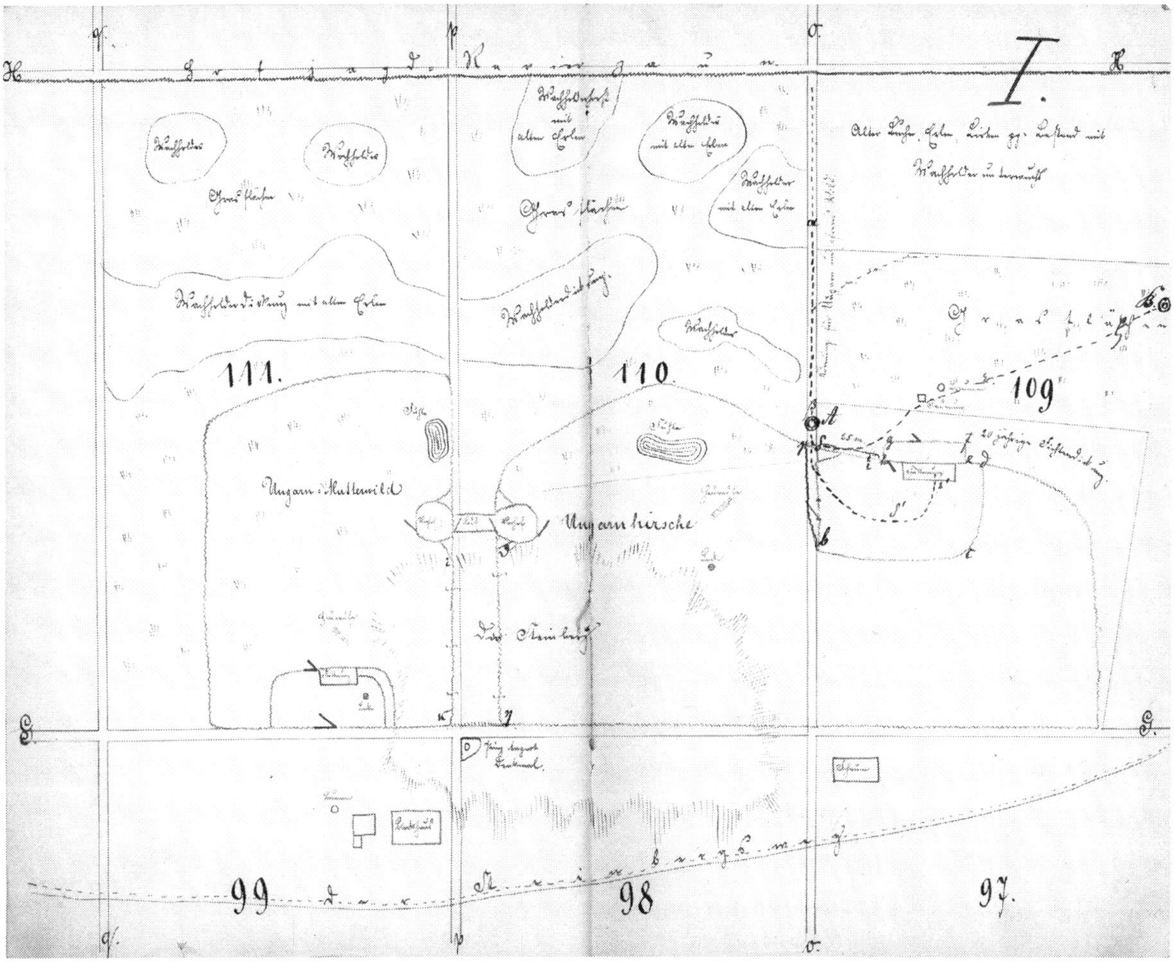

Lageplan des Wildgeheges für das Ungarnwild in der Oberförsterei Zehdenick.

men diese in 21 Kisten auf der Bahnstation Neuhaus bei Zehdenick an. Alle Kälber hatten den Transport überstanden, nur zwei Stücke zeigten Beschwerden. Eines hatte sich an einem Licht leicht verletzt. Bei einem anderen stellte sich nach einigen Tagen allgemeine Schwäche ein, es verendete am 26. Dezember ohne erkennbare Gründe. Eine sofortige Obduktion ergab innere Verletzungen an Herz und Lunge, deren Ursachen nicht geklärt werden konnten.

Als im Februar 1890 die Temperaturen auf durchschnittlich minus sechs bis minus acht Grad absanken, fingen die Kälber vor allem in der Nacht an zu klagen. Am Tage zogen sie sich nach der Fütterung sofort in die dichteste Dickung zurück und es schien, dass ihnen die starke Kälte sehr unangenehm war.

Erste Probleme zeigten sich, als der stärkste Spießer begann, anderen Artgenossen größere Mengen an Haaren aus der Decke zu beißen und die Tiere zu Menschen so vertraut wurden, dass sie begannen, hinter jedem herzulaufen. Durch dieses Verhalten kam die Befürchtung auf, dass sie später nicht mehr vollständig verwildern würden. Wegen der massiven Fütterung mit Hafer und Mais begannen die Tiere, wenig oder gar kein Raufutter in Form von Heu aufzunehmen. Erschwerend kam hinzu, dass in der Zeit vom 1. bis 4. März Kälte von bis zu minus 18 Grad über die Schorfheide hereinbrach und die Tiere augenscheinlich sehr zu leiden begannen. Oberförster von Schütz befürchtete sogar 50 Prozent Verluste, sollten die Temperaturen nur zwei bis drei Tage länger anhalten.

Mit dem Wechsel des Winterhaares zeigte sich ein weiteres Phänomen: Die Tiere blieben teilweise kurzzeitig am Haupt und Träger ohne Haar. Manche zeigten zum Teil eine schwarze Färbung des Sommerfells, also völlig anders als beim heimischen Wild. Inzwischen waren die anderen Gatter soweit fertiggestellt, dass die Überführung in das größere Halbblutgehege erfolgen konnte. Schütz schlug vor, schon jetzt zwei bis drei der Ungarnhirsche mit allen Schmaltieren zusammen in ein Gehege zu lassen und die anderen Spießer alle freizulassen. Er wollte damit Probleme in der kommenden Brunftzeit aufgrund zu vieler Hirsche vermeiden. Fürst Pleß stimmte dem Oberförster Schütz allerdings nicht zu. Vor allem bei der frühzeitigen Freilassung der Spießer befürchtete er, dass sich die Tiere nicht selbstständig ernähren könnten und dem Verderben preisgegeben würden. Der Kaiser sah dies jedoch anders und gab dem Oberförster von Schütz persönlich die Anweisung, drei Hirsche im Frühjahr 1891 bei dem Kahlwild zu belassen und die anderen freizulassen.

Im Februar 1891 begann man damit, heimisches Rotwild einzufangen. Im ersten Fang wurden sechs Rothirsche mit 15 Stücken Kahlwild in einem Gatter festgemacht. Durch weitere Fänge gelang es, insgesamt 24 Rothirsche und 27 Stück Kahlwild aus der Schorfheide im Gatter zu halten.

Um nun mit der eigentlichen Zucht beginnen zu können, war es erforderlich, die 24 heimischen Rothirsche abzuschießen. Erst dann sollten die ungarischen Hirsche in das Zuchtgatter gelassen werden.[47]

Mittlerweile zogen die Gehege immer mehr Schaulustige aus den umliegenden Orten an. Durch die Gespräche und die Geräusche, die von den Pferdefuhrwerken auf der etwa 100 Meter entfernten Straße von Kappe nach Kurtschlag ausgingen, zog das Wild vertraut und neugierig in die Nähe des Zaunes. Der Forstverwaltung blieb daraufhin nichts anderes übrig, als den Zaun, der bereits mit Wacholdergeflecht verdeckt worden war, mit Leinentüchern abzuhängen. Damit wurde das Durchäugen des Wildes und der unliebsamen Besucher gänzlich unterbunden. Mit allen Mitteln sollte eine zu große Vertrautheit der Tiere mit den Menschen verhindert werden.

Der Kaiser selbst veranlasste in Sorge um seine Hirsche im August 1891 die Begutachtung aller Tiere durch einen Tierarzt. Dieser stellte fest, dass das Rotwild sich nur in einem mittelmäßigen Zustand befand. Fast alle litten an Insektenbefall und Husten, einige an einem geschwollenen Kehlkopf. Daraufhin ordnete Kaiser Wilhelm II. sofortige Verhütungsmaßnahmen an.

Regelmäßig ließ sich der Kaiser berichten, wie es um das Ungarnwild bestellt war. Als er wieder einmal bei seiner Anwesenheit dem Oberförster von Schütz einige Befehle gab, hatte dieser Schwierigkeiten, sich gegen seine Vorgesetzten durchzusetzen. Der Kaiser wünschte unter anderem eine Anfrage nach Bückeburg, ob sich die Zufütterung von Mohrrüben bei Rotwild positiv auf die Geweihbildung auswirke, was verneint wurde. Dagegen seien die zugefütterten Zuckerrüben den Tieren gut bekommen. Sie mussten allerdings aus der Provinz Sachsen herangeschafft werden, da es in der Umgebung von Löwenberg und Zehdenick keine größeren Mengen zu kaufen gab. Pleß bemängelte die weite und teure Anfuhr der Zuckerrüben und befahl daraufhin die Fütterung mit heimischen Rüben.

Im Mai 1891 musste der Forstassessor von Heyne kurzzeitig die Aufsicht über das Ungarnwild übernehmen. Zuvor war der Aufseher Brandt entlassen worden, weil er sich unerlaubt vom Gehege entfernt hatte. Er hatte sich für etwa drei Stunden nach Zehdenick begeben und in dieser Zeit das Wild ohne Aufsicht

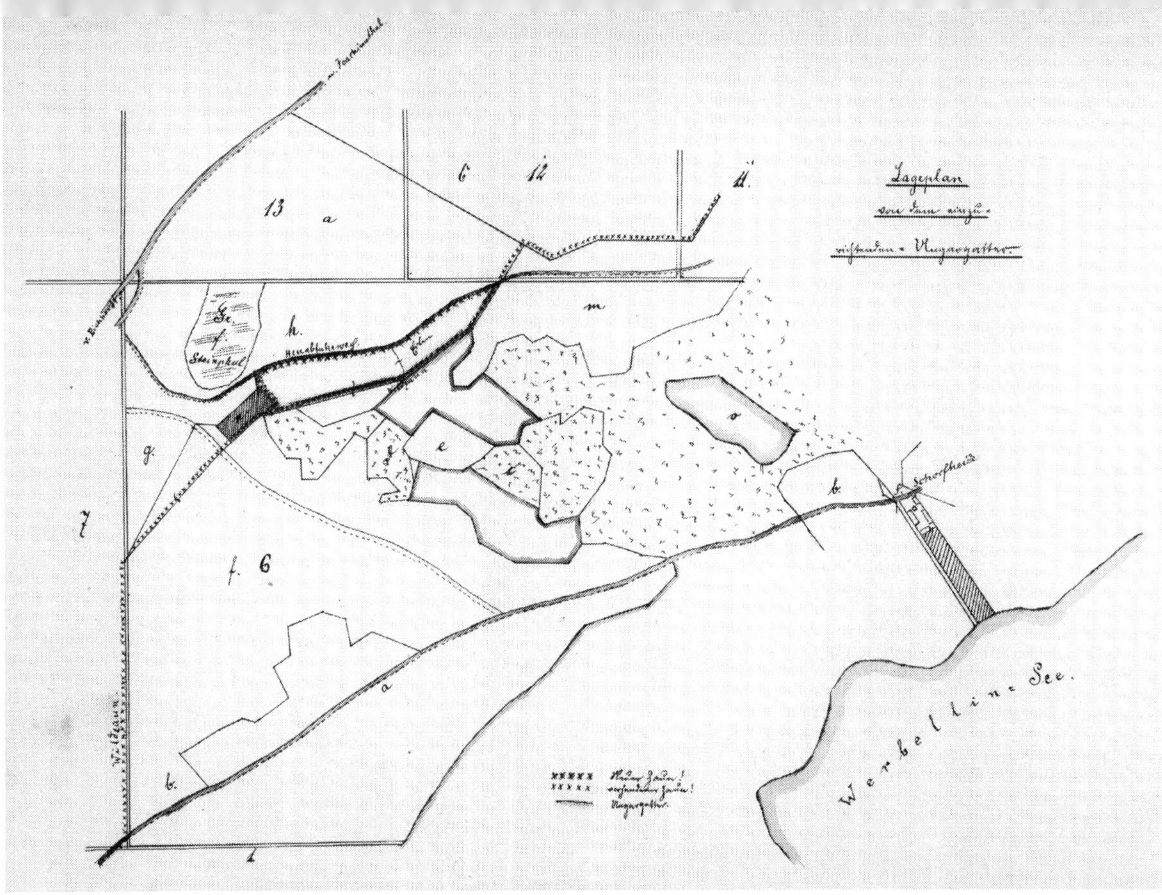

Lageplan für das Ungarwild im Jagen 6 der Oberförsterei Grimnitz.

gelassen. Nach seiner Dienstanweisung war er aber verpflichtet gewesen, sich nicht mehr als 500 Schritte von dem Gehege zu entfernen. Ob es tatsächlich die Ursache für die Entlassung war oder ob nur ein Grund gesucht worden war, ist fraglich, denn schon im September 1890 hatte Fürst Pleß in einem Brief an den Oberforstmeister von Alvensleben die Fähigkeiten des Aufsehers bemängelt und festgestellt: »[...] dem Manne fehlt das rechte Interesse zur Sache und ohnedem geht es eben nicht.« Brandt schien gesundheitliche Probleme gehabt zu haben, auf die aber zu damaliger Zeit keine Rücksicht genommen wurde. Er selbst schrieb am 3. August 1890: »Es war in der Zeit vom 9. bis 23. Juni, wo ich von einer Krankheit und zwar [...] Beschädigung der Herzspitze, überfallen wurde. Tags zuvor [...] trug ich einen etwa 25–30 Pf. mit Mais und Hafer beschwerten Sack [...]. Ich war wohl 250 Schritte gegangen, als ich ein Stechen in der linken Brust bemerkte, welches immer heftiger wurde [...]. Mit der Fütterung fertig ging ich zurück nach dem Blockhause, wo ich in Folge heftiger Schmerzen gezwungen war sofort ins Bette zu gehen.«

Erst einen Tag später fand ihn zufällig ein Waldarbeiter mit Fieber im Bett. Der herbeigeholte Arzt verabreichte ihm ein Öl zum Einreiben und setzte ihm acht Schröpfköpfe. Diese schienen ihre Wirkung wohl nicht verfehlt zu haben, denn schon für den 24. Juni wurde Brandt zu einer zehntägigen Militärübung nach Potsdam eingezogen. Wegen der Arztkosten und anderer Ausgaben bat er um die Auszahlung seines Junigehaltes, um diese begleichen zu können.

Im Juni 1891 übernahm der neue Aufseher, Wildmeister Falkenhagen, die Aufsicht und zog in das Blockhaus ein. Zu diesem Zeitpunkt waren drei ungarische Hirsche und neun weibliche Stücke in einem Zuchtgatter, während die verbliebenen sieben unga-

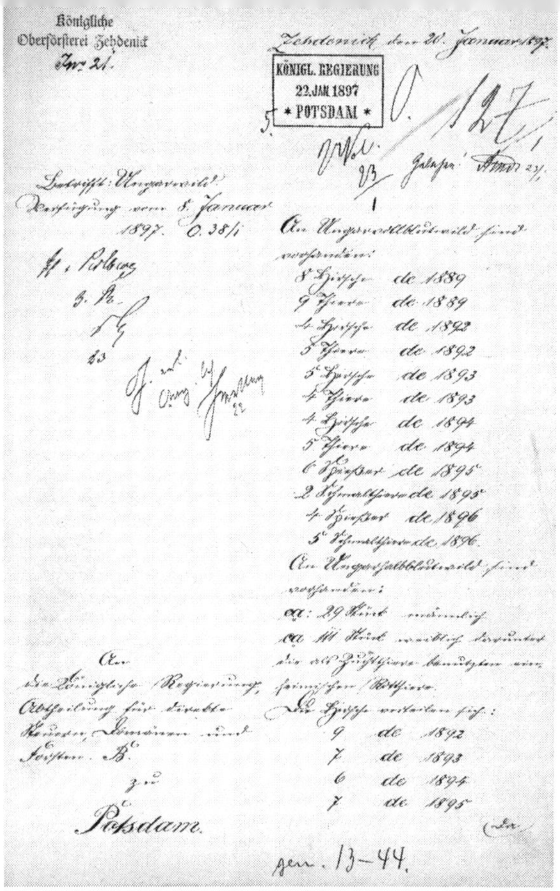
Königliche
Oberförsterei Zehdenick
Zehdenick, den 20. Januar 1897.
KÖNIGL. REGIERUNG
22.JAN.1897
* POTSDAM *
0. 127
1897. 0. 38/1
de 1889
de 1889
de 1892
de 1892
de 1893
de 1893
de 1894
de 1894
de 1895
de 1895
de 1896
de 1896
9 de 1892
7 de 1893
6 de 1894
7 de 1895
Potsdam.
gen. 13–44.

Bestandsauflistung des Ungarnwildes.

rischen Hirsche sich in dem Halbblutgatter befanden. Die Auswilderung dieser Stücke erwies sich am Anfang als problematisch, da sie beim Anblick heimischen Rotwildes sofort in das Gatter zurückflüchteten. An den Menschen waren sie so sehr gewöhnt, dass sie sich jeden Morgen bei einem bestimmten Pfiff an den Fütterungen einfanden.

Nach und nach vermischten sie sich aber doch mit dem heimischen Rotwild, sodass die Forstbeamten schließlich Schwierigkeiten hatten sie auseinanderzuhalten. Daraufhin wurde festgelegt, dass alles heimische männliche Rotwild in der Nähe des ungarischen Rotwildes abzuschießen sei, sollte doch sichergestellt werden, dass sich nur Ungarnhirsche weitervererbten.[48] Doch bevor der Abschuss getätigt werden konnte, setzte ein Ungarnhirsch über den zwei Meter hohen Drahtzaun und gelangte somit ins Freie. Jetzt wurde befürchtet, dass auch von außen Hirsche in das Gehege übersetzen könnten. Um das zu verhindern, sollte der Zaun erhöht werden. Bevor es dazu kam, war die Brunft bereits im vollen Gange und die Hirsche nicht mehr zu halten. Jene, die in das Gehege einfielen, wurden sofort abgeschossen. Ob es einzelnen von ihnen nicht doch noch gelang, ungarisches Kahlwild zu beschlagen, war nicht festzustellen.

Als Anfang November die drei Ungarnhirsche, die bei dem Kahlwild verblieben waren, in das angrenzende Halbblutgatter eindrangen, versuchten die Forstleute, diese zurückzudrängen. Dabei griffen die Hirsche den Jäger Sein de Bontemard an und forkelten ihn, was bei ihm zu schweren Verletzungen führte. Angriffe von Hirschen waren keine Seltenheit. Forstaufseher von Heyne berichtete, dass es ihm, noch vor Beginn der Brunft, nur mit energischen Peitschenhieben gelungen war, drei ihn angreifende Hirsche, abzuwehren.

Ein anderer Zwischenfall ereignete sich zur Brunft am 16. September 1892. Der Wildwärter wollte gerade wie gewohnt vom Futtergang aus das Futter reichen, als ein Hirsch versuchte, ihn durch den Maschendraht zu attackieren. Dem Hirsch gelang es sogar, die schützende Tür vom Gehege zum Futtergang aufzubrechen. Nur der Geschicklichkeit des Wärters war es zu verdanken, dass er die Tür noch zusätzlich verriegeln konnte und so den Angriffen des wütenden Hirsches entging.

Das für den Herbst vorgesehene Umsetzen eines Ungarnhirsches in die Oberförsterei Groß Schönebeck musste wegen der Angriffe der Hirsche auf jeden, der sich dem Gehege näherte, verschoben werden. Heintze reagierte darauf gereizt, denn er hatte die Aussetzung dem Kaiser schon gemeldet. Außerdem wollte er unbedingt vermeiden, dass die zwei bereits ausgesetzten weiblichen Stücke von heimischen Hirschen beschlagen wurden. Deshalb schlug er vor, sich mit großen hölzernen Schilden dem Hirsch entgegenzustellen, um ihn einfangen zu können. Das Einfangen und die Umsetzung sollten unter allen Umständen durchgeführt werden. Am 25. September konnte dann auch Witte melden, dass die Umsetzung in das Gatter im Revier Trämmersee geglückt sei.

1893 wurde das Gehege um die Jagen 110 bis 114 erweitert und zwei Vollbluthirsche mit vier Vollblutkälbern in das Halbblutgatter umgesetzt. Sie sollten später in das Hofjagdgehege auswechseln können und in der ersten Zeit von einem Forstbeamten beobachtet werden, damit sie keinen Schaden nahmen. Vor allem sollte der Förster am Morgen und am Abend die Tore kontrollieren, damit das Wild nicht durch ein unverschlossenes Tor entweichen konnte.

Im Mai 1894 wurden sechs Tiere mit drei Kälbern freigelassen, die sich stets in der Nähe der Revierförsterei Trämmersee aufhielten. Doch die Probleme hörten nicht auf. So verendete ein Hirsch, der zur Zucht weiterhin im Gehege verbleiben sollte, nachdem er immer weniger Äsung aufnahm. Ein Tier brach sich den Vorderlauf und musste erschossen werden. Ebenso konnte das ständige Einfallen von heimischen Hirschen in die Gatter nicht gänzlich unterbunden werden.[49]

Ein großes Problem stellte die geplante Verbreitung des Ungarnwildes auf die übrige Schorfheide dar. Alles freigelassene Wild sammelte sich immer wieder in den angrenzenden Revieren. Anfang Oktober 1895 besichtigte der Kaiser das Ungarngehege und befahl, alles Halbblutwild aus dem Halbblutgatter in das Hofjagdgehege freizulassen. Zuvor sollten einige Stücke eingefangen und in die Oberförsterei Grimnitz überführt werden.

Noch im selben Monat wurde entschieden, dass eine Fangkammer am südöstlichen Ende des Jagens 110 gebaut werden sollte, um 20 bis 30 Stück einfangen zu können. Das gefangene Wild sollte im dortigen Revier ausgesetzt werden. In Grimnitz hatte von Hövel dafür bereits ein Gatter im Jagen 6 errichten lassen.

Das Einfangen erwies sich als äußerst schwierig, da das Wild auf die Fangversuche unruhig reagierte. Um überhaupt zu einem Erfolg zu kommen, war die zusätzliche Aufstellung von Fangnetzen unvermeidlich. Doch der Fangversuch schlug Ende Februar 1896 fehl. Fünf Stück des einzufangenden Halbblutwildes gerieten in Panik und prallten mit solch einer Gewalt gegen die Einzäunung, dass sie sich den Träger brachen und verendeten.[50]

Von Heintze schlug vor, das Vorhaben, Halbblutwild nach Grimnitz zu überführen, fallenzulassen. Dafür sollten einige Vollbluthirschkälber gefangen und überführt werden. Im Juni gelang es wenigstens, einen Ungarnspießer aus der Nachzucht unbeschadet nach Grimnitz zu bringen.[51]

Die Zahl des im Halbblutgatter befindlichen Wildes konnte wegen der großen Scheu des Wildes nicht mehr genau gezählt werden. Geschätzt wurden 29 Hirsche und 111 weibliche Stücke.[52] (S. 199)

Im Januar 1897 befanden sich noch 61 Stück im Zehdenicker Ungarn-Vollblutgatter. Am 19. Juni 1898 berichtete der zuständige Oberförster, Forstmeister Nische, dass sich an einheimischem Rotwild im Halbblutgatter zehn ältere Hirsche über fünf Jahre, 70 geringe Hirsche drei bis fünf Jahre und 30 Spießer befanden.[53]

1898 wurden noch insgesamt 9.231,83 Mark für das Ungarnwild aufgebracht. Danach wurden alle Gatter geöffnet, damit eine zügige Vermischung mit dem heimischen Wild stattfinden konnte. Nach 1901 hörten die Aufwendungen ganz auf und das kostspielige Zuchtprogramm endete.

In der Folge wurden sie in die jährliche Abschussplanung mit einbezogen und – wie auch die heimischen Rothirsche – immer zu jung geschossen. Am 17. Februar 1902 erlegte Kaiser Wilhelm II. den letzten ungarischen Vollbluthirsch.[54] Diese zweifelhafte Blutauffrischung, die immer wieder und fast periodisch von der Jägerschaft diskutiert wurde, brachte stets nur eine kurzzeitige Verbesserung der Trophäenqualität.

1914 meldete der Oberförster von Zehdenick, dass in seinem Bereich auffallend viele entwicklungsfähige Hirsche verendet aufgefunden wurden. Da die Stücke immer erst spät entdeckt werden konnten, gelang es nur bei einem, eine Obduktion durchzuführen. Als Ergebnis konnte Tuberkulose diagnostiziert werden. Nitsche sah als Ursache eine Degeneration des heimischen Rotwildes an und schlug vor, beschlagene Alttiere aus fremden Revieren zuzuführen. Der Oberjägermeister lehnte eine solche Aktion mit der Begründung ab, dass die Gefahr eines zu starken Verlustes der hochbeschlagenen Tiere zu groß sei. Ob die vermutete Degeneration eine Spätfolge der Auffrischungszucht war, konnte mit den damaligen Methoden nicht nachgewiesen werden. Er bedauerte, dass die Blutauffrischung lediglich 25 Jahre Wirkung gezeigt habe, und war bereit, etwa 20 bis 25 »erstklassige« Tiere zu beschaffen. Das Rotwild sollte entweder wieder aus Ungarn, Ost- oder Westpreußen, möglicherweise auch aus Russland beschafft werden. Die Realisierung stellte er für den Herbst 1914 in Aussicht, was jedoch durch den Ausbruch des Krieges vereitelt wurde.[55] Damit endete der erste bekannte Versuch in der Schorfheide, die Geweihbildung durch Einkreuzung anderer Rotwildrassen zu verbessern.

Aus den Erinnerungen des Forstmeisters von Hövel geht hervor, dass nach 1900 Rotwild in Grimnitz eingefangen und zur Blutauffrischung in die Johannesburger Heide, im damaligen Ostpreußen verbracht worden war. Die dort gesetzten Kälber verzeichneten im Januar sogar ein deutlich höheres Gewicht als ältere einheimische Tiere in der Schorfheide! Ähnlich verhielt es sich mit den Hirschen, die sich dort günstiger entwickelten und auch eine bessere Geweihbildung zeigten. Doch die Ursache dieses Phänomens war nicht in den Genen zu suchen, sondern lag im Wesentlichen in der höheren Bonität der neuen Lebensstätten.

Wenn auch von Hövel eine ablehnende Meinung zur Blutauffrischung mit Ungarwild hatte, so unterbreitete er doch dem Kaiser den Vorschlag, Rotwild aus der Rominter Heide in die Schorfheide bringen zu lassen. Dazu kam es jedoch ebenfalls nicht mehr und von Hövel bezweifelte im Nachhinein, dass dies tatsächlich zu einer Verbesserung der Geweihbildung beigetragen hätte. Vielmehr war er der Auffassung, dass es nur zu einer kurzfristigen Verbesserung gekommen wäre.[56]

Dr. Hausendorff, der Nachfolger des Oberförsters von Hövel, berichtete 1946 in einem Brief an Forstmeister Frevert dagegen, dass in der Kaiserzeit Schorfheider Rotwild zur Blutauffrischung in die Rominter Heide gebracht worden sei. Ob es sich hierbei um eine Verwechselung mit der Johannisburger Heide handelt, konnte nicht geklärt werden. Leider wurden bisher keine Unterlagen über die Umstände, oder den weiteren Verbleib dieses Rotwildes gefunden. In dem Brief heißt es zu dem weiteren Schicksal des Ungarnwildes nach 1919: »Ich schlug vor, den edlen, vielendigen Schorfheidehirsch, wie er seinerzeit auch zum Besatz der Rominter Heide dorthin gebracht worden war, weiter im Gebiet der Schorfheide zu ziehen, unter Ausmerzung des Ungarnbluteinschlages, welchen man, namentlich im Forstamt Zehdenick, noch deutlich feststellen konnte. Der alte Hövel hatte für Grimnitz durch Abschuss der Ungarn noch im Zuchtgatter dafür gesorgt, dass dieser unerwünschte Blutanteil die edlen Schorfheidehirsche im Osten der Heide nicht verdarb.«[57]

Die vorhandenen Trophäen der einzelnen Entwicklungsstufen des Ungarnwildes kamen auf Initiative von Dr. Hausendorff in das Schloss Schwedt, wo sie im Frühjahr 1945 zusammen mit dem Schloss ein Raub der Flammen wurden.

DES KAISERS BEFEHLE

Kaiser Wilhelm II. machte auf der Jagd keinen Unterschied, mit wem er sprach und wem er Anweisungen gab. Es spielte für ihn keine Rolle, ob der vor ihm Stehende zur Umsetzung in der Lage war oder nicht. So erhielt 1890 der Oberförster von Zehdenick, von Schütz, die Aufgabe, gegen das Vorhaben des Landkreisausschusses vorzugehen, die Linie des Dölln-Kurtschlag-

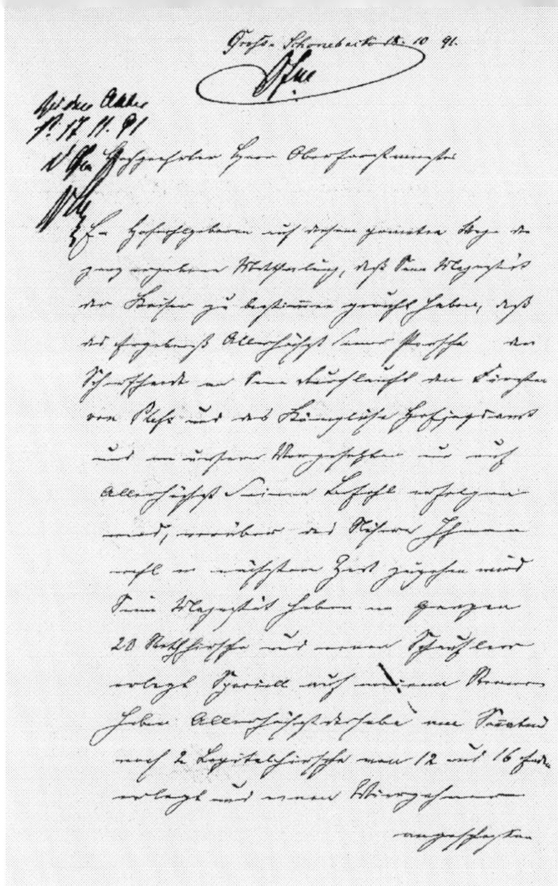

Schreiben des Forstmeisters Witte an seinen Oberforstmeister aus dem Jahre 1891. Darin teilt Witte mit, dass der Kaiser ihm aufgetragen hat, dass die Meldung seiner Abschüsse dem Fürsten Pleß und dem Hofjagdamt nur durch die Vorgesetzten der Oberförster und nur auf seinen ausdrücklichen Befehl zu melden sind.

Templiner Chausseebaus durch das Hofjagdgehege zu führen, entgegenzuwirken. In vielen Diskussionen mit den örtlichen Behörden gelang es diesem überraschenderweise tatsächlich, Einfluss auf die Ausführung zu nehmen.

Unverkennbar besaß Wilhelm II. einen gut ausgebildeten Jagdverstand. Er konnte die Zusammenhänge, die zu einem gesunden Wildstand führen, erkennen und hatte für diese Problematik ein offenes Ohr. Für Hinweise, wie »seinem« Wild Gutes getan werden konnte, vor allem, wenn es um die Verbesserung der Geweihqualität ging, war er immer offen. 1891 hielt ihm Fürst Pleß einen eingehenden Vortrag über den Zustand des Schorfheider Rotwildes. Daraufhin befahl der Kaiser, dass in den Schorfheide-Revieren Hirsche jeglichen Alters mit schlechter Veranlagung abzuschießen seien. Mit der sofortigen Umsetzung waren die zuständigen Oberförster zu beauftragen. Pleß, dem bewusst war, dass die Übertragung dieses Abnehmens allein auf die Revierverwalter eventuell bei Nachbarkollegen Jagdneid hervorrufen könnte, ermahnte denn auch: »Ich setze vielmehr voraus, dass die Herren Oberförster nicht nur ein so lebhaftes allgemeines Interesse für das Aufblühen der Wildbahn und die diesbezüglichen Allerhöchsten Wünsche, sondern auch soviel colegialisches Einvernehmen besitzen, dass jede Sonderrücksicht für das eigene Revier und alle Rivalität bei dem in Rede stehenden Abschusse als absolut ausgeschlossen angesehen werden darf, und dass also, wenn beispielsweise der eine wegen Mangels an schlechten Stücken der andere dagegen genötigt sein sollte, ein Mehr abzuschießen, darin keine Schwierigkeiten gesucht werden.«[58]

Die Oberförster hatten sich einmal wöchentlich zu treffen und sich über ihre Abschüsse auszutauschen. Weiterhin verlangte Pleß einen wöchentlichen Bericht, immer am Sonntag, der per Telegraf direkt an ihn zu gehen hatte.

Bei einer Pirsch im Februar 1896 befahl der Kaiser dem Oberförster von Grimnitz, der ihm die wirtschaftlichen Aspekte des Holztransportes mit der Bahn erläutert hatte, dass die Waldbahn bis in die Oberförsterei Reiersdorf ausgebaut werden sollte. Hövel solle alle dazu notwendigen Maßnahmen einleiten, eine Anordnung, die die Kompetenzen eines Oberförsters überschritt. Hövel setzte sofort den Landwirtschaftsminister Ernst Georg Freiherr von Hammerstein-Loxten (1827–1914) über den Befehl des Kaisers in Kenntnis, um sich von dem für ihn unausführbaren Auftrag zu entlasten.[59]

1896 stellte der Kaiser fest, dass bei den jährlichen, von ihm ins Leben gerufenen Geweihausstellungen viele Trophäen aus den staatlich verwalteten Revieren fehlten. Über den Landwirtschaftsminister von Hammerstein ließ er mitteilen: »Da diese Ausstellungen den Hauptzweck verfolgen, ein vollständiges Bild der nach Standort und klimatischen Verhältnissen so verschiedenen Wildbahnen Deutschlands zu geben, dies

Eine Pioniereinheit, die am Bau der Waldeisenbahn 1909 beteiligt war.

Ziel aber nur bei einer lebhaften Beteiligung der Staatsforstverwaltung zu erreichen vermögen, so haben Se. Majestät zu bestimmen geruht, dass fortan alljährlich aus jeder Forstinspektion […] die zwei besten Hirschgeweihe und Rehkronen zur Ausstellung gelangen.«[60]

Die erste Deutsche Geweihausstellung fand vom 27. Januar bis 10. Februar 1897 in Berlin statt. Ausgestellt wurden Trophäen von deutschen Jägern, die 1896 im In- und Ausland oder von ausländischen Jägern in deutschen Revieren erbeutet wurden. Trophäen aus »häuslicher Pflege«, also aus Wildgehegen, waren von der Ausstellung ausgeschlossen. Die Schorfheide galt, wegen ihrer Größe, zu keiner Zeit als ein Wildgehege.

Kaiser Wilhelm II. errang dort eine Medaille für einen am 5. September 1896 gestreckten 22-Ender Rothirsch. 1897 wurden prämiert: drei 14-Ender und ein 18-Ender und 1899 ein 12- und ein 14-Ender. Alle Hirsche wurden in der Schorfheide gestreckt.[61]

Die Anweisungen des Kaisers während seiner Pirschfahrten mit den Forstbeamten waren mannigfaltig und wurden nur mündlich erteilt. Deshalb erhielten die Forstbeamten von ihrem Ministerium die Weisung, diese sofort weiterzuleiten, damit es zu keinen Missverständnissen kommen könne. Auch der Oberjägermeister von Heintze bat die Oberförster, ihm Mitteilung von Befehlen zu geben, damit er unterrichtet sei, wenn ihn der Kaiser dazu ansprechen sollte.

So berichtete Oberförster Nitsche aus Zehdenick am 18. Februar 1899 an den Oberjägermeister, dass der Kaiser ihm am Tag u.a. zuvor folgende Befehle erteilt habe:

– Das Eisenbahnregiment Nr. I wurde mit der Wiederbewässerung des Havelbruchs beauftragt. Außerdem waren, wenn möglich, im Süden noch einige Ziegeleien an das Bahnnetz anzuschließen.

- Der Zaun des Ungarn-Halbblutgatters war u.a. im Norden, Nordosten und Nordwesten bis an die Havel zu setzen und die an der Havel liegenden privaten Wiesen anzukaufen.
- Es sollten die Wiesen der Gemeinden Kurtschlag, Grunewald, Hindenburg und Storkow erworben und ebenfalls dem Halbblutgatter zugelegt werden.

Schon einen Tag später setzte Nitsche den Regimentskommandeur Oberst von Schubert vom Eisenbahnregiment Nr. 1 über die Wünsche in Kenntnis.

Das Revier Dusterlake war bisher noch nicht zur Revierförsterei erhoben worden, entsprechende Bemühungen des Oberförsters an den Widerständen der Beamten im Potsdamer Ministerium gescheitert. Nach einem Jagdausflug in Zehdenick pirschte der Kaiser im Revier Dusterlake und erfreute sich des dortigen starken Rotwildes. Bei dieser Gelegenheit erfuhr er, dass der Forstaufseher Dolchow versetzt werden sollte. Umgehend erteilte er dem Oberförster von Reiersdorf den Befehl, Dusterlake zu einer Försterei zu erheben und Dolchow zum Revierförster zu ernennen. Gleichzeitig sollte, in Rücksprache mit Oberst von Schubert, geklärt werden, ob die Waldbahn zu Pirschfahrten genutzt werden könne.

Oberförster Dressler, bei dem der Kaiser einen Tag später pirschte, konnte dagegen berichten: »Der Kaiser hat bei der letzten Pirsch besonders der Verwaltung der Reviere oder Behandlung des Wildes betreffende Befehle zu erteilen nicht geruht.«

Im März 1899 legte der Kaiser fest, wo im Revier Vietmannsdorf versuchsweise Wildäcker anzulegen seien und gab dazu dem Reiersdorfer Oberförster entsprechende Befehle. Dieser legte daraufhin sofort dem Ministerium einen entsprechenden Kostenvoranschlag vor.

Kaiser Wilhelm II. schaltete sich aber nicht nur in jagdlichen, sondern auch in waldbaulichen Dingen ein. So erhielt Oberförster Dressler im September 1899 die Anweisung, dass im Suppenbruch mehr Eichen gepflanzt werden sollten. Und im Jahr darauf, dass mit den gewünschten Eichenanpflanzungen im Revier Wildfang zunächst entlang des Kaiser-Gestelles fortgefahren werden sollte. Damit wollte der Kaiser eine Unterbrechung der eintönigen Kiefernstandorte erreichen.

Der Kaiser hatte überhaupt eine Vorliebe für die Eiche. Er scheute sich nicht, wie beispielsweise 1909, erst 70-jährige Kiefernbestände zugunsten einer neuen Eichenkultur einschlagen und umwandeln zu lassen.

1901 bekam von Minckwitz die Anweisung, dort wo der Kaiser seinen 100. Hirsch in der Oberförsterei Groß Schönebeck gestreckt hatte, einen Stein mit einer entsprechenden Inschrift zu setzen und 100 Eichen anpflanzen zu lassen.

Eine zweite, zeitgleich ergangene Anweisung war freilich, wenn auch damals in ihrer Reichweite noch nicht erkennbar, viel tief greifender. Von Minckwitz sollte die begonnenen Meliorationsarbeiten in den damals als nutzlos angesehenen Brüchen in möglichst großem Umfange fortsetzen. Damit wurde die in der ersten Hälfte des 19. Jahrhunderts erst behutsam, dann jedoch immer intensiver betriebene Entwässerung der Moorflächen in der Schorfheide weitergeführt: »Majestät wünscht, dass soviel wie möglich Grasflächen und Brüche für das Wild nutzbar gemacht werden.«[62] Die langfristigen Folgen für den Wasserhaushalt der Region wirkten sich erst Jahrzehnte später aus.

Zum Ende des Jahres 1906 erhielt der Minister für Landwirtschaft, Domänen und Forsten, Victor Adolf Theophil von Podbielski (1844–1916), die Mitteilung, dass der Forstmeister von Hövel dem Kaiser Vorschläge zu einer Umgestaltung der Forstorganisation unterbreitet habe. Im Ministerium herrschte darüber große Aufregung, denn es stand einem Oberförster nicht zu, unter Umgehung seiner vorgesetzten Behörde dem Souverän irgendwelche Vorschläge zu machen. Der in der Folge mit näheren Untersuchungen dazu beauftragte Regierungs- und Forstrat Erdmann stellte indes 1908 fest, dass die Forstverwaltung einer grundsätz-

Automobil des Kaisers mit Chauffeuren kurz nach der Werksauslieferung, 12. Juni 1904.

lichen Dezentralisierung unterzogen werden sollte, und gab damit von Hövel recht. Um dieses Ziel zu erreichen, schlug er eine Verschiebung der dienstlichen Funktionen und Befugnisse innerhalb der Verwaltung vor. Dadurch sollte eine zunehmende Selbstständig- und Verantwortlichkeit der Oberforstmeister erreicht werden. Es gelang den Potsdamer Ministerialbeamten aber, das Projekt hinauszuzögern und der Kriegsbeginn legte erneut Staub auf die Reformvorschläge.

Mit der Erfindung der Automobiltechnik und deren stetiger Verfeinerung fand auch der Kaiser Gefallen an der neuen Fahrtechnik. In der Schorfheide ließ er ausgewiesene Waldwege zu »Automobilwegen« ausbauen. Auf diesen lernte er, ungestört von der Öffentlichkeit, das Autofahren. Als er im Oktober 1907 wieder zur Pirsch auf Hubertusstock weilte und der Landwirtschaftsminister, Oberlandforstmeister Wrobel und Regierungs- und Forstrat Erdmann zur Beratung eintrafen, äußerte er »seine Befriedigung und Anerkennung über die Automobilwege im hiesigen Revier«.

Kaiser Wilhelm II. befahl daraufhin den weiteren Ausbau der Waldwege in der Schorfheide. Mithilfe der Automobilwege gelang es dem Kaiser, in einem Viertel der bisherigen Zeit auf einen Hirsch zu pirschen: »Aus diesem Grund haben Seine Majestät der Kaiser besonders den weiteren Ausbau befohlen, um später wie der Allerhöchste Ausdruck lautete rasch an jeden gemeldeten Hirsch herankommen zu können.«[63]

1907 erging der Befehl, das Wegenetz so zu erweitern, dass der Kaiser mit dem Auto zu den Hauptbrunftplätzen fahren konnte. Außerdem sollten die Wege ständig gewalzt und gedüngt werden, sodass sich eine grüne Grasnarbe bilden konnte, um dem Wild zusätzliche Äsungsflächen zu bieten. Insgesamt wurden dabei bis zum Ende der Monarchie ca. 60 Kilometer Waldwege zum Befahren mit dem Auto ausgebaut.

Mehrmals benutzte der Kaiser das Auto, um vom Neuen Palais in Potsdam oder von Berlin aus in die Schorfheide zu fahren. Von Potsdam aus benötigte er dafür knapp zwei Stunden.[64] Ein großes Problem stellte das Fahren in der Dämmerung, bei Nebel oder in der Dunkelheit dar. Um dem Kaiser und seinem Chauffeur das Fahren in dieser Situation zu erleichtern und die Fahrwege erkennbarer zu machen, mussten an den Bäumen mit weißer Farbe bestrichene Platten angebracht werden. Darüber hinaus sollten zwischen den Bäumen Markierungspfähle gesetzt werden, die ebenfalls mit weißer Ölfarbe zu bestreichen waren.

Kaiser Wilhelm II. entwickelte sich im Laufe der Zeit zu einem regelrechten Autofanatiker. Bei einer Jagd in der Schorfheide teilte er den Anwesenden mit, er wünsche den weiteren Ausbau von Fahrwegen in der Schorfheide. Vor allem sollte zu jedem Brunftplatz ein Hin-, Rück- und Verbindungsweg angelegt werden, der mit dem Auto zu befahren war.

Bisher hatten die Förster die Wege mit der in der Landwirtschaft üblichen Rillenackerwalze befestigt. Diese Methode eignete sich im Zeitalter des Automobils nicht mehr. Der Kaiser gab die Anweisung, sofort eine Glattwalze anzuschaffen, wie sie im Straßenbau Anwendung fand, und damit mehrmals die Wege zu glätten.

Die Straßenbauarbeiter für die Reichsstraße 109 bei Groß Schönebeck.

Mit der gesteigerten Mobilität war es Kaiser Wilhelm II. nun möglich, rasch an jeden gewünschten Ort in der Schorfheide zu gelangen. Er erreichte von Hubertusstock aus nun auch weit entfernte Orte, die nur mit Kiefernbeständen bestockt waren und die er zuvor noch nie gesehen hatte. Um ihm diesen monotonen Anblick zu ersparen, sollten an verschiedenen Stellen Eichenheister gepflanzt werden. Das war mit hohem Aufwand verbunden, denn auf den sehr schwachen Böden mussten die jungen Eichen gedüngt und bewässert werden, um das Fortkommen zu gewährleisten.

Die von dem Oberförster Fischer vorgebrachten Bedenken, dass die befohlenen Arbeiten womöglich nicht in einem Jahr zu schaffen seien, wiegelte Kaiser Wilhelm II. mit der Bemerkung ab, er solle sehen, soviel als möglich auszuführen. Dem Ministerium gegenüber führte Oberförster Fischer an, dass etwa 40 Kilometer Wege bereits ausgebaut seien und die vom Kaiser gewünschte Erweiterung weitere 60 Kilometer ausmachen würde. Die notwendigen Kosten könne er lediglich auf etwa 5.000 Mark schätzen, da eine genaue Kostenanalyse nur nach einem genauen Studium des Wegeverlaufes angefertigt werden könnte.

Ein Jahr später, als der Kaiser im Reiersdorfer Jagen 134 pirschte und über zu lange Fußmärsche klagte, erhielt Fischer den Befehl, die Wege um dieses Jagen zum Befahren mit dem Auto herrichten zu lassen. Damit sollte sichergestellt werden, dass Wilhelm II., nach Beendigung der Pirsch, von jedem Gestellweg aus, mit dem Auto abgeholt werden konnte. Maßnahmen sollten schließlich auch auf alle anderen Förstereien und Jagen ausgedehnt werden, »dass Seine Majestät von jeder Kanzel und jedem Brunftplatz heran und abfahren könne. Ich habe S. M. gemeldet, dass sofort nach Allerhöchster Abreise im Herbst, die erforderlichen Anträge von mir gestellt werde«, so der Oberförster.[65]

Ein vom Kaiser am 9. Oktober 1903 in der Oberförsterei Reiersdorf erlegter Hirsch, der zwischen zwei Kiefern verendete und am folgenden Tag von der Kaiserin fotografiert wurde.

Selbst an allen infrage kommenden Fütterungen sollten die Wege für das Befahren mit dem Auto so ausgebaut werden, dass die Kanzeln verdeckt angegangen werden konnten. Der Kaiser fuhr mit dem Auto so nah als möglich an die Kanzel. Während das Wild sich auf das ankommende Auto konzentrierte, begab er sich unbemerkt auf seinen Stand. Auf diese Weise gelang ihm 1908 der Abschuss von vier Rothirschen in kürzester Zeit.

Durch sein stetiges persönliches Eingreifen in fast alle Bereiche der Forst- und Jagdwirtschaft gingen die Forstbeamten dazu über, zuerst die Meinung des Monarchen einzuholen, bevor sie selbst eine Entscheidung trafen. So auch bei der Namensgebung der 1908 neu gegründeten Försterstelle in der Nähe des Werbellinsees. Sie erhielt schließlich einen Namen ganz nach Wunsch des Kaisers: »Kaiserhorst«. Oberförster Dressler war nicht wenig verwundert, als ihm während einer Pirsch der Leibjäger des Kaisers einen Zettel mit Anweisungen übergab. Diesem war zu entnehmen, dass Majestät einen Gnadenbeweis für den Hegemeister Hücker in Form der Überreichung von ein Paar Manschettenknöpfen und die Beförderung des Försters Pysall zum Hegemeister wünsche. Dressler schrieb: »Ein Befehl für mich zur Weitergabe war nicht vorhanden. Auf welchen Instanzenweg solche Allerhöchste Order zur Ausführung gelangen, ist mir nicht bekannt. Da mir jetzt aber diese Willensbekundung bekannt ist, so beantrage ich die Beförderung des Försters Pysall zum Hegemeister.«

1911 erhielt der Oberforstmeister von dem Bussche den Befehl des Kaisers, dass für alle fünf Oberförstereien der Schorfheide ein genereller Kultur- und Wegebauplan zu erstellen sei. Dieser solle für die kommenden fünf bis zehn Jahre erarbeitet und dem Kaiser vorgelegt werden.

Seinen wohl letzten Befehl vor Ausbruch des Krieges erteilte Kaiser Wilhelm II. in Reiersdorf Anfang Oktober 1913. Auf der Jagd bemerkte er, dass in diesem Jahr besonders ältere Hirsche wenig Enden und häufig gar keine Eissprosse ausgebildet hatten. Dies bereitete ihm Sorgen, denn er war durch die endenreichen Geweihbildungen der Rominter Hirsche verwöhnt und hoffte, auch in der Schorfheide solche heranzüchten zu können. Deshalb sollten weitere Kreuzungsversuche mit Rotwild unternommen werden. Der Ausbruch des Ersten Weltkriegs verhinderte dies und seine Hoffnung blieb; ebenso alle späteren Versuche seiner jagdlichen Nachfolger.

Während des Krieges weilte der Kaiser nicht mehr in der Schorfheide, jedenfalls lassen sich eine Jagdausübung oder gegebene Befehle von »Höchst demselben« nicht mehr nachweisen. Als letzter der Schorfheider Oberförster meldete von Hövel am 10. Oktober 1918, »Fehlanzeige«, dass nämlich keine Befehle »Seiner Majestät« erteilt worden seien.[66]

Wenn es auch den Forstbeamten nicht immer angenehm war, ihren Vorgesetzten die Befehle des Kaisers weiterzuleiten, so taten sie es doch gern und mit einem gewissen Gefühl des Stolzes, denn dadurch nahmen sie eine Sonderstellung ein. Keine Oberförster kamen »Seiner Majestät« so nahe und keine genossen sein Vertrauen mehr als die Förster der Schorfheide und der Rominter Heide.

Keiner der oberen Hofchargen wagte es, die von den Subalternbeamten übermittelten Anweisungen anzuzweifeln oder womöglich noch bei Hofe um eine Rückbestätigung zu bitten. Letztendlich wurde alles bedingungslos, wenn auch nicht immer umgehend, ausgeführt.

Noch zu Beginn der Regierungszeit Kaiser Wilhelm II. hatte so gut wie keiner der Förster ein eigenes Fernglas. Einerseits waren die Gläser sehr teuer, andererseits war das sichere Bestätigen und Ansprechen reifer Hirsche unter seinem Großvater noch nicht üblich gewesen. Unter Kaiser Wilhelm II. wurden das Glas und das Beobachten des Wildes zur Pflicht. Verdiente Forstbeamte bekamen ein Glas als Auszeichnung. 1898 übergab der Monarch den Förstern Regling vom Revier Schorfheide und Pysall vom Revier Eichheide je ein Fernglas. Die Bedingung lautete dazu, dass die Gläser auf den betreffenden Förstereien verbleiben und dem jeweiligen Nachfolger übergeben werden sollten. Eine Inschrift lautete zum Beispiel: »Wilhelm II. deutscher Kaiser und König von Preußen, der Oberförsterei Grimnitz, Belauf Schorfheide z. H. des Förster Regling, September 1898«.[67] Regling hatte den Kaiser auf den 1.000. Hirsch geführt.

Ein Nachkomme der Försterdynastie Regling war es auch, der den ersten Hirsch von 22 Enden in der Schorfheide 1902 bestätigte. Der Hirsch, der sehr heimlich war und auf jede Bewegung mit Flucht reagierte, konnte nur durch besondere Vorkehrungen der Förster schließlich vom Kaiser erlegt werden. Er hatte eine Auslage von 83 Zentimeter, eine Stangenlänge von je 97 Zentimeter, einen Rosenumfang von 22 Zentimeter und es schien, dass er zu jung geschossen worden war.[68]

Andere verdienstvolle Beamte, wie die Förster Gaßmann vom Revier Hüttendorf, Hücker von Wildfang, Knobel von Kölln und Mogwitz von Eichhorst erhielten 1898 einen Hirschfänger mit einer entsprechenden Gravur auf der Klinge überreicht. Förster Rauch von der Försterei Spring erhielt ein Geldgeschenk in Höhe von 300 Mark.[69] Das waren Anerkennungen nicht nur von einem materiellen, sondern auch enormen ideellen Wert.

So sehr sich der Kaiser für die Forst- und Jagdwirtschaft interessierte, so sehr war er auch von Neuerungen auf diesen Gebieten angetan. Kein Monarch vor ihm zeigte ein derartiges Interesse an Neuerungen der Naturwissenschaft und Technik. Mit dem berühmten Pionier der Funktechnik Robert Slaby traf er sich oft zu Spaziergängen in der Schorfheide. In mehreren Vorträgen trug Slaby ihm die Entwicklung der modernen Nachrichtenübermittlung vor.[70]

Wilhelm II. nutzte seine Aufenthalte in der Schorfheide ebenso für politische Gespräche und Entscheidungen. So wurde mit Admiral von Tirpitz der Flottenbau diskutiert und die entsprechenden Befehle dazu erteilt. 1900 unterzeichnete der Kaiser in Hubertusstock den »Freundschaftsvertrag« mit der Samoa-Inselgruppe, die damit eine Kolonie des Deutschen Reiches wurde.

WALDWIRTSCHAFT MITHILFE DER EISENBAHN

Bis zum Jahr 1884 wurde der gesamte Holztransport aus der Schorfheide mit Pferdegespannen bewältigt. Anschließend wurde das Holz entweder über das Döllnfließ geflößt oder über den Werbellinsee weitertransportiert. Im Jahre 1883 schrieb der pensionierte Landrat Schubarth an den preußischen Oberlandforstmeister einen Brief, den dieser an den Minister weiterreichte. Darin wurde unter der Devise: »Billiger produzieren ist ein vorzügliches Mittel, der überseeischen Konkurrenz« zu begegnen, vorgeschlagen, den Holzabtransport mit der Spalding'schen Feldeisenbahn versuchsweise zunächst in einer Oberförsterei vornehmen zu lassen.

Nachdem eine Reihe von Oberförstereien keinen Bedarf anmeldeten, blieben nur noch Eberswalde und Grimnitz zur Auswahl übrig. Die Fachabteilung in Potsdam schlug daraufhin vor, einen solchen Versuch in der Oberförsterei Grimnitz durchzuführen, da dort zurzeit Holzeinschläge getätigt wurden und im Jagen 37 ein größerer Einschlag bevorstand. Am 24. August 1883 teilte die Regierung in Potsdam der Firma Spalding mit, dass ihr dort für Versuchszwecke eine Fläche zur Verfügung gestellt werde. Die Mittel zur Errichtung einer Pferdefeldeisenbahn musste die Firma auf eigene Kosten im Revier Grimnitz in den Jagen 26a bis 37a tragen. Daraufhin wurden sämtliche Materialien, die zum Bau der Waldbahn notwendig waren, mit Schiffen über den Finow- und Werbellinkanal herangeschafft. Schon im Mai 1884 begann der erste Fahrversuch. Die Kostenrechnung ergab, dass pro Tag 60 Festmeter Holz zu einem Preis von 0,76 Mark pro Meter transportiert werden konnten. Die gleiche Menge kostete, in herkömmlicher Transportweise, 1,80 Mark pro Meter.

Von Hövel berichtete, dass damit die aus dem Jagen 37 zu transportierenden 3.800 und weitere 3.100 Festmeter Holz aus dem Jagen 26 zu einem vorteilhafteren Preis abgefahren werden könnten. Dafür würden sich keine Fuhrleute finden, die unter diesem Preis arbeiten würden. Nach seinen Angaben waren bei der Holzabfuhr unter Benutzung der Waldbahn Ersparnisse in Höhe von insgesamt 16.052 Mark zu erwarten.[71] Für damalige Verhältnisse bedeutete dies ein enormes Einsparungspotenzial. Mit der Waldbahn wurden aus dem Revier Grimnitz im Laufe der Jahre 1885/86 20.284 Festmeter abtransportiert.

Der Transport der Stämme auf der Schiene war damals so neuartig und unbekannt, dass die Forstakademie Eberswalde am 18. März 1885 zu einer Tagung einlud. Direktor Dankelmann bat nicht nur Vertreter der Forstwirtschaft aus allen deutschen Landesteilen nach Eberswalde, sondern sogar die des böhmischen Forstvereins. Bisher hatte der Holztransport enorme finanzielle Mittel erfordert, um ein ausgedehntes Waldwegenetz zu unterhalten. Dazu kamen kostspielige Fuhrwerke, die angemietet werden mussten. Delegationen aus Russland, Sachsen, Österreich, Württemberg und anderen Ländern trafen sich im damals berühmtesten Zentrum der Waldlehre und Waldforschung. Sechs verschiedene Firmen mit ihren patentierten, transportablen Waldeisenbahnen stellten im Forstlehrrevier ihre Technik vor. Die Unternehmen betonten ihre Zufriedenheit darüber, dass ihnen hier erstmals Gelegenheit geboten worden sei, die Anforderungen an eine Waldeisenbahn kennenzulernen.

Das Gleissystem der Firma Spalding aus Pommern besaß bei dieser Präsentation einen erheblichen Vorteil: Es fand in der Schorfheide bereits praktische Anwendung. Im Steckteilsystem konnten Fertigteilgleise von je zwei Metern Länge aneinander verlegt werden. Ein Stück hatte ein Gewicht von etwa 34 Kilogramm. In der Oberförsterei Grimnitz befanden sich damals ein Hauptgleis von sechs Kilometern und sogenannte fliegende Gleise von neun Kilometern Gleislänge. Sie konnten je nach Bedarf wieder aufgenommen und an anderer Stelle neu verlegt werden. Extra vorbereitete Bahndämme waren vorerst nicht erforderlich und wurden erst mit dem Einsatz von Lokomotiven notwendig.

Die Transportwagen waren zu der damaligen Zeit schon mit Gummibuchsen gefedert und hatten zweiflanschige Räder. Bei den Wagen für Langholz flossen Verbesserungen des Oberförsters von Hövel ein, der die Auflage für den Holzstamm höher verlegen ließ. Damit war die Last besser verteilt und die Wagen erhielten eine höhere Tragfähigkeit von bis zu drei Tonnen.

Der Abtransport geschah in Zuglängen von etwa zehn Wagen, die von zwei Pferden bis zur Ablage am Werbellinsee gezogen werden mussten. Die trans-

Transportwagen für Holz der 1882 in Betrieb genommenen Waldeisenbahn.

portierte Holzmenge betrug pro Zuglänge 30 bis 40 Raummeter, eine beachtliche Leistung für damalige Verhältnisse. Bereits nach 6.000 Raummetern transportierten Holzes war die Bahn rentabel.

Alle Anwesenden kamen zu der Überzeugung, dass die transportablen Waldbahnen die Waldnutzung erheblich vereinfachten und verbilligten. Zudem könnten sie für viele andere Aufgaben eingesetzt werden – selbst für Kriegszwecke.[72] Dieses Ergebnis überzeugte die Regierungsvertreter und der Ausbau des Waldeisenbahnnetzes wurde beschlossen. Die Realisierung erfolgte in den Jahren 1897/98 in den Revieren Groß Schönebeck, Reiersdorf und Zehdenick.

1905 begannen die Grundstücksankäufe, um eine Bahnverbindung quer durch die Schorfheide bis an die Havel schaffen zu können. Aufgrund dessen wurde 1909 in der Nähe der Försterei Prötze ein zusätzliches Maschinenhaus errichtet. 1911 erfolgte der Ausbau durch die Oberförsterei Reiersdorf über Vogelsang bis zur Ablage Burgwall, ebenfalls an der Havel gelegen.

Kaiser Wilhelm II., der regen Anteil an dem Ausbau der Waldbahn nahm, befahl, das in Berlin stationierte Eisenbahnbauregiment Nr. 1 mit einzubeziehen. Die Soldaten sollten so praktische Erfahrungen sammeln, die sie ebenso im Kriegsfall gebrauchen könnten.

Das Gesamtstreckennetz erreichte bis zum Ende des Ersten Weltkriegs eine Länge von 75 Kilometern. Dazu waren große Mengen von Holz für das Schwellenmaterial und den Bau von Loren nötig, die direkt aus dem Wald gewonnen werden konnten. Zu diesem Zweck wurde am Werbellinsee 1906 ein Sägewerk errichtet und 1907 in Betrieb genommen. Der Kaiser hatte bestimmt, dass dieses Sägewerk an keinen privaten Betreiber verpachtet werden durfte. Es war das erste staatliche Sägewerk in Preußen. In den ersten Jahren wurden hier überwiegend Schwellen für den Gleisbau und Bohlen für die Loren geschnitten. Später produzierte das Werk sämtliche Holzsortimente, die für den Um- und Ausbau forsteigener Gebäude und der Jagdeinrichtungen benötigt wurden.

Im Jahre 1904 wurde zur Gewinnung von Kies, Erde und Steinen in dem Hofjagdgebiet ein Steinbruch angelegt. Er befand sich in der Endmoräne der Abteilung 104a der Oberförsterei Grimnitz, wobei dort Material für den Bahnausbau, zum Ausbau der Holzabfuhrwege und der öffentlichen Straßen gewonnen werden sollte. Dieser Steinbruch wurde 1917 stillgelegt, musste jedoch zur Bekämpfung der hohen Arbeitslosigkeit nach dem Ersten Weltkrieg 1920 wieder eröffnet werden. Er bildete neben dem Holztransport eine weitere Einnahmequelle für die Forstwirtschaft.

Pläne für eine Waldbahn in der Oberförsterei Chorin bestanden seit dem Jahr 1889. Sie sollte überwiegend zum Transport von Steinen aus einem Steinbruch bis zum Werbellinsee dienen. 1891 wurde der Antrag erstmals abgelehnt. 1897 gelang es dem Steinhändler Marschner, das Projekt privat umzusetzen. Die Forstverwaltung erhielt die Genehmigung, die Bahn unentgeltlich für ihre Zwecke zu nutzen und nach Beendigung der privaten Nutzung zu übernehmen.[73]

Ebenfalls auf eine Initiative des Kaisers gehen die 1904/05 gemachten Versuche zurück, Spiritusmotorlokomotiven anstelle der Pferde einzuführen. Die Leistungskraft der Lokomotiven erwies sich als effizienter. Der Pferdebetrieb wurde nach und nach abgeschafft und der Unterbau sowie das Gleisnetz verstärkt. Doch für den weiteren Ausbau des Streckennetzes waren die Spirituslokomotiven zu schwach und in der Folge wurde der Einsatz von sieben Steinkohlenlokomotiven beschlossen. Der 1919 geplante Ausbau bis nach Groß Schönebeck zum Sägewerk der Firma Becker, der der damals äußerst hohen Arbeitslosigkeit entgegenwirken sollte, kam nicht zur Ausführung.[74]

Die Einsparungen durch die Nutzung der Waldbahn erbrachten für den preußischen Staat trotz der Erschwernisse in den letzten Kriegsjahren 856.908 Reichsmark. Wenn auch der betriebswirtschaftliche Gewinn im Jahr 1919 noch 719 Reichsmark betrug, war eine Weiterführung bis zur wirtschaftlichen Erholung Preußens nicht mehr möglich. Zu sehr lasteten die Folgen des Versailler Friedensvertrages auf dem preußischen Staat.

Umso mehr bemühte sich die Forstverwaltung darum, ein zwei Kilometer langes Anschlussgleis bis zum Bahnhof Werbellinsee (Kaiser-Bahnhof) zu legen. Ziel war es, während der sich immer mehr verschlechternden Wirtschaftslage das Holz über diesen Bahnhof kostengünstig weitertransportieren zu können und damit dem staatseigenen Sägewerk und der Waldbahn das Überleben zu ermöglichen.[75] Doch die Verhandlungen mit der Reichsbahn zogen sich über Jahre hin. Erst 1925 erfolgte die Zustimmung. Durch die Wirtschaftskrise und den Mangel an Steinkohle wurde die Bahn zunehmend geschwächt, obwohl bis 1926 immer noch mit Gewinn gearbeitet werden konnte. Aufgrund des Kohlemangels sollte 1926 eine Elektrolokomotive angeschafft werden, was aber ebenfalls aus Kostengründen gestrichen werden musste.

Verdienten im August 1923 der Nachtwächter des Sägewerkes 34.200 Mark und ein Facharbeiter 65.800 Mark monatlich, so stieg der Lohn bereits im September für den Nachtwächter auf 5.600.000 Mark, für den Facharbeiter auf 10.780.000 Mark. Das Geld war allerdings schon bei Erhalt jeweils nur noch halb soviel wert. Die Inflation war überall spürbar.

Im Bestand der Waldbahn befanden sich 1923 noch drei Lokomotiven, 124 hölzerne Wagen, 100 Kastenkippwagen, 40 Feldwagen sowie 365 verschiedene andere Artikel.[76] Das Streckennetz bestand 1924 aus 76.744 Metern Waldbahnschienen. Davon wurden noch 52.744 Meter genutzt. Zu dieser Zeit begann in der Oberförsterei Groß Schönebeck schon der Rückbau, was das Ende der Waldbahn einläutete. 1927 wurde die Stilllegung und Demontage der Waldbahn beschlossen. Damit war der Verlust von circa 200 Arbeitsplätzen verbunden. Heute erinnert nur noch der teilweise mit Bäumen bewachsene Bahndamm an die Zeiten der Bahn.

DIE AUSROTTUNG DER BEUTEGREIFER

Unter dem Vorwand »Zum Schutze der Jagd und zur Pflege der Jagd« wurde seit 1835 den Forstbeamten die Auflage erteilt, konsequent alle Beutegreifer kurzzuhalten, wenn nicht sogar zu versuchen, wie beim Fuchs, diese auszurotten. Es hieß dazu, es sei notwendig, »daß der Vertilgung der Füchse, der Marder, Iltisse, Wiesel und den schädlichen Raubvögeln allen Fleiß und Eifer gewidmet wird. In den Jagdgebieten, wo Ihre Hoheiten die Königlichen Prinzen zu jagen pflegen, und in deren Nähe, sind daher die Füchse durch das Graben, das Fangen in Eisen und durch den Abschuß auf der Schießhütte möglichst auszurotten [...].«[77]

Der Finanzminister versprach, Forstbeamten, die sich in der Bejagung dieser Wildarten besonders hervortaten, am Ende des Jagdjahres zu belohnen. Beim Fischotter, Reiher und Kormoran waren es die Fischer, die nicht müde wurden, deren existenzbedrohende Schädlichkeit öffentlich zu beklagen. Daher waren die Revierverwalter angehalten, die Konkurrenten zu »vertilgen«, wo immer sich die Möglichkeit bot. Der Staat zahlte dafür gute Prämien und sorgte so für ein zusätzliches Nebeneinkommen der Revierbeamten. 1843 wurden für einen Fuchs im Sommerfell zehn Silbergroschen, mit Winterfell 17, für einen Adler zehn und für eine Katze noch fünf Silbergroschen Prämie gezahlt.[78] 1880 schrieb der Landwirtschaftsminister: »Mit Rücksicht auf den Schaden, welchen die Fischotter, Reiher, und Kormorane den Fischgewässern zufügen, veranlasse ich die Königl. Regierung, auf die Verminderung dieser Tiere tunlichst Bedacht zu nehmen. Als besonders geeignete Mittel zur Vertilgung der Reiher und Kormorane sind das Abschießen auf den Horsten und die Zerstörung der Letzteren zu bezeichnen.«[79]

Daraufhin teilte von Hövel mit, dass sich in seinem Revier im Jagen 6 eine Reiherkolonie mit circa 80 Horsten befinde. Um die Ruhe gerade in den Monaten Mai und Juni, wenn sich viel Rotwild aufhielt, nicht zu stören, könne aber nicht geschossen werden. Dennoch blieb die Jagd auf die Reiher und Kormorane nicht aus. Für jedes Tier, das vor dem Monat Mai, also in der Brutzeit, erlegt werden konnte, zahlte die Regierung ab 1881 eine Prämie von 50 und ab Juni noch 25 Pfennigen.

Im Regierungsbezirk Potsdam wurden 1881 14 Fischotter, 1.435 Reiher und sechs Kormorane erlegt sowie 33 Horste zerstört. Auf die Frage, ob auch junge Tiere zu erlegen seien, antwortete das Hofjagdamt: »Ziel soll es sein, nicht allein auf die Vernichtung alter, sondern überhaupt sämtlicher Reiher« hinzuwirken.[80]

In der Schorfheide wurden Reiher überwiegend in den Oberförstereien Grimnitz und Zehdenick erlegt, von 1894 bis 1904 insgesamt 572 Stück. Aus Grimnitz wurde 1894 gemeldet, dass nur noch einige Reiherhorste vorhanden seien. Es habe sich jedoch niemand finden lassen, der die hohen Bäume besteigen könne, um die Eier aus den Nestern zu entnehmen. Daraufhin wurden die Vögel bis auf ganz wenige durch Abschuss dezimiert.[81]

Eine Zählung ergab für das Jahr 1894, dass es insgesamt 386 Reiherhorste im Regierungsbezirk gab, von denen 339 besetzt waren. In Grimnitz, wo 1881 noch 94 Stück erlegt worden waren, wurden 30 Reiherhorste mit 54 Vögeln gezählt.[82] Otter wurden ebenfalls bejagt und im Zeitraum von 1894 bis 1904 acht Stück gefangen.

In den Jahren 1891 bis 1894 wurden in den fünf Hofjagdrevieren der Schorfheide überhaupt keine Beutegreifer mehr erlegt, waren sie doch bereits sehr selten geworden. Aus Reiersdorf wurde 1893 gemeldet, dass Reiher und Fischotter kaum noch gesichtet wurden und Kormorane gar nicht mehr vorkamen.[83]

Zeitgleich setzte der Verband der deutschen Brieftauben-Liebhaber sogar mit Unterstützung des Kriegsministeriums eine Schussprämie für das Fangen und Schießen von Wanderfalken, Habichten und Sperberweibchen aus. Für jedes Paar Falkenfänge wurde eine Zusatzprämie von einer Mark gezahlt. Dazu war jedes Mittel recht. Einige Förster schickten ihre Lehrlinge in die Bäume, um die Eier und die Jungtiere aus den Nestern zu nehmen. Anschließend zerstörten sie die Horste. Im Zeitraum von 1896 bis 1902 wurden im Regierungsbezirk Potsdam 202 Baumfalken, 191 Habichte, 297 Sperber und 124 Wanderfalken erlegt. 1903 wurden 600 Mark Sonderprämie an besonders erfolgreiche Beutegreifer-Schützen ausgezahlt. Zusätzlich gab es eine Mark für jedes Paar Wanderfalkenfänge.[84]

Dennoch schien in den folgenden Jahren bei den Forstleuten allmählich ein Umdenken stattzufinden. 1913 bemühte sich zum Beispiel der Oberförster von Minckwitz bei der Regierung um Schonung des Baummarders in allen fünf Hofjagdrevieren, da »ein dringendes Bedürfnis zur Schonung des dem Aussterben nahen Baummarders vorliegt«. Obwohl dieser daraufhin offiziell nicht mehr gejagt wurde, musste von Minckwitz 1919 resümieren, »dass die weitere Schonung des Baummarders keinen Zweck mehr hat. Wie vorauszusehen, hat das Teilverbot des Fanges nur für die Staatsforsten eine wahrnehmbare Zunahme nicht erreicht; die hohen Preise des Balges reizten die durch das Verbot nicht beschränkten Fänger zu um so größerer Betätigung an. Außerdem habe ich die Beobachtung gemacht, dass genau soviel Marder als früher in für anderes Raubzeug gestellten Fallen gefangen worden sind, worüber aus erklärlichen Gründen eine Meldung unterblieb.«[85]

DAS WILDERERUNWESEN

Die Wilddieberei ist uralt und reicht in jene Zeit zurück, als versucht wurde, das Jagdrecht zu reglementieren. Mit der Verfügung vom 23. März 1786 verbot König Friedrich II. den Bauern und Bürgern kleinerer Städte, also allen, die auf dem Lande lebten, den Besitz von Gewehren. Diese Verfügung blieb noch fast 60 weitere Jahre in Kraft, obwohl in den Befreiungskriegen von 1813/14, durch die Gründung der preußischen Landwehr, jedem das Tragen von Gewehren erlaubt worden war.

Das hatte zur Folge, dass nach dem Krieg unzählige Waffen in den Privatbesitz wechselten und dadurch das Wildern mit der Waffe stark zunahm. 1843 war sich das preußische Innenministerium darüber im klaren, dass der Besitz einer Waffe durchaus geduldet werden musste, bis eine neue gesetzliche Regelung in Kraft trat. Andererseits suchte man nach Wegen, den Missbrauch zu unterbinden. Es wurde zum Beispiel in Erwägung gezogen, straffälligen Bürgern den Besitz von Waffen generell zu verbieten. Schon im Verdachtsfalle sollte diese Regelung Anwendung finden und zudem für »Wilddiebe, Schleichhändler, Trunkenbolde, entlassende Strafgefangene, unverständige junge Leute und überhaupt alle Diejenigen, in deren Händen ein Gewehr der gemeinen Sicherheit schädlich scheint«, gelten.[86]

Verantwortlich für die Umsetzung dieser Vorgabe sollten die Landkreise in Verbindung mit den Gemeinden sein. Obwohl konkrete, gesetzliche Vorgaben fehlten, gingen die Gerichte dazu über, bei Strafverfahren die Waffen einzuziehen. Beging jemand mit einer Waffe eine Straftat und wurde verurteilt, konnte sein Gewehr eingezogen und öffentlich versteigert werden. Nach Abzug aller Unkosten erhielt er den Restbetrag ausgezahlt. Dabei soll es jedoch vorgekommen sein, dass ein Strohmann des Verurteilten die Waffe ersteigerte und somit diese wieder an den Wilddieb gelangte. Und um dies zu verhindern, ging man 1854 dazu über, die Waffen nicht mehr zu versteigern, sondern den Forstbeamten zur Nutzung zu übereignen.

Wurden Hunde zur Tatausübung verwendet, sollten diese ebenso öffentlich versteigert werden. War dies nicht möglich oder fand sich kein Käufer, wurde das Tier erschossen. Doch in den meisten Fällen gab es einen Käufer, und auch hier wunderte man sich, dass der Hund in der Regel seinem »neuen Herrn« so willig folgte.

Die Situation verschärfte sich auch zwischen denen, die das Wild hegten und denen, die die landwirtschaftlichen Flächen schützen sollten. Trafen beide in dunklen Nächten aufeinander, wechselten Tage später Beschwerdebriefe die Fronten. Für die kommunale Verwaltung wie für das zuständige Ministerium war es später schwer, das Geschehene nachzuvollziehen. Zu unterschiedlich waren die Berichte, und die Wahrheit ließ sich nicht immer rekonstruieren.

Einer der grausamsten Vorfälle ereignete sich am 6. Mai 1821 in der Nähe des Finowkanals am Rande der Schorfheide. An diesem Tag, es war ein Sonntag, gingen drei Mädchen von Rehhorst nach der Gemeinde Hammer. Alle drei waren bei dem Oberjäger Palm von der Oberförsterei Liebenwalde in Stellung. Am Abend hatten sie sich mit dem Pirschjäger Blume verabredet, der sie mit einem Kahn über den Kanal setzen sollte. Er führte kein Gewehr, sondern nur einen Spazierstock mit sich.

Die Mädchen und der Jäger waren bereits auf dem Rückweg, als sie aus dem Wald Axthiebe hörten. Blume erteilte den Mädchen die Weisung, sich hinter einem Hügel zu verstecken. Er selbst wollte nach dem Rechten sehen und traf auf die Brüder Christian und Martin Klix sowie die Ehefrau des Letzteren. Sie hatten gerade sechs junge Birken gefällt, als Blume sie zur Rede stellte. Er nahm die zur Tat benutzte Axt an sich und erklärte, dass er sie zur Anzeige bringen würde. Dabei machte er den Fehler, sich umzudrehen und den Holzdieben seinen Rücken zu zeigen. Martin Klix schlich sich an ihn heran, entriss ihm die Axt und schlug mit der scharfen Seite auf den Hinterkopf des Wehrlosen ein. Im Todeskampf konnte dieser den drei Mädchen noch zurufen, wer ihn überfallen hatte.

Dadurch wurde dem Mörder klar, dass es weitere Zeugen geben musste. Er schlug noch einige Male auf den am Boden liegenden Jäger ein und verfolgte nun die fliehenden Mädchen. Zwei konnte er erreichen und schlug sie ebenfalls mit der Axt nieder. Dann erreichte er die Dritte und schlug auf sie ein, bis sie blutüberströmt und leblos am Boden liegen blieb. Die beiden zuvor niedergeschlagenen Mädchen lebten noch, konnten aber nicht fliehen, da sie von Christian Klix festgehalten wurden, bis sein Bruder zurückkehrte. Daraufhin tötete dieser eine von ihnen, während die andere verletzt fliehen konnte. Sie erreichte den Kanal, wo

Ohne Jagdpass unterwegs. Nach einer zeitgenössischen Lithografie von J. David, um 1800.

ein Lastkahn am Ufer angelegt hatte. Sie konnte sich auf dem Schiff verstecken und hörte, wie die Brüder das Ufer nach ihr absuchten. Durch die einbrechende Dunkelheit ließen die Brüder von ihrer Suche ab und gingen nach Hause. Sie waren der Auffassung, dass sie nicht mehr am Leben war.

Auf dem Schiff, auf dem sich das Mädchen versteckte, befand sich aber der Schiffsjunge, der sich, durch das Geschrei verängstigt, ebenfalls versteckt hatte. Als alles ruhig war, begab er sich an Deck und fand das verletzte Mädchen. Notdürftig versorgte er ihre Wunden und brachte sie am nächsten Morgen nach Hammer, wo sie Anzeige erstatteten. Daraufhin wurden alle drei Verbrecher verhaftet und verurteilt. Der Mörder wurde als Letzter im Amt Liebenwalde zum Tode auf dem Rad in der Nähe der Stadt hingerichtet. Die Forstbeamten nahmen dieses Verbrechen zum Anlass, eine Verschärfung der bestehenden Regelung zu fordern. Sie verlangten ein Gesetz, das sie berechtigte, schon im Falle einer Bedrohung ihre Waffe einsetzen zu können.[87] Doch soweit wollten die Verantwortlichen im Ministerium nicht gehen.

Um einen noch besseren Schutz des Kerngebietes der Schorfheide zu erreichen, entschloss sich der Staatsminister Graf zu Stolberg-Werningerode 1846 dazu, ein kleines Wachhaus im damaligen Jagen 17, heute besser bekannt unter der Bezeichnung Königslinden, errichten zu lassen. Er schrieb dazu: »In der Nähe [...] befinden sich die Grenzen mehrerer Forstschutzbezirke ... und mehrere Schutzbeamte kommen daher fast täglich sowohl bei Tage als bei Nacht in eine Gegend, wo sie bei eintretendem Unwetter, oder in Zeiten bei strenger Kälte kein Obdach finden können und keinen Ort haben, wo sie sich nach [...] mehrstündigen Patrouillen ausruhen oder sich aufhalten können, um den etwa in diese Waldgegend Vordringenden Holz- und Wilddieben aufzulauern oder ... sich [...] zu gemeinschaftlichen Nachtpatrouillen treffen können.«[88]

Dieses kleine Wachhaus geriet bald in Verruf, nicht nur, weil sich hier die Hüter des Waldes zu Umtrunk oder Kartenspiel trafen, sondern weil das Gebäude oft durch Unbekannte demoliert wurde.

Ein anderer Fall ereignete sich 1858: Der Landrat des Niederbarnimer Kreises Scharnweber beschwerte sich beim preußischen Finanzminister von Bodelschwingh über zwei Soldaten des Jägerbataillons. Ihnen wurde vorgeworfen, in der Nacht die Feldmark von Groß Schönebeck mit Schusswaffen betreten und auch geschossen zu haben. Der zuständige Oberförster Lelm berichtete dazu: »Die Ausübung der Jagd auf der hiesigen Feldmark wird auf so frevelhafte weise bewirkt, daß dadurch der Wildstand des Königlichen Forstreviers sehr leidet. Es gehen Leute hier auf die Jagd, ohne Rücksicht auf Schonzeit, welche weder einen Jagdschein besitzen, noch überhaupt die Erlaubnis dazu von den Jagdberechtigten aufzuweisen haben, und schießen in der Nacht auf das heraustretende Hochwild mit Posten, gleichwohl ob es eine Möglichkeit ist, dasselbe zu erlegen oder nicht.«[89]

Allein schon dieser Zustand veranlasste die Oberförster, ihre Revierförster und Wildhüter anzuweisen, mit allem Nachdruck das Wild am Auswechseln auf die Felder zu hindern. Die Jagdberechtigung privater Schützen zu kontrollieren war ihnen auch außerhalb des königlichen Reviers erlaubt, wenn Verdacht auf Wilderei bestand. Sie hatten als Angehörige des Militärs das Recht, mit geladener Waffe private Bereiche zu betreten und bei Verdacht auf Wilddieberei die Schusswaffe einzusetzen. Dieses Recht wurde ihnen aber von dem Landrat abgesprochen, ebenso die Verpflichtung, dem Oberförster eine namentliche Auflistung aller Jagdberechtigten übergeben zu müssen.

Eine fehlende eindeutige Rechtsprechung erschwerte in dieser Zeit die Kontrolle über die Ausübung des Jagdrechtes. Die gestärkte kommunale Selbstständigkeit nach der Revolution von 1848 ermunterte die Lokalverwaltung, die königliche Macht zu untergraben. Auch die Landräte standen aufseiten der Kommunen, was den Schutz derer Felder vor Wild betraf. So hatte der Landrat des Kreises Niederbarnim keine Bedenken, den Abschuss von weiblichem Rotwild mit Kälbern in der Schonzeit zu genehmigen. Die Jagdpächter nutzten diesen bedenklichen Freibrief und stellten selbst zwielichtige Individuen an, die in der Nacht an der Feld / Waldgrenze auf alles schossen, was austrat. Oberförster Lelm gab zu bedenken, dass der Jagdpächter von Groß Schönebeck jährlich 25 bis 30 Stück Rotwild schießen würde, das aus dem Hofjagdgebiet stammte. Als Gegenmaßnahme ließ er jede Nacht Patrouillen an der Grenze aufziehen mit der Anweisung, auch mit Schüssen das Wild zurückzuhalten. Diese Maßnahmen waren für die Forstverwaltung sehr personal- und kostenintensiv und konnten auf Dauer nicht aufrechterhalten werden.

An allen Außengrenzen der Oberförstereien Groß Schönebeck, Grimnitz und Reiersdorf mehrten sich die Klagen über Wilddieberei. Im Januar 1863

Kampf mit Wilderern. Nach einem zeitgenössischen Stich von H. Eckert.

meldete Oberförster Schmidt aus Grimnitz, dass drei Wilddiebe acht Stück Rotwild auf einmal erlegt hätten und dabei überrascht worden waren. Ebenso fanden sich im Reiersdorfer Revier zwei Stücke Wild, die bereits aufgebrochen waren.

Im Juni desselben Jahres berichtete der Oberförster von Reiersdorf, Oppermann, dass seit Beginn der Schonzeit verdächtige Schüsse und Wilddiebe seltener geworden seien. Als Grund dafür nannte er die zusätzlichen Patrouillen und den in der westlichen Seite des Reviers bis zum Döllnkrug vorhandenen »kaum des Erwähnenswerten Wildstandes«.

1863 hatten acht »Schutzbeamte« eine Fläche von 18.128 Hektar vor Wilddieben zu schützen. Davon waren 13.022 Hektar reine Waldflächen und etwa 5.106 Hektar angepachtete landwirtschaftliche Fläche. Von diesen acht Beamten waren etwa drei, »welche es mit ihren Kräften bewerkstelligen können, einen Wilddieb zu ergreifen, die übrigen aber wegen Altersschwäche und sonstigen Gebrechen sich derartigen Strapazen zu unterziehen ganz außer Stande sind«.[90]

Erst als am 1. Januar 1877 der Wilddieb Wilhelm Simon aus Dölln am Vormittag im alten Jagen 244 der Oberförsterei Groß Schönebeck erschossen wurde, ließ die Wilddieberei nach. Die Umstände seines Todes blieben im Dunkeln, denn der einzige Zeuge der Tat, der ihn begleitende Wilddieb Otto Zimmermann, gab später zu Protokoll, es seien »zwei Schüsse auf sie abgefeuert, der Simon ist im Feuer geblieben, während er selbst entflohen ist«. Zimmermann wollte aber keine weiteren Personen gesehen haben. Er wurde später zu einem Jahr Gefängnis verurteilt.[91] Da der Schrotschuss Simon von hinten traf und er dieses »Gewerbe« schon über 20 Jahre ausgeübt haben soll, ist nicht auszuschließen, dass er ein Opfer rivalisierender Wilderer geworden war.

Karte der Schorfheide mit dem Wachhaus gegen Wilddiebe im Jagen 17, um 1865.

Einen weiteren Schutz sollte die Verlegung der Försterstelle von Spring zu den Stillen Wiesen, ebenfalls am Werbellinsee, bringen. Dieses »Etablissement« konnte 1882 angekauft werden und wurde ein Jahr später dem dortigen Förster als Dienstwohnung zugewiesen. In das leere Forsthaus Spring zogen zwei Forstaufseher, um auch diesen Bereich nicht schutzlos zu lassen.[92]

Absatz fanden die Wilddiebe vor allem in den Städten, wo manch gut betuchte, bürgerliche Familie gern günstiges Wildbret kaufte. Selbst bis nach Berlin gelangte damals schon gewildertes Wild aus der Schorfheide.

1900 teilte der Oberförster von Reiersdorf Fischer erfreut mit, dass der als gefährlich und durchtrieben bekannte Wilddieb, der Jagdpächter der Golliner Feldmark, überführt werden konnte. Doch damit kam keine Ruhe in das Revier. Die Gemeinde Gollin verpachtete nunmehr die Jagd an Berliner Jäger. Fischer schrieb dazu: »Diese etwa 8 an der Zahl betreiben nun die Jagd in einer so gefährlichen und raffinierten Weise, dass die ganze Gegend voll davon ist. Nicht allein, dass sie das Glück gehabt haben, einen sehr starken Rothirsch, mehrere Rot- und Damtiere, Rehböcke, fast den letzten Hasen etc. zu erlegen, sie bringen auch durch [...] Freihalten der Bewohner etc. eine im höchsten Grade schädliche und gefährliche Erregung in die umliegenden Dörfer. Schon jetzt werden in Groß Dölln und Grunewald viele Stimmen laut, welche von der Gemeinde verlangen, dass nicht mehr an das Hofjagdamt verpachtet werde, da die Gemeinde 6 und 10 fach so hohe Pacht von Berlinern bekommen können und dann erst Leben und Verdienst in die Ortschaften kommen.«[93]

In den Dusterlaker Dickungen standen damals die stärksten Hirsche, die entweder durch den Golliner See oder über die offene Chaussee in Richtung Prenzlau wechselten. Die Golliner Pächter zogen nun ihrerseits einen Wildzaun, um das Wild nicht in das Hofjagdgehege ziehen zu lassen, geradedort, wo »massenhaft und mit Leichtigkeit« Wild auswechselte. Fischer resümierte: »Im Laufe dieses Jahres hat das Revier mindestens 15 gute Rot- und auch 15 gute Damhirsche verloren, abgesehen von Mutterwild beider Gattungen. Schleunigste Abhilfe ist daher dringend notwendig.«

Schon während der letzten beiden Kriegsjahre verstärkte sich die Wilddieberei in den Revieren erneut. Am 30. November 1918 genehmigte der Minister die Stationierung eines Jagdschutzkommandos aus den Mannschaften des Gardejäger- und Gardeschützen-Bataillons. Sie sollten in den Oberförstereien der Schorfheide zur Verstärkung des Forst- und Jagdschutzes eingesetzt werden.[94]

Nach dem Ende der Monarchie und der Auflösung des Hofjagdamtes erreichte die Wilderei einen besonderen Höhepunkt. Am 7. Juni 1919 früh um 5 Uhr hörten die Forstaufseher Pysall und Zurth in der Nähe der damaligen Försterei Klein Dölln Schüsse fallen. Sie eilten in diese Richtung und trafen auf drei Wilderer, die mit Wild gefüllte Rucksäcke trugen. Im Angesicht der nahenden Forstbeamten warfen sie sofort ihre Rucksäcke ab und flüchteten. Im Bericht darüber heißt es: »Leider war es den durch den Dauerlauf ermüdeten Beamten nicht möglich, die Wilderer zu stellen. Sie entkamen unerkannt. Die Ihnen nachgesandten Schüsse, nachdem die Aufforderung zur Niederlegung nicht befolgt war, gingen fehl.«[95]

Bei der darauffolgenden Suche konnte das Haupt eines gewilderten Kolbenhirsches von zehn Enden gefunden werden. Für ihren Mut erhielten beide Forstaufseher je 100 Mark zur Belohnung.

Doch nicht nur die unerlaubte Jagdausübung brachte Geld, sondern auch das Suchen nach abgeworfenen Geweihstangen, Schaufeln oder Rehgehörnen. Dankbare Abnehmer waren Drechsler und Messerschmiede. Eine gewöhnliche Abwurfstange mit acht bis zehn Enden hatte damals ein Gewicht von circa ein bis zwei Kilogramm. Bereits der Forstwissenschaftler Friedrich Wilhelm Leopold Pfeil stellte 1846 fest, dass für 500 Gramm Geweihgewicht sechs Silbergroschen und

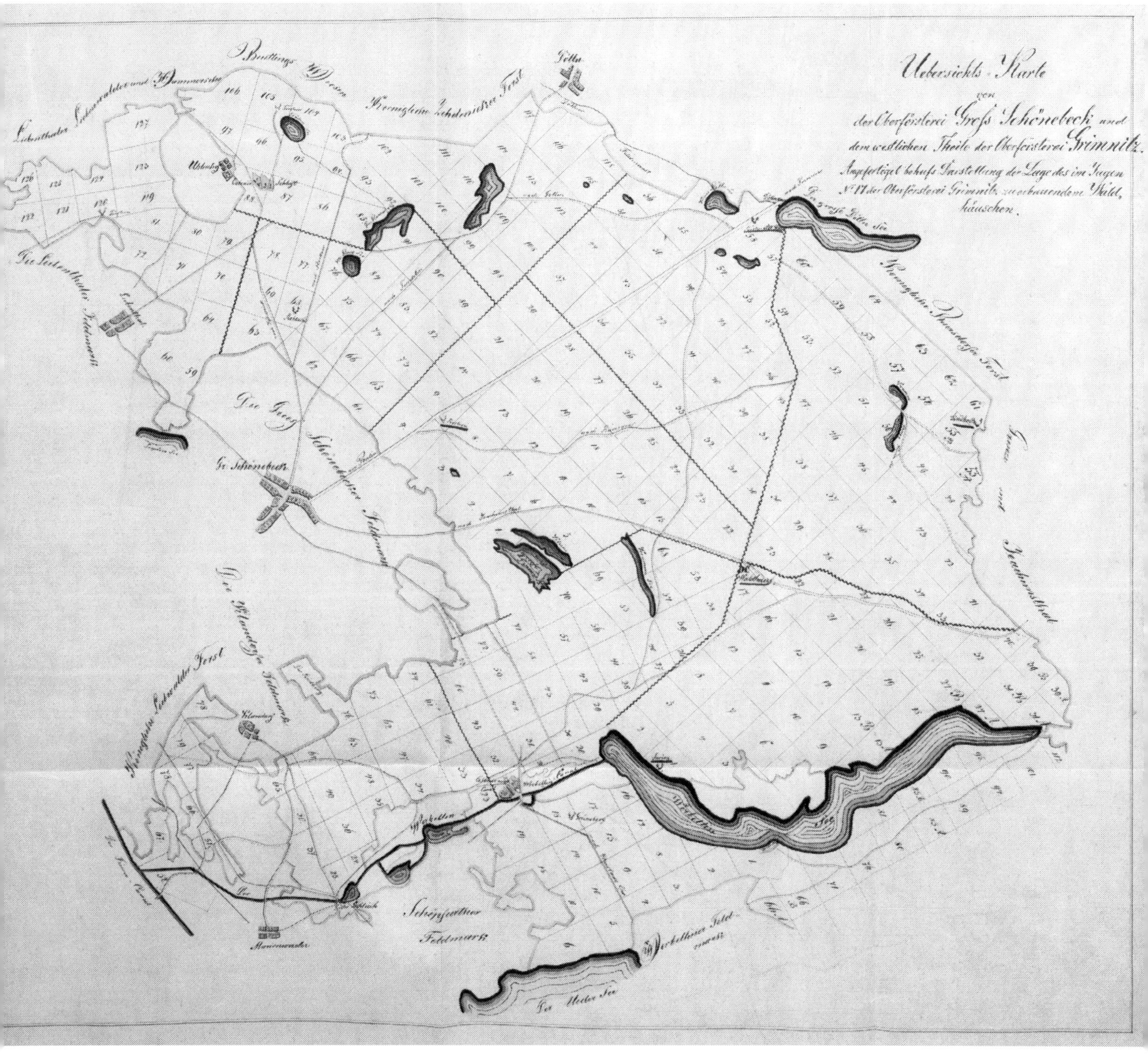
Uebersichts-Karte
von
der Oberförsterei Gross Schönebeck und
dem westlichen Theile der Oberförsterei Grimnitz.
Angefertigt behufs Darstellung der Lage des im Jagen
No 17 der Oberförsterei Grimnitz zu erbauenden Wald-
häuschen.
Gr. Schönebeck
Der Werbellin See

für ein Sechser-Rehgehörn mit guter Perlung über sieben Silbergroschen gezahlt würden. Sogenannte Passer erreichten gute Preise bei den Händlern. Die königliche Regierung empfahl daher, dass für jede abgelieferte Stange mit fünf Enden und darüber hinaus maximal sieben Silbergroschen Finderlohn von den Oberförstern ausgezahlt werden könne.

Dennoch kam es immer wieder zu verschiedenen Auffassungen und Rechtsauslegungen. Solange die gefundene Stange beim Forstbeamten abgegeben wurde, war die Welt noch in Ordnung. Aber wehe dem, der versuchte, das Stück selbst zu veräußern. 1875 entschied das preußische Oberste Gericht, dass abgeworfene Hirschgeweihe, solange sie noch von niemandem in Besitz genommen wurden, als herrenlose Sache zu betrachten seien. Und solange der Staat sich nicht das Recht zum Besitz ausdrücklich vorbehalten hatte, konnte jede Privatperson sich diese aneignen.

Die Forstverwaltung berief sich deshalb immer noch auf die Holz- und Mastordnung aus dem Jahre 1720, wonach die gefundenen Hirschgeweihe an die Forstverwaltung gegen Entschädigung abzuliefern waren. Nach 1885 wurden dann entsprechende Regelungen in die Polizeiordnungen aufgenommen, die das Suchen und Aufsammeln unter Strafe stellten.[96]

Das Wildererunwesen konnte immer nur eingedämmt, nie gänzlich unterbunden werden. Selbst in der heutigen Zeit, in der es an Lebensmitteln nicht mangelt, wird die Wilderei praktiziert.

DAS LEBEN IM WALD

DAS JAGDHAUS HUBERTUSSTOCK

Am 5. Oktober 1844, 23 Uhr, teilte Friedrich Wilhelm IV. von Schloss Sanssouci aus mit, er beabsichtige am 8. Oktober zur Jagd in die Schorfheide zu reisen. Das Nachtquartier sollte auf Schloss Groß Schönebeck bei dem Oberförster Westpfahl genommen werden. Ausdrücklich befahl der König, dass seine Reise so geheim wie nur möglich gehalten werde. Zu den Jagdvorbereitungen heißt es unter anderem, es gelte, »aber die Zäune um die Kartoffelstücke schleunigst vor der Hütte wegnehmen zu lassen, somit Sei. Maj. aus der Hütte Wild schießen kann«.[1] Zu dieser Hütte führte ein etwa 116 Meter langer und circa 1,60 Meter tiefer Graben, in dem der König ungesehen herangelangen konnte. Die Hütte war etwa 2,50 Quadratmeter groß, aus Eiche gebaut und ragte zwei Meter aus der Erde.

Die zweite Jagdhütte befand sich südlich im alten Jagen 5 der Oberförsterei Grimnitz am Pferdehirtenberg, jenem Gebiet, in dem sich das Rotwild zur Eichelmast bevorzugt aufhielt. Anlässlich der erwähnten Jagd errichtete die Hofküche in unmittelbarer Nähe der Hütte den Frühstücksplatz. Dem König muss dieser Platz, südlich des angrenzenden Jagens 4 an dem kleinen Steinpfuhl, so gefallen haben, dass er beschloss, dort ein kleines Jagdhaus errichten zu lassen. Am 6. März 1845 teilte Graf von Stolberg-Wernigerode dem Oberjägermeister mit: »[...] der König haben zu befehlen geruht, daß in der Schorfheide an derjenigen Stelle des Brunftplatzes, welche Allerhöchst dieselben in Eu: Hochwohlgeborenen Gegenwart selbst ausgesucht haben, ein Jagdhaus mit einem Stall-Gebäude erbaut werden solle, welches erstere dem Äußeren nach dem vor einigen Jahren an der Moorlake bei Potsdam errichteten Försterhause ähnlich ist.«[2]

Vorgesehen war ein einfaches, schlichtes Gebäude mit zwei Geschossen, im unteren Teil massiv, im oberen Teil aus Holz gebaut und mit einem Zinkdach versehen. In den einzelnen Räumen sollten keine gemauerten Kamine eingebaut werden, sondern kleine englische Öfen aus Gusseisen Verwendung finden. Für das Stallgebäude war ein vollständiger Bau aus Fachwerk mit Außenverkleidung vorgesehen. Das Bauholz sollte direkt aus dem Wald entnommen werden. Den ersten Anweisungen zufolge sollte mit dem Bau unmittelbar begonnen werden, wobei Störungen des Wildstandes möglichst zu vermeiden waren: »Alle Baumaterialien müssen zu Wasser auf dem Werbellinsee angefahren und auf der Ablage Klein-Spring im Jagen 1 abgeladen werden. Bei der Anfuhr sowohl als bei dem Bau darf kein unnötiger Lärm, insbesondere kein Singen, Pfeifen und Schreien stattfinden. Von jeder bei diesem Bau vorkommenden Arbeit, wobei ungewöhnlicher Lärm nicht zu vermeiden ist (z.B. dem Richten, Aufnageln der Latten), ist dem Förster Muhme zu Spring abends zuvor Nachricht zu geben.«[3]

Am 12. März 1845 berichtete von Natzmer: »Des Königs Majestät haben den Bauplatz auf der Stelle festgesetzt, wo im vorigen Jahre gefrühstückt wurde. Die Baurisse sind schon entworfen, [...]. Das Jagdhaus [...],

Ansicht von Hubertusstock, 1896.

wird 60 Fuß lang und 40 Fuß breit.«[4] Die Hauptgiebelseite sollte zum Brunftplatz ausgerichtet sein. Dazu war die Versetzung der zweiten Schießhütte notwendig. Das Nebengebäude sollte ebenfalls zwei Stockwerke enthalten, darin Räume für die Dienerschaft, Küche und einen Stall für acht Pferde. Doch wegen der Überschwemmungen in der Provinz Schlesien und den damit verbundenen Extraausgaben musste der Baubeginn immer wieder verschoben werden. Trotzdem kam der König von dieser Zeit an regelmäßig zur Jagd in die Schorfheide.

1847 sollte endlich mit dem Bau begonnen werden, doch der ausgewählte Baumeister Dallmer lehnte den Auftrag mit der Begründung ab, dass er das Leben in einer großen Stadt gewöhnt sei und man es ihm nicht zumuten könne, in der Schorfheide fast für zwei Jahre mitten im Wald nahezu als Einsiedler leben zu müssen.

Dennoch fragte Dallmer am 19. Januar 1847 nach, ob die Bauleitung bereits an einen anderen vergeben sei. Wenn nicht, würde er den Auftrag nun doch noch übernehmen wollen: »Nachträglich erst habe ich erfahren, dass die Baustelle nicht gar weit von den Städten Potsdam und Brandenburg entfernt liegt, und habe aus einem gestern von dem königl. Baurat Herrn Schadow an Herrn Bauinspektor Spalding gelangten Schreiben ersehen, daß der Bau selbst nur etwa ein Jahr dauern wird.«[5]

Der 41-jährige Dallmer, der zuvor beim Schlossbau in Breslau sein Können unter Beweis gestellt hatte, wurde so schließlich doch Bauleiter. Er konnte jedoch wegen des lang anhaltenden Winters erst im April den Bauplatz und die zu errichtenden Gebäude abstecken. Durch eine »Allerhöchste Cabinets-Order vom 14. Juli 1848« bewilligte der König den Bau seines Jagdhauses, dessen Kosten 15.913 Taler, 13 Silbergro-

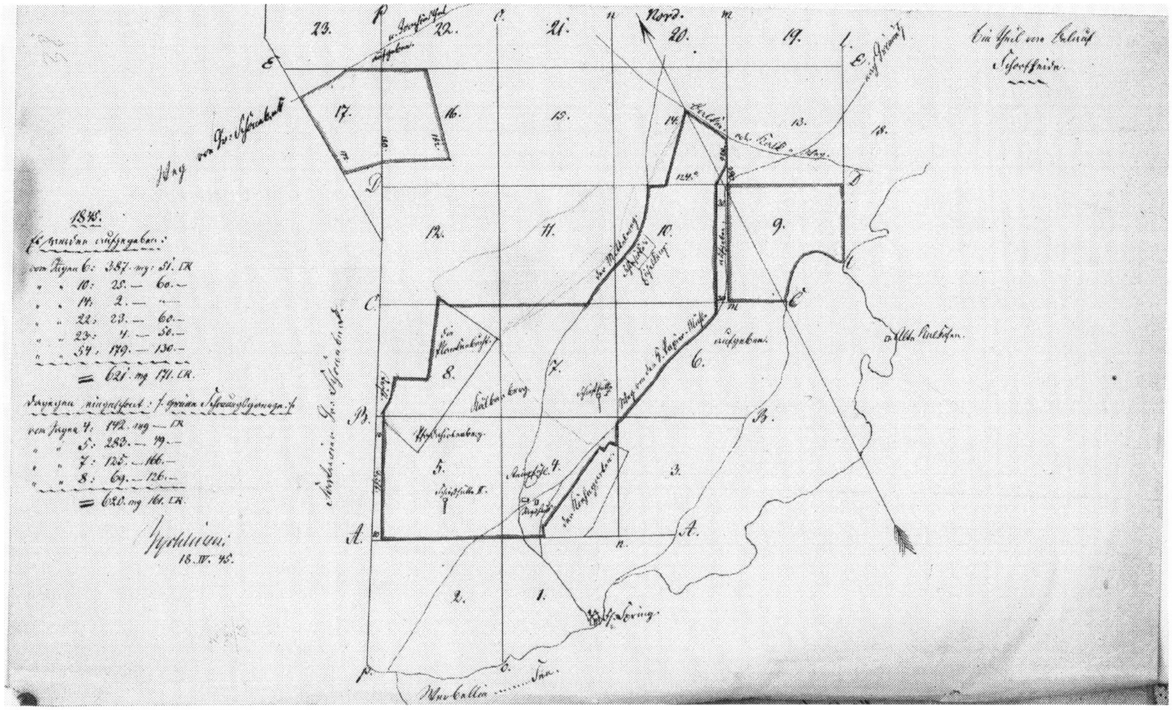

Zeichnung mit den zwei Schießhütten vor dem Bau von Hubertusstock, 1845.

schen und vier Pfennigen nicht übersteigen sollten. Durch eine Erkrankung des Baumeisters verzögerte sich die Bauausführung und vermehrte Reisekosten ließen die Gesamtkosten steigen, wenngleich nur um 49 Taler, zwei Silbergroschen und drei Pfennige.

Dallmer hatte sich am Werbellinsee eine Bauhütte errichten lassen, in der er arbeitete und während der Bauzeit wohnte. Durch die feuchte Seeluft erlitt er immer wieder Fieberanfälle, die seine Tätigkeit beeinflussten. Am 28. April 1849 war der Rohbau fertig. Um das Eindringen von Feuchtigkeit und des gefürchteten Hausschwammes zu verhindern, hatte man damals schon die Fundamente mit einem Teergemisch und die Holzbalken mit einer Salzlösung bestreichen lassen.

Schwierigkeiten gab es mit den Zimmerleuten, die nicht in der Lage waren, die Holzverzierungen richtig auszuführen, da die Vorlagen angeblich zu klein seien. Dallmer war daher gezwungen, für jede notwendige Arbeit eine Schablone in Originalgröße anzufertigen.

Der König ließ sich ständig über den Bauablauf informieren und wollte über jede Veränderung unterrichtet werden. Als der Bauplatz bestimmt werden sollte, verweigerte er seine Zustimmung zur Fällung einer alten Eiche, weshalb dieser versetzt werden musste.

Nach der Fertigstellung des Rohbaus erhielten die Dachdecker die Aufgabe, bis zum Beginn des Monats September alle Dächer mit Zinkblech einzudecken und den Bau winterfest zu machen. Hintergrund war, dass der König während der Brunftzeit jegliche Bauarbeiten verboten hatte, um das Rotwild nicht zu beunruhigen.

Im Frühjahr 1849 wurden die 21 eisernen Kaminöfen geliefert und am 15. Juni erfolgte die Übergabe des noch nicht fertiggestellten Jagdhauses an das Hofjagdamt. Als pensionierter Förster übernahm

Ansicht des Schlosses, Kastellanhauses und Wirtschaftsgebäudes, nach 1918.

Muhme von der Försterei Spring als Erster die Verwaltung des Jagdhauses. Er zog als Kastellan in das ebenso fertiggestellte Nebengebäude ein. Sein Nachfolger wurde 1854 der Forstaufseher Bast.

Der König legte persönlich fest, dass die drei südlichen Zimmer in der oberen Etage für ihn, die Zimmer auf der gegenüberliegenden Seite für die Prinzen reserviert werden sollten.[6] Mit der Möblierung des Jagdhauses sollte im Herbst 1849 begonnen werden. Die Einrichtung der Räume verzögerte sich aber bis zum Jahresende 1850. Die Gesamtkosten dafür waren mit 6.062 Talern ungewöhnlich hoch veranschlagt. Das veranlasste den König, die Summe auf 3.255 Taler zu reduzieren, indem der größte Teil der Möbel aus den Beständen verschiedener Berliner Schlösser genommen werden sollte. Die Bettgestelle und einige Tische wurden dagegen aus heimischer Kiefer in Eberswalde angefertigt.

Zur dekorativen Außengestaltung ersuchte Dallmer den Hofmarschall Graf von Keller um die Übersendung künstlicher Hirschhäupter, die mit echten Geweihen versehen innen wie außen angebracht werden sollten. Dazu wurden zuerst Geweihe angekauft, später verwendete man Exemplare aus dem Wildpark Potsdam und solche, die der König selbst in der Schorfheide erlegt hatte. Insgesamt waren es 20 Stück. Der König besichtigte das noch nicht ganz eingerichtete »Jagdhaus am Hubertusstock«, wie es zuerst hieß, vom 8. bis 10. Oktober 1850. Doch kaum war ein Jahr vergangen, zeigten sich erste Baumängel. Im Zimmer Seiner Majestät überzogen Stockflecke die Decke. Das Zinkdach und die Dachrinne waren defekt. An den hölzernen Außenwänden war der Anstrich nicht zufriedenstellend und die Kochmaschine und der Backofen wiesen Mängel auf. Der hölzerne Hirschkopf am Giebel des Hauses drohte herunterzu-

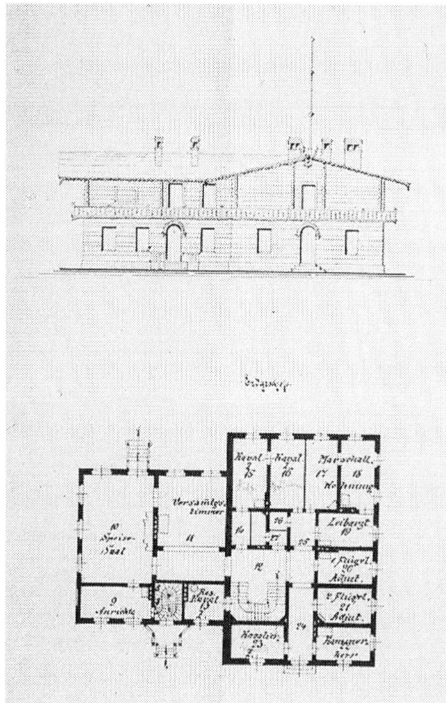

Ansicht von Hubertusstock mit der Raumaufteilung im Erdgeschoss, 1910.

fallen und sollte durch einen leichteren aus Zinkguss ersetzt werden.[7]

Gleich bei seinem ersten Aufenthalt ordnete der König an, dass der in der Nähe befindliche »Steinpfuhl« gereinigt und in einen Teich als Tränke für das Wild umgewandelt werden sollte. 1851 begannen die Arbeiten, für die der Gartenbaudirektor Lenné die Zeichnung lieferte. Während die Zeichnung bisher nicht aufgefunden werden konnte, ist der Teich heute noch zu sehen, wenn auch nicht mehr in seiner alten Schönheit. Im August 1851 entschied der König, die in der Nähe des Teiches liegende Quelle einfassen zu lassen. Diese Arbeiten plante und leitete der Oberbaurat Stüler, der auch für einen entsprechenden Überbau sorgen sollte. Die Ziegel kamen von der Firma Menzel aus Joachimsthal. Auch hier verteuerte sich die Bausumme, weil das Fundament wegen eindringenden Wassers umfangreicher gesichert und angelegt werden musste. Im Juni 1854 erhielt die Quelle die bekannte Säule mit der Figur, die seit 1945 als verschollen gilt.

Die gesamten Baukosten für das Jagdhaus und die Nebengebäude zahlte der König aus seinem eigenen Fonds. 1854 genehmigte er die Herstellung zweier Farbdrucke, einen von dem »Jagdhause am Hubertusstock« und einen, der die nähere Umgebung darstellte: »Plan der Schorfheide«. Von jedem sollten 80 Stück angefertigt werden, die der König Jagdgästen zu überreichen gedachte.[8] König Friedrich Wilhelm IV. weilte gern auf Hubertusstock; wenn er sich dort aufhielt und allein war, schrieb er fast täglich einen Brief an seine Frau, Königin Elisabeth Ludovika. Sie war eine geborene Prinzessin von Bayern (1801–1873). So auch im Oktober 1851: »Im bayr. Häuschen am Hubertus Stock, Schorfheide 8. Okt. 1851, 10 Uhr, Guten Morgen Lorchen, mein Geliebtes! Es regnet und ich kann mich nur noch nicht entschließen zum Pirschen zu fahren. Wir sind gestern in unbegreiflich kurzer Zeit hierher gelangt. [...] Gleich nach Tisch auf den Stettiner Bahnhof wo Carl schon meiner harrte und um 3 Uhr fort, in einem Stück bis Biesenthal. Von der Station mit Anton hierher, wo wir vor ½ 6 Uhr eintrafen. Es war warm aber wolkig. Ich inspizierte vor Glück den Bau über der Quelle im Grunde und [er ist] leider noch nicht bedacht. [...] Nach dem Tee las Schneider vor, daß wir fast vom Stuhl fielen. Der Hirschgesang unterbrach ihn zu weilen und lockte uns sogar hinaus, wo wir durch den prachtvollsten Mondschein überrascht wurden.«

Und am 9. Oktober weiter: »Es wird etwas heller und ich gedenke endlich zur Jagd aufzubrechen. Die anderen jagen schon seit früh Morgens [...]. Um 12 ist ein kl. Frühstück bei den Königslinden bestellt. [...] Leb wohl Geliebtes [...]. Gott segne und bewahre Dich und führe uns Morgen froh zusammen! Du mein Einzig Lieb! Ewig Dein kleiner Fritz.«[9]

Der König lebte auf Hubertusstock fast wie ein Privatmann. Die Abende wurden mit Vorlesungen oder Rezitationen ausgefüllt. Dabei las der König selbst

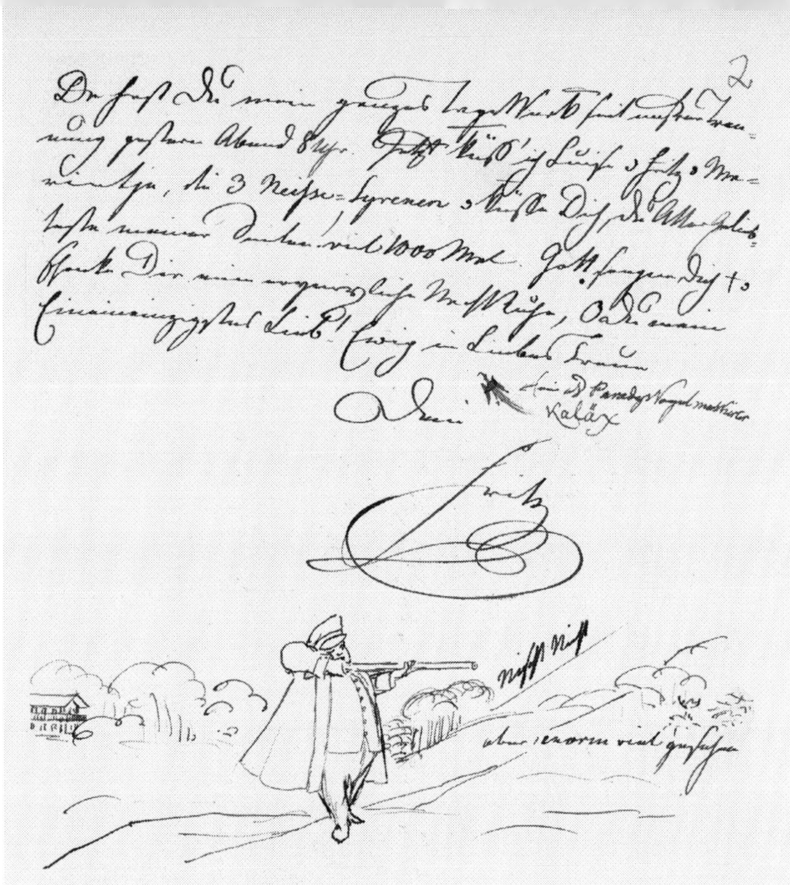

Karikatur von König Friedrich Wilhelm IV., links unten Hubertusstock, 1852.

Gedichte vor und beteiligte sich an den Vorträgen seiner Begleiter. Ein besonderes Vergnügen bereitete ihm sein Vorleser Schneider, der selbst kein Jäger war, den König aber nach Hubertusstock begleiten und an den Jagden teilnehmen musste. Über das Erlebte verfasste er Gedichte und kleinere Abhandlungen, die er später der Gesellschaft vortrug. Die Nachtruhe begann in der Regel zwischen 22 und 23 Uhr mit einem Gebet und endete etwa gegen 6 Uhr morgens.

Seine Briefe an die Königin verzierte er oft mit Karikaturen, die ihn selbst darstellten. Am 21. Oktober 1852 befand er sich wieder auf Hubertusstock und schrieb an seine Frau über die Anfahrt und seine Jagderlebnisse. Das Schreiben endet mit einer Zeichnung und der Bemerkung: »Nischt Nichts – aber enorm viel gesehen.« Der Text lautet: »Da hast Du mein ganzes Tageswerk seit unserer Trennung gestern Abend 8 Uhr. Jetzt küß ich Luise u. Fritz […] u. küße Dich, du Aller Geliebteste meiner […] viel 1000 Mal. Gott segne Dich u. schenke Dir eine vorzügliche Nachtruhe, Ade mein Einziginnigstes Lieb! Ewig in Liebestraum Dein Fritz.«

Einen kleinen Tintenklecks bezeichnete er als: »Ein als Paradiesvogel maskierter Kaläx.«[10]

Im Juli 1849 ordnete der König an, dass für den Kastellan zusätzlich ein kleiner Hof mit Wasserableitung hinter seinem Wohnhaus errichtet werden sollte. Etwas entfernter sollte ein kleiner Stall für zwei Kühe und zwei Schweine errichtet werden, damit die wirtschaftliche Selbstständigkeit des Verwalters gewährleistet werden konnte.

Als erster Gast besuchte der Herzog von Coburg-Gotha Hubertusstock und blieb mit seinen zwei Begleitern und vier Dienern sieben Tage. Dieser Besuch hatte indes ein eigenwilliges Nachspiel: Der zuständige Oberförster Schmidt hatte dem Adjutanten des Herzogs die Rechnung zugesandt, doch dieser wollte die Kosten nicht begleichen. Schmidt fragte deshalb bei seinem Oberforstmeister an, ob er seine Befugnis überschreiten würde, wenn er die Schulden anmahnen würde. Immerhin hatten die Besucher neben Kaffee, Tee, Käse, Krebsen und Fischen zwölf Kilogramm Rind-, zehn Kilogramm Kalbs-, fünf Kilogramm Hammel- und viereinhalb Kilogramm Schweinefleisch verzehrt. An Wildbret waren u.a. ein Hirschrücken, eine Hirsch-, eine Rehkeule, zwei Hasen und 14 Rebhühner verspeist worden. Auch an Trinkfreudigkeit hatten die Herren nichts zu wünschen übrig gelassen und u.a. 22 Flaschen Rotwein, zehn Flaschen Bier, drei Flaschen Rheinwein, zwei Flaschen Champagner und über einen Liter Schnaps geleert. Somit summierten sich die Kosten des Coburger Besuches auf 94 Taler und 10 Silbergroschen, die der Gastgeber übernahm.[11]

Aus Anlass des Besuches des russischen Zaren im Jahre 1868 wurde das Jagdhaus vollständig renoviert. Dennoch blieb die Raumnot bestehen. 1873 gingen die Missstände soweit, dass Kaiser Wilhelm I. darauf drängte, ein weiteres Nebengebäude zu errichten, und bereit war, 4.000 Mark aus seiner eigenen Tasche beizusteuern. Noch im Sommer entstand dann ein weiteres Wohn- und Stallgebäude.[12]

1876 meldete der Kronprinz und spätere Kaiser Friedrich III. seinen Besuch an. Kastellan Fratsche stellte nun fest, dass das vorhandene Bettgestell für den hohen Herrn nur 0,73 Meter breit war und bei der kräftigen Statur des Thronfolgers zu befürchten war, dass dieser aus dem Bett fallen könnte. Er teile seine Besorgnis dem Hofrat Wedding in Berlin mit und erhielt die Antwort, er möge aus Kostengründen das vorhandene Bett beim örtlichen Schmied vergrößern lassen. Fratsche musste jedoch melden, dass es weitaus günstiger war, ein neues Bettgestell zu erwerben, als das alte umbauen zu lassen. Daraufhin wurde in Berlin ein neues angeschafft und nach Hubertusstock geliefert. Ob es die vom Kastellan gewünschte Mindestbreite von »3 Fuß 4 Zoll« einhielt und wie der Kronprinz darin schlief, ist nicht überliefert.[13]

An Kunstgegenständen befanden sich auf Hubertusstock unter anderem ein Gemälde des heiligen Hubertus sowie ein Kupferstich, die Einweihung eines Denkmals in dem Lehniner Forstrevier darstellend, weiterhin »Der Melonenhändler« und »Die Tanzstunde«. Dazu kamen ein Porzellanservice für 60 Personen, mit Goldborte, roter Linie und mit Jagdbildern verziert, das 1877 angekauft und 1887 durch die Firma Fischer & Mieg aus Pirkenhammer bei Karlsbad restauriert wurde.[14]

Kaiser Wilhelm II. gestaltete die Innenräume immer wieder nach seinem Geschmack um. So wünschte er sich für den Toilettenraum ein Seegemälde. Eulenburg telegrafierte sofort nach Berlin, um ein passendes Gemälde aussuchen zu lassen. Auf dem Bilderboden fand sich dann auch ein Gemälde von Wagner aus dem Jahr 1842, das ein Schiff im Sturm darstellte. 1896 kam ein Bild eines Künstlers namens Flickel, »Holsteinische Landschaft«, nach Hubertusstock.[15]

Durch das steigende Bedürfnis nach Repräsentation Kaiser Wilhelms II. herrschte bei seinen Besuchen auf Hubertusstock permanente Raumnot. 1892 ergab sich die Möglichkeit, zumindest für einen Teil des Gefolges ein passendes Quartier zu erwerben. Im Juli 1892 teilte der Betreiber der bei Wildau am Werbellinsee befindlichen »Deutsche Portland-Cement-Fabrik Etablissement Wildau«, Bernoully, der Regierung mit, dass er aufgrund der schlechten wirtschaftlichen Verhältnisse das Unternehmen schließen müsse. Er äußerte den Wunsch, das ganze Gelände von über 64 Hektar in einem Stück zu verkaufen.

Das alarmierte die Forstverwaltung, die bei einem Verkauf an Privat auch eine Jagdverpachtung an Zivilisten und in der Folge eine Zunahme der Wilddieberei in der Gegend befürchtete. Von Hövel übernahm sofort die Initiative und schlug den Ankauf durch den preußischen Staat vor.

Minister Donner erteilte nach Rücksprache mit dem Kaiser die Zustimmung, für die »Adler« Fabrik 100.000 Mark, im äußersten Fall 120.000 Mark zu

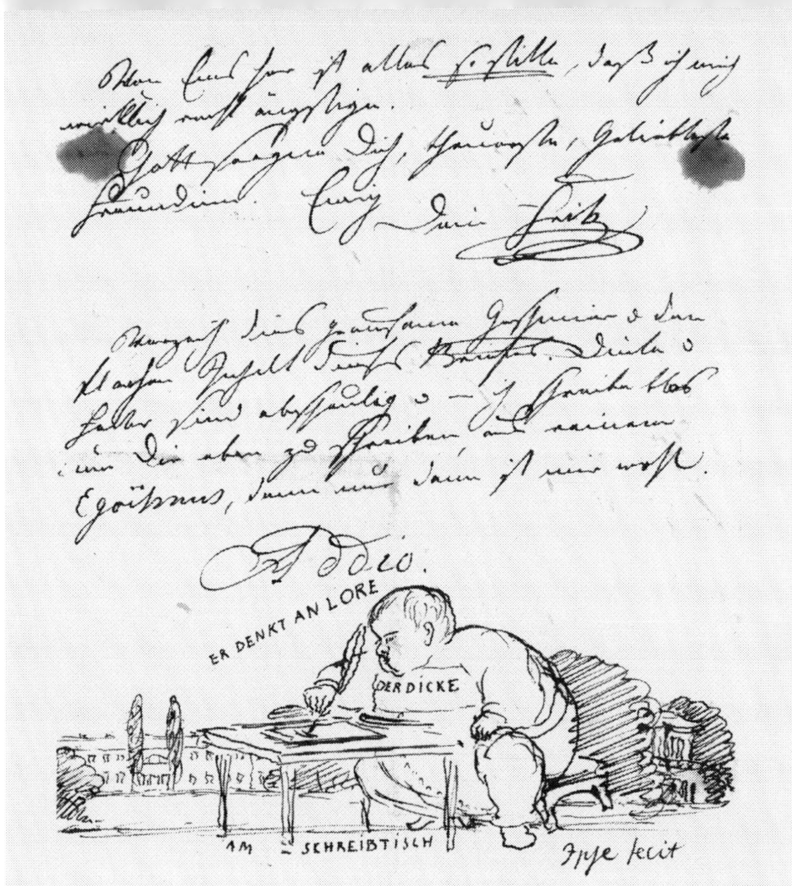

Der König im Park von Paretz, an seine Frau denkend.

Hubertustock, um 1850.

bieten. 1894 befanden sich auf dem Gelände in Wildau noch etwa 50.000 Tonröhren und 25.000 Mauer- und Dachsteine. Auf dem gesamten Fabrikareal waren noch 82 Gebäude verschiedenster Art vorhanden, die fast alle vollständig abgerissen werden mussten.[16] Schließlich gelang der Ankauf und am 29. Mai 1896 fiel das Gelände an den königlichen Fiskus.

Bereits 1892 war die neue Umgehungsstraße für Wildau fertiggeworden, die als »Kaiserweg« bezeichnet wurde und ein Umgehen der engen und feuchten Durchfahrt von Wildau ermöglichte.[17]

Bereits vor dem Ankauf von Wildau hatte man 1882 auf Veranlassung Kaiser Wilhelms I. in Wildau eine »Post- und Telegraphenstation« eingerichtet, um in der Heide jederzeit handlungsfähig zu sein.[18] Später erhielt auch Hubertusstock eine Telegrafenstation.

Sobald sich abzeichnete, zu welchem Zeitpunkt der Kaiser nach Hubertusstock kommen wollte, liefen dort die Vorbereitungen auf Hochtouren. Der kaiserliche Oberpostdirektor teilte zum Beispiel 1893 mit, dass für die Zeit der Anwesenheit des Kaisers die »Postanstalten« in Groß Schönebeck, Joachimsthal, Ringenwalde und Zehdenick einen verlängerten Telegrafendienst eingerichtet hätten, der von 8 bis 24 Uhr dauerte. Das Gleiche galt für die Station in Wildau.[19] In den Wohnhäusern wurden Unterkünfte für das Dienstpersonal eingerichtet, die für die Dauer des kaiserlichen Aufenthaltes auf Hubertusstock notwendig waren. Kutscher, Chauffeure und insbesondere die sechs Gendarmerieposten wurden dort untergebracht. Für den Kanzleidiener des Auswärtigen Amtes und einen Postbeamten reichte der Platz dennoch nicht aus.

Auf der kaiserlichen Besitzung Wildau wurden 1907 eine Warmluftheizung und eine »Ärogengasanlage« für die Beleuchtung des neu errichteten Automobilschuppens eingebaut. Bisher hatte der Schuppen für die Unterbringung der sechs Gendarmerieposten gedient, wenn auf Hubertusstock Jagd war. Diese zogen nun in das Gebäude des ehemaligen Buchhalters der Zementfabrik. Mit der Bedienung und Wartung dieser Anlage hatte das Hofjagdamt am Anfang Schwierigkeiten, da sich in der Gegend kein Arbeiter fand, der für den gewissenhaften Umgang vor allem mit der Gasanlage geeignet war. Schließlich wurde ein Arbeiter aus dem Berliner Schloss abkommandiert, der die Bedienung während der Jagdzeit übernahm.

Im Jahr 1894 entschloss sich der Kaiser, verschiedene Baumaßnahmen durchführen zu lassen. Das Jagdschloss erhielt dabei einen Anbau und für die Bewachung des Kaisers entstand ein separates Wachhäuschen. Zudem wurden nötig gewordene zusätzliche Überdachungen und eine Kochstelle für das Abkochen der Hirschhäupter errichtet. Um das Schloss mit ausreichend Wasser für die Hauswirtschaft und für Feuerlöschzwecke versorgen zu können, musste ein zweiter Brunnen angelegt werden. An der Südseite des Pferdestalles wurde für die angewachsene Dienerschaft 1896 ein neues Unterkunftsgebäude errichtet.[20]

Vor jedem Besuch erhielt der Kastellan eine Besucherliste, nach der er die vorhandenen Räume des Jagdhauses aufzuteilen hatte. Es gab stets Probleme, für alle eine Unterkunft zu finden, denn die Besucherliste war meist umfangreicher als die Zahl der vorhande-

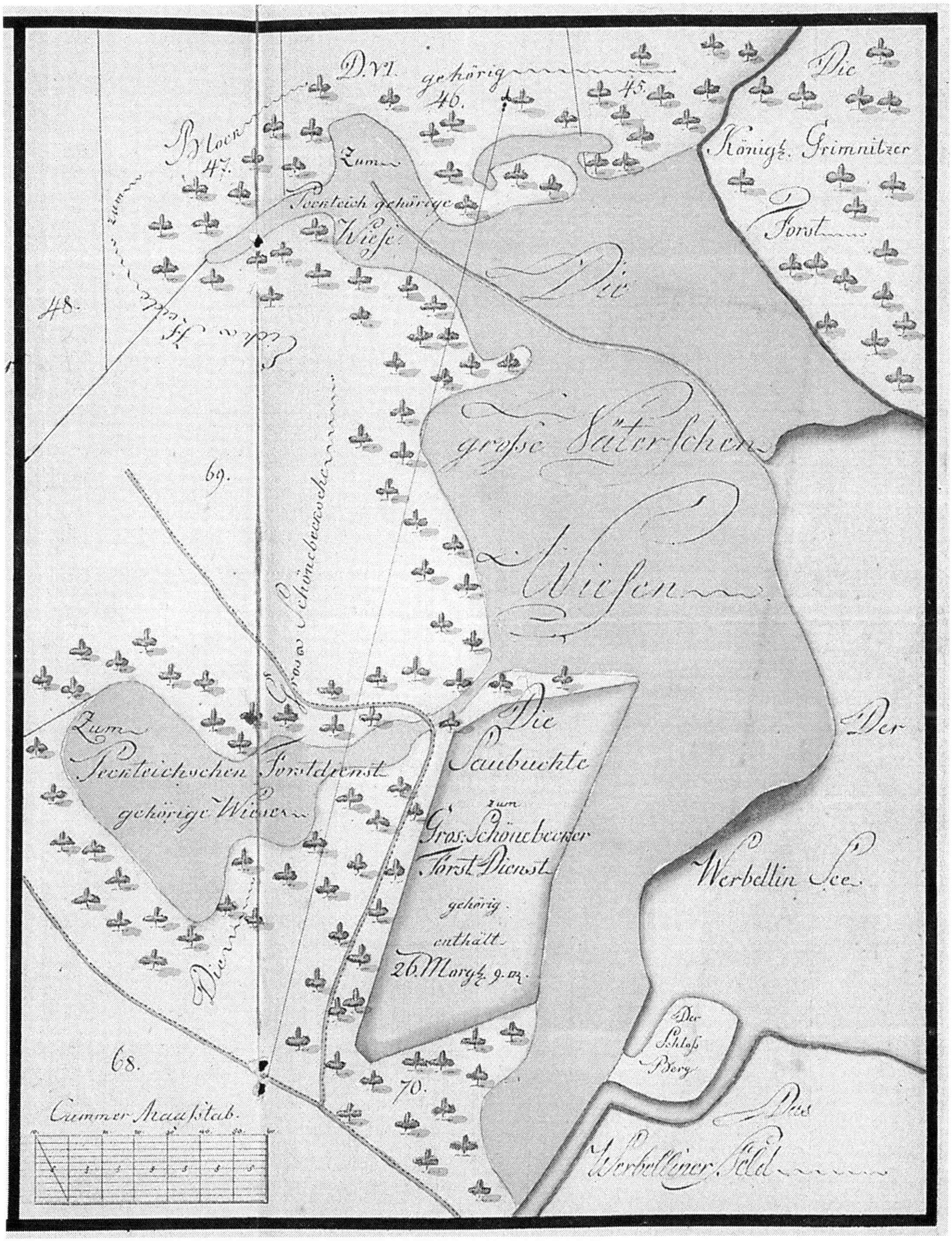

Südspitze des Werbellinsees mit dem Schlossberg, Kanal und der Saubucht, 1801.

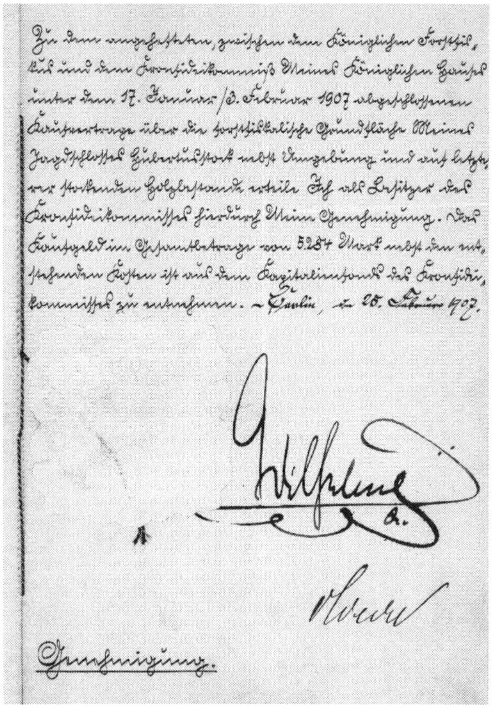

Zu dem angehefteten, zwischen dem Königlichen Forstfiskus und dem Kronfideikommiß Meines Königlichen Hauses unter dem 17. Januar/8. Februar 1907 abgeschlossenen Kaufvertrage über die forstfiskalische Grundfläche Meines Jagdschlosses Hubertusstock nebst Umgebung und auf letzterer stehenden Holzbestand erteile Ich als Besitzer des Kronfideikommisses hierdurch Meine Genehmigung. Das Kaufgeld im Gesamtbetrage von 5284 Mark nebst den entstehenden Kosten ist aus dem Kapitalienfonds des Kronfideikommisses zu entnehmen. – Berlin, den 26. Februar 1907.

Wilhelm R.

Genehmigung.

Originalunterschrift des Kaisers auf dem Kaufvertrag für Hubertusstock, 1907.

nen Räume. Auch 1907 plagten den Kastellan wieder Unterbringungsnöte. Diesmal sollte Prinz Adalbert den Kaiser begleiten. Bruchmüller erinnerte in einem Schreiben an das Oberhofmarschallamt daran, dass der Kaiser bei einem früheren Besuch des Prinzen gemeint habe: »Ein junger Mensch brauche hier kein besonderes Ankleidezimmer«, und bat um Prüfung, ob der Prinz diesmal nicht ohne Begleitung kommen könne. Selbst für die Unterbringung der Dienerschaft waren Übernachtungsmöglichkeiten äußerst knapp. So musste zum Beispiel der »Lampier« mit einem Bett in der Lampenkammer vorlieb nehmen.

Das ganze Haus hatte insgesamt 51 Zimmer: 23 im Erdgeschoss und 28 in der oberen Etage, inklusive Klosett für die Dienerschaft.[21]

Auch für den Kastellan Fratsche war es nicht immer leicht, die Verwaltung des kleinen Jagdhauses zu führen. Einerseits waren die durchaus anspruchsvollen Gäste zu versorgen, andererseits galt es, den Wünschen des Hofmarschallamtes Rechnung zu tragen. Vor allem dann, wenn Mitglieder der königlichen Familie auf Hubertusstock logierten und ihren eigenen Hofstaat mitbrachten. Bis 1873 kam es sogar vor, dass nicht nur die Pferde, sondern auch Kutscher und Diener die Nächte unter freiem Himmel verbringen mussten.[22]

Im November 1901 erhielt Kastellan Vierow einen Brief von Hofmarschall Freiherr von Lynker, in dem die Kostenabrechnung für den Besuch des Kaisers vom Oktober bemängelt wurde. Unter anderem hatte Vierow für die Zeit vom 8. bis 14. Oktober für alle Beschäftigten 801,5 Arbeitstage mit einem Gesamtbetrag von 2.143 Mark in Rechnung gestellt. Für die Zukunft verlangte der Hofmarschall eine detaillierte Auflistung aller Beschäftigten und deren Tätigkeit während des Aufenthaltes Seiner Majestät.[23] Er gab dem Kastellan auf, in Zukunft nur noch maximal 24 Frauen und zehn Männer zu beschäftigen, wenn Majestät auf Hubertusstock weilte.

Beispielsweise waren beim Besuch des Kaisers im Februar 1902 insgesamt 27 Arbeiter und Arbeiterinnen für die anfallenden Hilfsdienste im Einsatz. So war der Arbeiter Wreh dafür zuständig, das Nebenhaus und das Stallgebäude zu beheizen und die Desinfektion des »Klosetts, der Dungstellen und Gullys« sicherzustellen. Arbeiter Wolff war für das Abkochen der Geweihe verantwortlich und sieben Frauen bemühten sich um das silberne Tafelgedeck.

In den Wintermonaten hatte der Kastellan Mühe, die Räume frostfrei zu halten, wenn sie nicht benutzt wurden. Dazu wurde im Haupttreppenflur des Schlosses ein Badeofen aufgestellt, um die Temperaturen wenigstens über null Grad halten zu können. Doch schon dazu musste der Verwalter, wie bei allen übrigen Anschaffungen, immer die Zustimmung des Hofmarschallamtes einholen. An Brennmaterial wurden jährlich etwa 60 Meter Holz und zusätzlich 1.500 Kilogramm Koks, 1.500 Kilogramm Steinkohle und 1.000 Kilogramm Anthrazit benötigt.[24]

Die Vorbereitungen für den Aufenthalt des Kaisers wurden im Laufe der Jahre immer weiter perfektioniert. Stand fest, dass er nach Hubertusstock kommen würde, wurde sofort ein detaillierter Fahrplan aufgestellt. Es scheint, dass der Kaiser ein Frühaufsteher war, denn der Plan wies frühe Abfahrzeiten auf:

- 6:00 Uhr ab Berlin vom Stettiner Bahnhof
- 6:55 Uhr Ankunft in Eberswalde, umsteigen in die Kutsche und
- 8:45 Uhr Ankunft in Hubertusstock.

Anschließend musste der Bedarf für den gesamten Haushalt ermittelt werden, bis hin zur Bereitstellung von fünf Paketen »Klosettpapier«. Genauso vorausschauend waren die nötigen Schreibwaren zu ermitteln. Für die 14 Schreibtische im Jagdhaus, von denen drei für die Majestäten reserviert waren, sollten u.a. drei Sorten Briefpapier, Telegrafenformulare, Radiergummi und rote Bleistifte, Federhalter, Stahlfedern, zwei Flaschen Tinte, Siegellack und Streusand, zehn Papierblöcke zum Abreißen und Streichhölzer vorhanden sein.[25]

1905 stellte die Verwaltung fest, dass der Kaiser für den Grund und Boden des Jagdschlosses keine Grundstückssteuern zahlte. Die Gebäude auf Hubertusstock waren aus privaten Mitteln finanziert und würden somit der Krone gehören, argumentierte die Kronverwaltung. Der Grund und Boden dagegen war forstfiskalischer Besitz. 1906 stellte deshalb der Freund des Kaisers, Fürst Eulenburg auf Liebenberg, beim preußischen Landwirtschaftsminister den Antrag, dem Monarchen auch den Boden zu verkaufen.[26] Nach einigen Verhandlungen konnte am 17. Januar 1907 der Kaufvertrag zwischen dem Haus Preußen und dem Staat Preußen über 2,4569 Hektar bei einem Kaufpreis von 300 Mark pro Hektar abgeschlossen werden. Insgesamt zahlte der Kaiser 737 Mark für die Grundfläche und 4.547 Mark für den darauf befindlichen Holzbestand. Er erwarb damit das Grundstück nach den gleichen allgemeinen Grundsätzen wie jeder seiner Untertanen.[27]

Fahrplan

des Sonder-Zuges für die Reise

Sr. Majestät des Kaisers u. Königs

von **Trakehnen** nach **Eberswalde**

am 4./5. Oktober 1894.

Entfernung von Trakehnen Kilom.	Haltepunkte	Ankunft		Aufenthalt	Abfahrt		
		U.	M.	M.	U.	M.	
—	**Trakehnen**	—	—	—	8	30	Abends am 4. Oktbr.
39,0	**Insterburg**	9	20	4	9	24	"
129,9	**Königsberg** Curve	11	05	5	11	10	"
246,7	**Elbing**	1	08	4	1	12	Morgens am 5. Oktbr.
293,1	**Dirschau**	2	00	5	2	05	"
390,3	**Konitz**	3	57	4	4	01	"
473,5	**Schneidemühl**	5	25	5	5	30	"
591,0	**Landsberg a. W.**	7	33	4	7	37	Vormitt.
651,0	**Werbig** Curve	8	51	4	8	55	"
707,7	**Eberswalde**	10	10	—	—	—	"

Fahrplan des Kaisers aus der Rominter Heide in die Schorfheide.

Kronprinz Friedrich Wilhelm Victor August Ernst von Preußen (1882–1951) scheint erstmals im Jahr 1905 nach Hubertusstock gekommen zu sein, denn ein Telegramm vom 24. Mai kündigte seinen Besuch an, um das Schloss bei Gelegenheit der Flitterwochen des Kronprinzenpaares zu besichtigen. Wilhelm und Kronprinzessin Cecilie (1886–1954) reisten im Juni nach Hubertusstock. Aus diesem Anlass musste zusätzlich ein Klavier herangeschafft werden, das sonst dort nicht vorhanden war.

Auch Prinz Eitel Friedrich (1883–1942) wählte Hubertusstock, um hier im Februar/März 1906 mit seiner Frau die Flitterwochen zu verbringen. Sie reisten in zwei Kutschen und einem Automobil an. Im Gefolge befand sich eine 22-köpfige Dienerschaft, darunter der Leibarzt, der für das allgemeine Wohlergehen des jung-

Ursprünglicher Kamin aus dem Speisesaal der unteren Etage des Jagdschlosses.

vermählten Ehepaars zu sorgen hatte. Zu ihrer Sicherheit wurden in Wildau sieben Gendarmen stationiert. Der Aufenthalt des Paares muss stürmisch gewesen sein, denn der Kastellan berichtete am 23. März über zerstörtes Glas und Porzellan. Neben Nachtgeschirr, Wassergläsern und Flaschen waren ein Waschbecken, zwei Zahnbürstenschalen und zwei Seifenschalen zu Bruch gegangen.

Kaiser Wilhelm II. sorgte sich 1908 um den Gesundheitszustand des Kriegsministers Karl Wilhelm Georg August Gottfried von Einem genannt von Rothmaler (1853–1934) und schlug ihm eine Erholung in frischer Waldluft vor.

Als geeigneter Ort sollte das alte Jagdschloss Königs Wusterhausen dienen, doch das lehnte von Einem ab, weil dort der Wald zu weit vom Schloss entfernt war. Daraufhin schlug der Hofmarschall Wildau vor, wogegen jedoch der behandelnde Arzt Widerspruch einlegte. Daraufhin ließ der Kaiser, der sich gerade auf seiner Jacht »Hohenzollern« in Kiel befand, mitteilen, dass dem Minister Hubertusstock zugewiesen werden solle.

Der Minister nahm das Angebot an, wünschte jedoch, neben seiner Frau auch seine kranke Tochter und seine beiden Söhne mitzunehmen. Daraufhin wurde erneut in Kiel nachgefragt, ob auch die Räume der Majestäten im Schloss durch den Kriegsminister genutzt werden dürften. Wohl schon etwas entnervt telegrafierte Graf August zu Eulenburg zustimmend zurück. Doch darüber hinaus musste Hofrat Buro den Kastellan Bruchmüller darauf hinweisen: »Die Bäder und die Closets Ihrer Majestäten im dortigen Jagdschlosse bleiben selbstverständlich für die Benutzung während des Aufenthaltes [...] daselbst geschlossen. Sämtliche Kosten, welche durch Reinhaltung, Beleuchtung und Heizung etc. entstehen, trägt der Herr Minister.«[28]

Hubertusstock wurde indes nie nur als reines Jagdhaus genutzt. Der Kaiser ließ sich dort ständig über die politische und wirtschaftliche Lage seines Reiches unterrichten und wählte es auch als ruhigen Aufenthaltsort, an dem Politik betrieben wurde. Häufig fuhren Reichskanzler, Minister und Beamte von Berlin nach Hubertusstock hinaus, um Majestät Vortrag zu halten, wie etwa Kanzler Fürst Bernhard von Bülow (1849–1929), Minister Hermann Karl Friedrich Lucanus (1831–1908) oder Admiral Alfred Peter Friedrich Tirpitz (1849–1930).[29]

Immer fanden am Rande der Jagdbesuche auf Hubertusstock politische Gespräche statt, über die fast gar keine Informationen überliefert sind. Erwähnt sei hier beispielhaft die Sitzung des Kronrates vom 7. Oktober 1896, zu der der Reichskanzler, die preußischen Staatsminister und Staatssekretäre geladen waren. Dabei ging es um das Lehrerdotationsgesetz, die gesetzliche Regelung der Schuldentilgung, die Ermäßigung der Eisenbahntarife für den Transport inländischer Kohle sowie die Frage, ob die Zinsen von vier auf 3,5 Prozent gesenkt werden sollten. Trotz einer guten industriellen Konjunktur steckte die Landwirtschaft in einer finanziellen Krise und litt unter einer Schuldenlast von über 15 Milliarden Mark. Sie sollte u.a. mit dieser Zinssenkung entschärft werden.

Weiterhin wurde über die Erhöhung der Bezüge für Beamte bis zum gehobenen Dienst diskutiert. Sehr kritisch musste dabei festgestellt werden, dass in den höheren Beamtenschichten und im Offizierskorps ein regelrechter Repräsentationswettlauf entstanden war. Es hieß, sie »gäben Dinners wie die Minister, die Direktoren wie die Präsidenten; die Frauen, denen früher Seide genügte, erschienen in Atlas«.[30]

Die Sitzung dauerte von 11 bis 14 Uhr, direkt danach ging der Kaiser wieder auf die Pirsch, während seine Gäste nach Berlin zurückkehrten.

Die in Berlin eingehende Staatspost wurde täglich durch Postkuriere abends um 19:25 Uhr mit dem Zug nach Eberswalde befördert und traf gegen 22 Uhr in

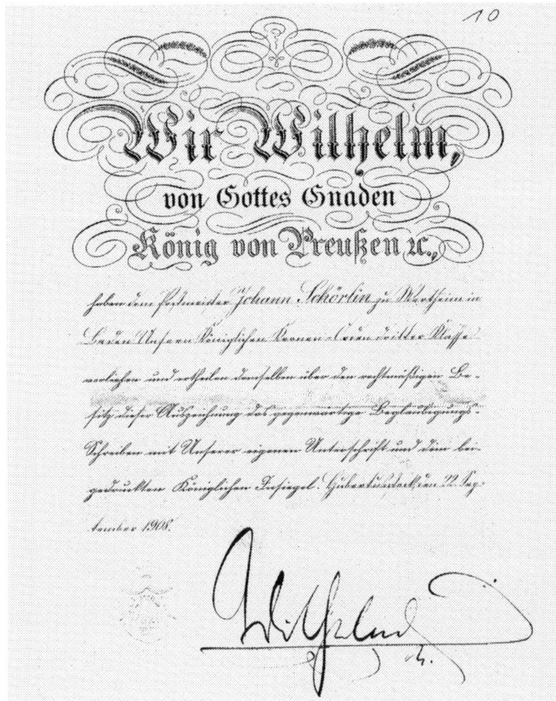
10

Wir Wilhelm,
von Gottes Gnaden
König von Preußen rc.,

haben dem Postmeister Johann Schörlin zu [illegible] Unseren Königlichen Kronen-Orden dritter Klasse verliehen und ertheilen demselben über den rechtmäßigen Besitz dieser Auszeichnung das gegenwärtige Beglaubigungs-Schreiben mit Unserer eigenen Unterschrift und dem beigedruckten Königlichen Insiegel. Hubertusstock, den 22. September 1908.

Wilhelm

Urkunde für den Postmeister Schörlin, ausgestellt in Hubertusstock.

Hubertusstock ein, wo die Briefe dem Kaiser vorgelegt wurden. Sonstige Schreiben kamen und gingen mit der normalen Post durch den Landbriefträger.[31]

Beim Aufenthalt Kaiser Wilhelms II. im März 1892 auf Hubertusstock wurden durch die Reichspost u.a. 456 Telegramme vom Jagdschloss, 396 Telegramme vom Postamt Eberswalde, 152 Telegramme von anderen Postagenturen, 62 Einschreibebriefe, 126 Pakete mit einem Gesamtgewicht von 1.482 Kilogramm sowie 52 Stückgüter mit einem Gesamtgewicht von 2.800 Kilogramm weitergeleitet oder bearbeitet. Weiterhin wurden 78 Fuhrleistungen erbracht, wozu insgesamt 167 Pferde benötigt wurden.[32]

Die Sicherheitsmaßnahmen mussten mit dem gestiegenen Bekanntheitsgrad des Jagdhauses, vor allem wenn beide Majestäten anwesend waren, immer mehr verstärkt werden. Waren diese noch zu Zeiten von König Friedrich Wilhelm IV. gar nicht nötig gewesen und

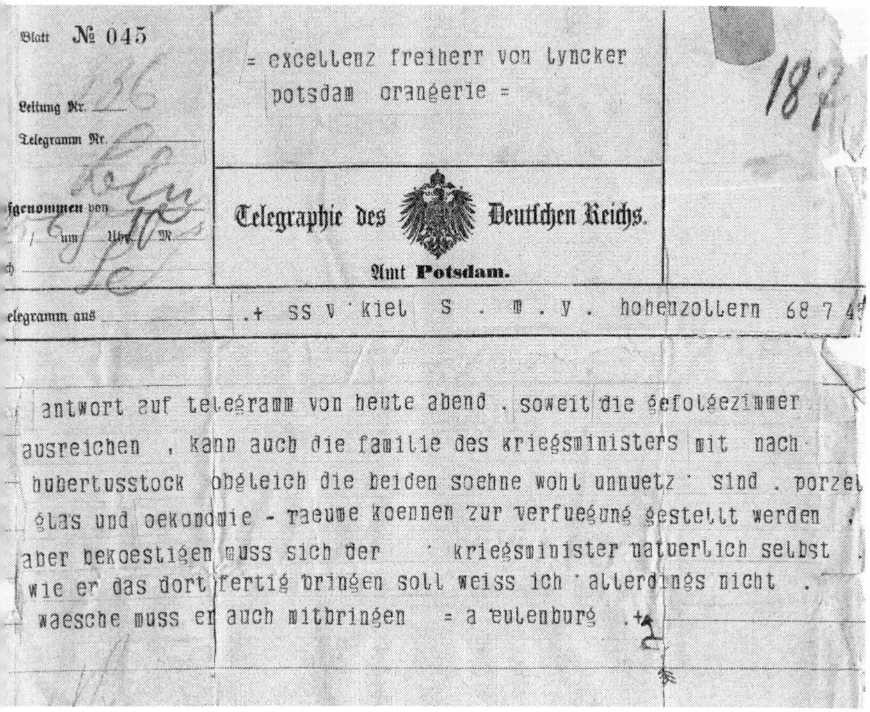

Blatt № 045

Leitung Nr.

Telegramm Nr.

Aufgenommen von

um Uhr M.

durch

= excellenz freiherr von lyncker
potsdam orangerie =

Telegraphie des Deutschen Reichs.
Amt Potsdam.

Telegramm aus .+ ss v kiel s . m . y . hohenzollern 68 7 4

antwort auf telegramm von heute abend . soweit die gefolgezimmer ausreichen , kann auch die familie des kriegsministers mit nach hubertusstock obgleich die beiden soehne wohl unnuetz sind . porzel glas und oekonomie - raeume koennen zur verfuegung gestellt werden , aber bekoestigen muss sich der kriegsminister natuerlich selbst . wie er das dort fertig bringen soll weiss ich allerdings nicht . waesche muss er auch mitbringen = a eulenburg .+

Telegramm an Hofmarschall von Lynker, 25. Juni 1908.

als störend empfunden worden, änderte sich dies unter Wilhelm I. und Wilhelm II. deutlich.

Infolge der Attentate auf Kaiser Wilhelm I. wuchs das Sicherheitsbedürfnis und die entsprechenden Maßnahmen wurden verstärkt. Bei Jagdaufenthalten in der Schorfheide sorgten mindestens fünf Sicherungsbeamte für den Schutz des Kaisers. Unter Wilhelm II. war die Bereitstellung von Sicherungspersonal nicht immer unproblematisch, weil dafür ein bis zwei Tage lang aus den umliegenden Ortschaften der Gendarmerieschutz abgezogen werden musste.

Dennoch gelang es an einem Abend drei jungen Leuten, unbemerkt bis an das Jagdhaus heranzukommen, ohne von den Posten bemerkt zu werden. Erschwerend kam hinzu, dass der Gendarm Gorski sich in der Dunkelheit derart dicht vor dem Fenster Ihrer Majestät der Kaiserin postiert hatte, dass sie sich gestört und beobachtet fühlte. Die Kaiserin öffnete daraufhin das Fenster und fragte den Beamten: »Müssen Sie hier so nahe stehen?« Gorski verstand den Sinn dieser Frage wohl nicht gleich, bejahte sie und blieb stehen. Später wurde Gorski durch den Landrat wegen des zu langen Verweilens vor dem Fenster der Kaiserin verwarnt.

Daraufhin wurde veranlasst, dass die Sicherungsposten etwas vom Haus abgezogen und mit Blickrichtung Wald postiert wurden. Fortan patrouillierten sie nur noch in angemessener Entfernung zum Jagdhaus, einerseits um der Kaiserin das Gefühl des Unbeobachtetseins zu geben und andererseits, um frühzeitig unliebsame Zivilisten fernhalten zu können.

Am Tage bezogen jetzt zwei Gendarmen zusätzlich an den Nebengebäuden Posten, um auch tagsüber für mehr Sicherheit sorgen zu können. Insgesamt wurden zu jedem Aufenthalt zwölf Gendarmen zusammengezogen, die dann in Wildau stationiert waren. In den späteren Jahren stieg der Bedarf sogar bis auf 17 Polizisten an, besonders dann, wenn der Kaiser über Nacht auf Hubertusstock blieb.

Von 1896 an waren stets Sicherungsposten am Jagdhaus platziert und kontrollierten jeden Zivilisten. Das bekam besonders die Bootsmannschaft der Eberswalder Wasserbauinspektion massiv zu spüren. Im Herbst 1896 wurde am Ufer des Werbellinsees, in gerader Linie zu Hubertusstock, eine Anlegestelle für das Motorboot »Martha« errichtet. Von hier aus ließen sich der Kaiser oder seine Gäste auf den See hinausfahren. Die Wasserbauinspektion Eberswalde stellte stets das Boot und die Mannschaft zur Verfügung, die am Ende der Mission in der Regel eine Prämie in Höhe von 100 Mark erhielt.

Als im Herbst 1897 der Besuch Seiner Majestät angemeldet wurde, nahm die Mannschaft mit ihrem Boot wieder ihren Platz am Ufer ein. Strommeister Görtsch wollte, wie in der Vergangenheit, die Einsatzbereitschaft beim Hofmarschall von Lynker im Jagdhaus melden. Doch ein zu dienstbeflissener Polizeiposten wehrte sein Begehren ab und ließ ihn nicht

Jagdstrecke des Kaisers vor dem Jagdschloss Hubertusstock, 14.Oktober 1911.

vor. Neun Tage lang versuchte der Maschinist regelmäßig nachzufragen, ob das Boot benötigt würde, doch jedes Mal wurde er nicht vorgelassen. Die Mannschaft war nun etwas rat- und hilflos, es wurden lange und entbehrungsreiche Tage für alle von ihnen. Während Görtsch die Zeit in Altenhof zubrachte, blieben Maschinist Bachmann, Steuermann Schadow und Bootsmann Stöwe ständig auf dem Boot. Sie hatten den Befehl, ihren Posten erst nach der Abreise des Kaisers zu verlassen. In einer später durchgeführten Untersuchung stellte sich heraus, dass Görtsch von dem Sicherheitsposten nur deshalb zurückgewiesen worden war, weil er in Zivil und nicht in Uniform erschienen war. Alle Polizeiposten hatten strikte Anweisung erhalten, grundsätzlich keine Zivilpersonen durchzulassen. Nach Bekanntwerden dieses Zwischenfalles zeigte sich der Kaiser gnädig und gewährte die übliche Gratifikation in Höhe von 100 Mark.

Insgesamt wurden zu jedem Aufenthalt zwölf Gendarmen zusammengezogen, die in Wildau stationiert waren.[33]

1908 rückte der Anschluss von Hubertusstock an das sich immer weiter ausgebaute Elektrizitätsnetz näher. Doch das Schloss lag der Ansicht der Netzbetreiber nach zu abseits. Die »Allgemeine Elektricitäts-Gesellschaft« verlangte deshalb einen Bauzuschuss von 20.000 bis 30.000 Mark, der entfallen würde, wenn mit jährlichen Stromeinnahmen in Höhe von mindestens 10.000 Mark zu rechnen sei. Die Verhandlungen zogen sich in die Länge und wahrscheinlich erhielt das Gebäude erst im Jahr 1910 elektrisches Licht.[34]

Förster Bruchmüller war der letzte Kastellan von Hubertusstock (S. 200), er musste ab 1920 um die Weiterzahlung seines Gehaltes kämpfen. Der neue Finanzminister ließ ihn wissen, dass Hubertusstock

Das alte Kastellanhaus, nunmehr neue Försterstelle Hubertusstock, um 1925.

Privatbesitz sei und der preußische Staat ihn deshalb nicht bezahlen könne. 1921 übernahm der aus Havelberg kommende Förster Lindner als preußischer Staatsbeamter die Försterstelle und gleichzeitig die Bewachung des Jagdhauses.[35]

Bereits im Frühjahr 1919, der Kaiser hatte abgedankt, kam der erste Antrag eines Privatmannes, das Schloss zu kaufen, um dort Landwirtschaft zu betreiben. 1922 wollte ein anderer Interessent das Gebäude pachten, um darin ein Hotel mit Restaurant einzurichten.

Das öffentliche Interesse an dem Gebäude war in dieser Zeit nicht besonders groß, doch Lindner öffnete es den Besuchern. Im August 1923 kamen 460 und im September noch 350 Schaulustige.[36] Zu guter Letzt verlangte am 12. November 1923 der Gutsverwalter des Gutsbezirkes Grimnitzer Forst für den Jagdhund des Försters Lindner von der preußischen Krongutsverwaltung die fällige Hundesteuer, die sich infolge der Inflation inzwischen auf über eine Milliarde Mark belief! Aber die Freude an dem kleinen Jagdschlösschen währte nur wenige Jahre. Nach dem Ende der Monarchie und der Auseinandersetzung über das Eigentum des Herrscherhauses 1926 fiel der Besitz Hubertusstock an den preußischen Staat.[37]

Der neue preußische Ministerpräsident Otto Braun nutzte das Haus, bis zu seiner Absetzung im Jahre 1932, für seine Jagdausflüge und Wochenendaufenthalte. Interessant ist hierbei, dass er die Räume schon vor 1926 nutzte, also in einer Zeit, wo es de jure noch dem abgedankten Kaiser gehörte.

Außenpolitisch erlangte das alte Jagdhaus in der Weimarer Republik 1931 noch einmal besondere Bedeutung. Am 18. und 19. Juli wollten sich hier der englische Ministerpräsident Ramsay MacDonald (1866–1937) und der Außenminister Arthur Henderson (1863–1935) zu Gesprächen mit Reichskanzler Heinrich Brüning (1885–1970) und Außenminister Julius Curtius (1877–1948) treffen. Doch die Begegnung musste kurzfristig abgesagt werden, da die Gäste verhindert waren.[38]

Es war die Idee des Grimnitzer Oberförsters Dr. Eberhard Hausendorff, in Hubertusstock zu Ehren seines Vorgängers Balduin von Hövel eine jagdgeschichtliche Sammlung einzurichten. Daraus entstand die »Hövelsammlung«, die unter dem Gesichtspunkt der Hegegrundsätze entsprechende Rotwildtrophäen aus der umfangreichen Hövelschen Sammlung präsentierte. Außerdem waren in ihr mehrere Bilder von Hirschen versammelt, die der Reichspräsident Paul von Hindenburg erlegt hatte, sowie eine Holznachbildung des letzten Hirsches, den dieser in der Schorfheide gestreckt hatte. Gezeigt wurden weiterhin geforkelte Hirsche, darunter Geweihe, die im Brunftkampf von vorn einen tödlichen Stoß durch den Schädel bekommen hatten. Ebenso fanden Damhirschabwürfe eines weißen Damhirsches, der im neunten Lebensjahr gestreckt worden war, Aufnahme in das Jagdschloss.[39]

Mit dem Ende des Krieges 1945 ging allerdings auch die Hövelsammlung verloren. Teile des Schlossgeschirres aus der Königlichen Porzellan-Manufaktur Berlin (KPM) scheinen die Wirren der Zeit überstanden zu haben. Sie befanden sich in einem Schrank des Speisesaales und wurden zu politischen Treffen und Feierlichkeiten unter dem Staatsratsvorsitzenden der DDR Walter Ulbricht (1893–1973) genutzt. Bei dem vorhandenen Service handelte es sich um die Form Neuosier mit dem Dekor Sanssouci. Ursprünglich war das Service 1780 für den Kronprinzen Friedrich Wilhelm II. angefertigt und nach dem Tod Friedrichs II. im Schloss Sanssouci benutzt worden. Noch zu Zeiten Kaiser Wilhelms II. gab es Nachbestellungen für das Service. Wie und wann es nach Hubertusstock gelangte, ist ungewiss, denn es wird nicht in den vorhandenen Akten erwähnt. Dafür ist der Verlust umso deutlicher.

Erhaltener Porzellanteller (KPM) aus dem Service von Hubertusstock.

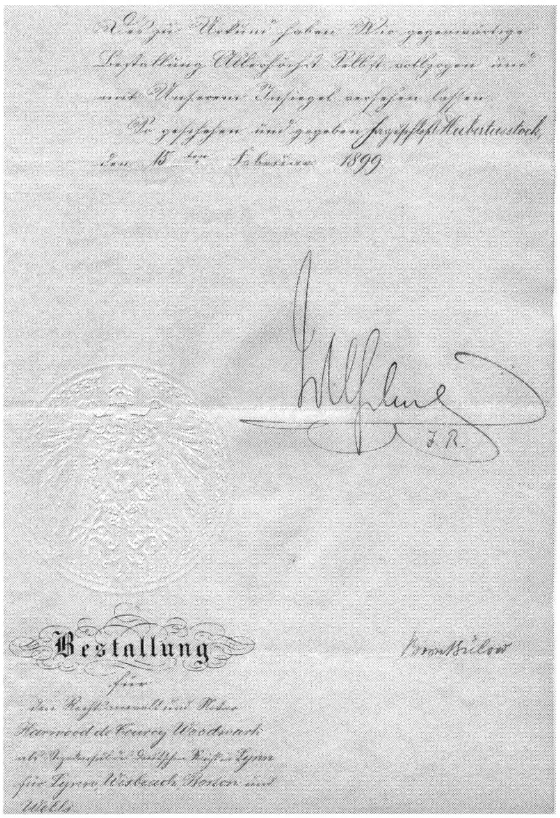
Bestallung
für

Bestallungsurkunde für den Vizekonsul Wooswark, ausgestellt auf Hubertusstock (2. Seite).

Als 1972/73, unter dem Nachfolger von Ulbricht, dem Generalsekretär der SED Erich Honecker (1912–1994), der Abriss von Hubertusstock beschlossen wurde, erhielt ein Angestellter den Befehl, das gesamte Porzellan zu zerschlagen. Drei Teller nahm er an sich, vier weitere und zwei Schalen bewahrte eine damalige Köchin vor der Zerstörung. Damit gelangten nur wenige Stücke aus den Herstellerjahren von 1780 bis 1918 in private Hände und blieben erhalten.[40]

DES KAISERS SPEISEKAMMER

Die Mahlzeiten Kaiser Wilhelms II. auf Hubertusstock zeigten eine hohe Gediegenheit. Für die Mittags- und Abendtafel wurden gedruckte Speisekarten zum Menüablauf hergestellt. Aus Anlass besonderer Veranstaltungen, wie zum Beispiel bei Hofjagden, gab es eine spezielle Karte.

Dass der Kaiser durchaus ein Feinschmecker war, verdeutlichen beispielhaft die folgenden Speisefolgen. Für die Abendtafel des 19. Septembers 1902 wies die Karte warme Hummertörtchen, Rindslendenschnitten mit Rosenkohl, Orangenauflauf und Obst aus. Am Mittag des folgenden Tages wurden italienische Suppe, gekochtes Rindfleisch mit Wirsingkohl, Metzer Hühner, Früchtesalat, Salzburger Nocken, warme Käsebrötchen sowie ein Nachtisch gereicht.

Gelegentlich gab es Riesenkrebse, Kalbskoteletts mit grünem Spargel oder gefüllte Hühnerbecher mit Hammelkoteletts, grünen Bohnen und rote Grütze.[41] Woher Ende September der grüne Spargel bezogen wurde, ließ sich nicht feststellen. 1904, wieder im September, verspeiste der Monarch bereits zum Frühstück Omelette mit feinen Kräutern, Kalbskotelett mit Kartoffeln, zum Mittag dann Kraftbrühe mit Gemüse, gefüllte Muscheln, Roastbeef englisch, Schnepfenbraten, Früchte und Salat, Pudding, Butter und Käse sowie Obst oder Rühreier mit Schinken beziehungsweise geschabte sogenannte »Beeffbraks« mit Bratkartoffeln. Dabei verschmähte er durchaus auch ein Glas Moselwein nicht, alternativ gab es Portwein, Cognac, Fürstenbrunner Tafelwasser oder bayrisches Bier.

Die Abendtafel bestand beispielsweise aus gebackenem Zander, gedämpften Rebhühnern und Pariser Omelette oder Frikassee von Hühnern, Rehrücken und Rosenkrapfen oder Pasteten mit Hühnermus, gebackenen Eierröllchen, Artischocken und Kartoffelomelette sowie Hubertusstocker Puten. Zu allen Speisen wurden immer Butter, Käse und Obst gereicht. Für den Kaiser waren auf Hubertusstock ständig mindestens drei Kilogramm Gravensteiner Äpfel, vier Kilogramm Birnen, drei Kilogramm Weintrauben, ein Kilogramm Walnüsse sowie Pfirsiche vorhanden. Über alles wurde penibel Buch geführt, bis hin zu den gelieferten Gemüsebeständen.[42]

Eine gewisse Aufregung verursachte gelegentlich der Mangel an Zigaretten- oder Zigarrenspitzen für den Kaiser, die ausgegangen waren, was anscheinend niemandem aufgefallen war. 1896 sollten deshalb kurzfristig 200 kurze Zigaretten der Marke Engelhardt sowie 50 Zigarrenspitzen mit der Post oder im Sonderzug nachgesandt werden. Dazu noch 100 Flaschen »Henry Clay«.[43] Dass aber 1904 »S. M.« die Zigarrenspitzen der Firma »von Damnitz« bevorzugte, wussten bei Hofe nur Eingeweihte. Dazu kam noch, dass er diejenigen mit »abgeflachtem Mundstück« besonders liebte. Damit sie nicht gleich wieder ausgingen, wurden unverzüglich 1.000 Stück bei der Firma »Jünger & Hahn« bestellt. Als die Bestellung in Berlin bekannt wurde, gab es große Verwunderung wegen der Kosten und die Order wurde auf 100 Stück reduziert. Ohnehin konnte die Firma diesen hohen Bedarf nicht sofort decken und versprach, unverzüglich wenigstens 68 Stück per Kurier nach Hubertusstock zu liefern.[44]

Im Februar 1897 blieb der Kaiser neun Tage auf Hubertusstock, wodurch der Verbrauch an Getränken bedeutend anstieg. 16 Flaschen Rheinwein, 119 Flaschen Moselwein, 21 Flaschen Champagner, zehn Flaschen Cognac, fünf Flaschen Madeira, 116 Flaschen Likör,

Hubertusstock, 29. October 1886.

Potage fauborne.

Huitres naturelles et au four.

Sandre à la parisienne.

Selle de mouton à la bretonne.

Côtelettes de gibier à la périgueux.

Homards à la gelée.

Poulardes rôties, salade.

Petits pois à l'anglaise.

Soufflé à la Dauphine.

Fruits.

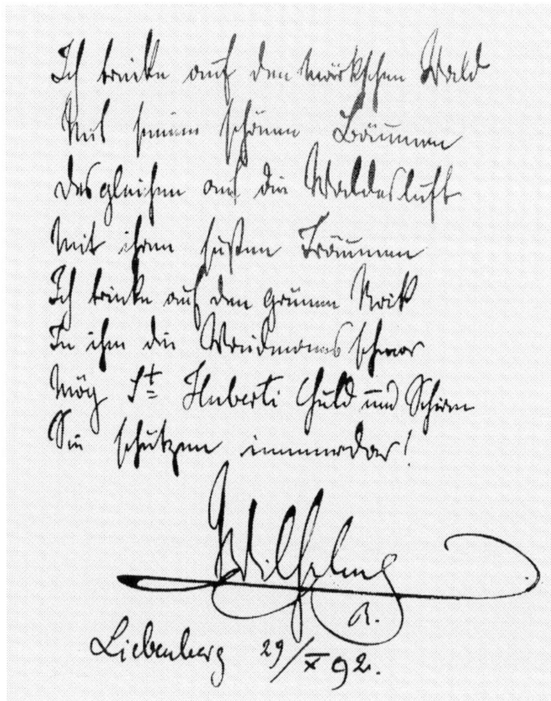

Speisekarte für Hubertusstock vom 29. Oktober 1886; u.a. Haussuppe, Zander nach Pariser Art, Hammelrücken nach bretonischer Art, Wildkotelett, gebratenes Hähnchen und Salat, grüne Erbsen nach englischer Art, Auflauf und Früchte.

Eintragung Wilhelm II. in das Gästebuch von Gut Liebenberg, 1892.

77 Flaschen Fürstenbrunner und 829 Flaschen bayrisches Bier fanden ihre Abnehmer.[45] Die Auswahl der Weine entsprach der gehobenen Preisklasse. Eine Flasche 1900er Moselwein kostete damals 1,35 Mark, ein 1893er Steinberg Kabinett kam, wie auch eine Flasche 1878er Chât. Mentrose, schon auf zehn Mark.[46]

Als Majestät im Februar 1895 wieder einmal in der Schorfheide weilte, bekam er Appetit auf jenen Schinken, den ihm kurz zuvor Graf von Moltke zusammen mit Schweizerkäse geschenkt hatte. In der Nacht des 10. Februar wurde um 1:28 Uhr ein Telegramm an das Oberhofmarschallamt gesandt mit der Aufforderung, Käse und Schinken umgehend nach Hubertusstock zu senden. Noch am selben Tag gelangten die gewünschten Dinge per Kurier in die Schorfheide. Dort stellte der Kaiser fest, dass nicht der ganze Schinken, sondern drei einzelne Teile angekommen waren. Wiederum ging ein Schreiben nach Berlin, mit der Frage, warum nicht der vollständige Schinken geschickt worden sei. Die Antwort kam prompt: Dieser sei, wie der Koch wissen ließ, bereits vier Mal zur Tafel gereicht worden und es habe die Gefahr bestanden, dass er ungenießbar würde, wenn nicht der Knochen ausgelöst worden wäre.[47]

An der Speisetafel nahm stets eine unregelmäßige Anzahl von Personen teil, je nach den politischen Bedürfnissen und geladenen Gästen. An der Mittagstafel am 7. Oktober 1896 saßen sich gegenüber:

Maler Falat
Kammerherr Graf Keller / Major Freiherr von Berg
Unterstaatssekretär Humbert / Hausmarschall Freiherr von Lynker
St. Min. Freiherr von d. Recke / St. Min. Brefeld
St. Min. Dr. Bohse / St. Min. Frhr. Marschall von Bieberstein

Der junge Kaiser Wilhelm II.

St. Min. Dr. von Boetticher / St. Min. Dr. Miquel
Ihre Majestät die Kaiserin / Seine Majestät der Kaiser
S. D. Fürst zu Hohenlohe / St. Min. Thielen
Hofdame Gräfin Keller /St. Min. Frhr. von Hammerstein-Loxten
St. Min. Schönstedt / St. Min. von Goßler
Staatssekr. Graf von Posadowski / Generalarzt Dr. Leuthold
Oberst von Scholl / Forstmeister von Hövel

Serviert wurden Windsorsuppe, Seezungen in Rheinwein, Rinderstück geschmort, Kalbsmilch mit grünem Spargel und Trüffeln, Rebhühner gebraten, Salat und Früchte, Biskuitfruchtspeise und Käsestangen.[48]

Maler Falat, ein gebürtiger Pole, saß an der Stirnseite, weil kein anderer Platz mehr vorhanden war. Er wurde später Direktor der Kunstschule in Krakau. Falat musste stets bereit sein, den Kaiser auf seinen Jagden zu begleiten, um die erlegten Hirsche auf Skizzenblöcken festzuhalten. Die Einladung, zur Herbstjagd 1890 nach Hubertusstock zu kommen, erreichte ihn zu spät; er konnte aber den Kaiser zur Bärenjagd nach Russland begleiten. Zu dieser Jagd reiste Majestät nicht als Monarch, sondern – um Pflichtempfänge und offizielle Auftritte zu umgehen – als Prinz Wilhelm.[49]

AUS DEN ZEITUNGEN

Reisen und Jagdausflüge der kaiserlichen und königlichen Familie fanden bei den Presseorganen stets großen Anklang. Wahrheit und Dichtung waren schon damals nicht immer klar zu erkennen. Daher sollte bei der Betrachtung der Zeitungsberichte beachtet werden, dass die Berichterstattung überwiegend konservativ und kaisertreu ausgerichtet war.

So berichtete ein Artikel aus der »Neuen Preußischen Zeitung« vom 11. November 1883 über eine Hofjagd unter dem alten Kaiser Wilhelm I.: »Hofjagd bei Hubertusstock, Eberswalde, 9. November, Abends. Se. Maj. der Kaiser traf mit dem Kronprinzen Rudolf von Oesterreich, mit dem Könige und dem Prinzen Georg von Sachsen und mit den übrigen hohen Jagdgästen bereits um 6 Uhr von Hubertusstock hier ein und fuhr alsbald mittels Extrazug nach Berlin weiter. Der Weg von Hubertusstock hierher war durch Pechpfannen und Fackeln, welche von den Spalier bildenden Forsteleven gehalten wurden, erleuchtet [...].«[50]

Sein Enkel Kaiser Wilhelm II. empfand es als angenehm, wenn in den Zeitungen über ihn berichtet wurde, und setzte die Medien bewusst ein. Er selbst las keine kompletten Gazetten, sondern nur die ihm vorgelegten Ausschnitte. Ebenso mochte er die Fotografie und später das Filmen.

Eine gewisse Verwunderung erregte in der Presse die Nachricht, dass der junge Kaiser im Herbst 1888 auf einer Jagd in Schlesien 630 Stück Wild erlegt habe. Der Kaiser war damals einer Einladung nach Schle-

Wilhelm II. während einer Jagdpause am Großen Glasowsee; fotografiert von der Kaiserin, 1908.

sien auf die Güter Schlanz und Gnichwitz des Grafen von Tschirschky Renard, von Lieres und Wilkau gefolgt. Gejagt hatte man auf Hase und Fasan. In Jägerkreisen wurde diese Zahl bezweifelt und nicht wenige waren der Auffassung, dass hier manipuliert worden war. Andere errechneten, dass ein Schütze mindestens 1.000 Schuss absetzen müsste, um 630 Stück Wild zu erlegen, da nicht jeder Schuss treffen würde, – und das den ganzen Tag über. Das würden nur sehr geübte Schützen durchhalten. Das »Schlesische Morgenblatt« sah sich deshalb genötigt, in seiner Beilage vom 6. Januar 1889 der Sache auf den Grund zu gehen: »Darum hat ein Freund unseres Blattes es sich angelegen sein lassen, ganz zuverlässige Erkundigungen einzuziehen [...] Daraus wird ersichtlich:

1. eine Verwechselung des von anderen Schützen erlegten Wildes mit der Beute des Kaisers war vollständig ausgeschlossen [...]
2. ein erhebliches Jagdergebnis konnte nur erzielt werden, wenn der Allerhöchste Jagdgast außerordentlich große Strecken in raschem Schritt zurücklegte.
3. Veranstaltungen mit Netzen und dergl., welche das Wild besonders nahe bringen waren bei der Beweglichkeit der Treiben vollkommen ausgeschlossen.

Somit konnte das glänzende Ergebnis nur von einem Waidmann erzielt werden, welcher mit außerordentlicher körperlicher Rüstigkeit und unermüdlicher Willenskraft begabt, dabei als vorzüglich gewandter Schütze dem Waidwerk oblag.«[51]

Zu dieser Jagd benutzte der Monarch zwei Flinten mit dem Kaliber 12 und zwei mit dem Kaliber 16, die ihm von zwei Büchsenspannern zugereicht wurden. Ein Dritter hatte nur die Aufgabe, die Abschüsse zu zählen.

Die Vertreter der Presse buhlten unermüdlich um die Gunst des Monarchen, um an die neusten Jagdereignisse zu gelangen. Wenn Kaiser Wilhelm die Absicht hatte, auf Reisen zu gehen, so gerieten die Journalisten in höchste Aufregung. Galt es doch, Verbindungen zu knüpfen, um zu einem frühestmöglichen Zeitpunkt über alles informiert zu sein. Der Hofberichterstatter Otto de Grahl aus Berlin hatte zum Beispiel gleich eine ganz besondere Idee. Als bekannt wurde, dass der Kaiser im September 1896 wieder eine Reise nach Rominten plante, wandte er sich an das Oberhofmarschallamt und bat, ihm durch tägliche Telegramme mitzuteilen, wo sich Seine Majestät gerade befinde: »Wir sind leider gezwungen gewesen, die Hofberichte aus anderen Meldungen zusammenzustellen, da die Telegramme aus Rominten direkt nach Potsdam gehen. Das hiesige Publikum nimmt aber einen so regen Anteil an dem Ergehen Seiner Majestät und an Allerhöchst dessen Jagderfolgen, daß es erwünscht erscheint, täglich einen kurzen direkten Bericht veröffentlichen zu können.«[52]

Er bat deshalb, ihm am besten in der Zeit von 10 bis 10:30 Uhr eine entsprechende »Depesche« zukommen zu lassen. Nun, soweit kam es dann doch nicht. In der Regel gingen alle Telegramme zuerst an das Oberhofmarschallamt. Das entschied dann darüber, welche Informationen die Presse erreichten.

GLANZ UND ENDE DER HOFJAGDEN

DAS HOFJAGDREVIER SOLL KOHLENREVIER WERDEN

Es hätte nicht viel gefehlt und die Schorfheide wäre nicht als Jagdgebiet, sondern als Abbaugebiet für Braunkohle in die Geschichte eingegangen. Dass es dazu nicht kam, war den damaligen Forstbeamten der Schorfheide zu verdanken. Sie brachten massive Kritik im Hofjagdamt vor, sodass sofort der Kaiser über das Bestreben des königlichen Oberbergbauamtes informiert wurde.

Am 10. Februar 1888 erhielt Oberstjägermeister Fürst von Pleß ein Schreiben aus dem Ministerium des Königlichen Hauses, das ihn aufschrecken ließ. Der Domänenpächter Brückner aus Hammer bei Liebenwalde war bei Bohrungen in der gleichnamigen Oberförsterei im Jahre 1887 in einer Tiefe von 26 Metern auf Braunkohle gestoßen. In Verbindung mit dem portugiesischen Generalkonsul R. Eisenmann stellte er den Antrag, ihnen »die Ausführung von Schürfarbeiten in den Oberförstereien Pechteich und Groß Schönebeck zu gestatten«. Dazu hatten sie die Bergwerksgenossenschaft »Pequena« gegründet, die sich bereits im südlichen Bereich der angrenzenden Feldmarken von Ruhlsdorf und Marienwerder Bohrrechte gesichert und Erkundungen durchgeführt hatte.

Nach den damals geltenden Gesetzen konnte solch ein Antrag nicht versagt werden. Oberlandforstmeister Ulrici schrieb, dass sich die Gefahr nicht durch Aufstellung erschwerender Bedingungen beseitigen lasse.

Am 14. Februar 1888, also noch unter Kaiser Wilhelm I., berichtete Fürst von Pleß als Chef des Hofjagdamtes dem Oberstkämmerer und stellvertretenden Minister des Königlichen Hauses, Graf Otto zu Stolberg-Wernigerode (1837–1896): »Wie Erlaucht aus dem [...] Schreiben ersehen haben werden, liegt [...] das Jagdschloß Hubertusstock sowohl als die engere Schorfheide innerhalb der [...] gedeckten Fläche und begreift so das zunächst von dem Eindringen fremder Speculation zu bewahrende Terrain in sich. Es bildet indessen [...] nur den Kern des als Schorfheide [...] bekannten Hofjagdreviers, und soll [...] nicht auch dieses letzte der Krone Preußens bislang zu Nutz und Freude mühsam erhaltene Rothwildgehege zweifelhaften Gründungen zum Opfer fallen [...].«

Pleß wies daraufhin, dass letztendlich nur der Grundeigentümer eine derartige Nutzung verhindern könne und empfahl, den Fiskus selbst als Antragsteller für die anstehenden Bohrungen auftreten zu lassen. Damit hatte der Staat das Recht, selbst Untersuchungen durchzuführen und die Schorfheide mit eigenen Bergwerksfeldern zu belegen, die dann vor dem Zugriff der Spekulanten durch Verleihung der Schürfrechte an den Kaiser unbehelligt blieben.

Er folgte damit dem Rat des Landwirtschaftsministers und schrieb weiter: »[...], daß der Krone Preußens ihr ältestes und im Laufe der Jahre allein noch übrig gelassenes Rothwildgehege erhalten werde. Schon die desbezügliche Zumuthung macht mich indessen besorgt, und damit in dieser für die Hof-Jagd-Verwaltung so hochwichtigen Angelegenheit – denn ich sehe die Erhaltung des Hofjagdgeheges Schorfheide geradezu als Ehrensache an – nichts verabsäumt werde [...].«[1]

Die durchgeführten Bohrungen ließen keine Zweifel aufkommen, dass im Pechteicher Bereich abbauwürdige Kohle vorhanden war. Die erste Bohrung im Jagen 67 der Oberförsterei Pechteich war in einer Tiefe von 54,90 Meter erfolgreich. Die Mächtigkeit der Kohle konnte zunächst nicht festgestellt werden, da ein größerer Stein eine weitere Untersuchung ausschloss. Erst eine zweite Bohrung zeigte, dass in einer Tiefe von 54 Metern drei Meter Braunkohle anstand. Die Bohrung wurde bis auf 81 Meter weitergeführt, ohne auf weitere Kohle zu stoßen.

Im Frühjahr 1889 wurden insgesamt sechs Braunkohlenfelder im Revier der Oberförsterei Pechteich: »von Alvensleben II.«, »Eichhorst VII.«, »Groß Schönebeck«, »Marienwerder I.«, »Lisbeth Sachse I.« und »von Stüntzner II.« ausgewiesen und der Forstverwaltung zur Gewinnung von Braunkohle die Urkunden dazu verliehen. Der Abbau hätte sich in nördlicher Richtung des Werbellinkanals ab der heutigen Bundesstraße 167 bis zur Ortslage Eichhorst vollzogen. Die Größe des möglichen Abbaugebietes betrug über 1.300 Hektar.[2]

In der Zwischenzeit wurde Wilhelm II. Kaiser. Er ließ die Schürfrechte der sechs Kohlefelder sofort auf den Kronfideikommiss, also in seinen Familienbesitz, und damit in seine persönliche Verfügungsgewalt übertragen.

Um weitere private Initiativen von vornherein zu unterbinden, wurden weitere Erkundungsbohrungen im gesamten Schorfheidegebiet durchgeführt. Im Bereich Grimnitz sahen die Bodenverhältnisse anders aus. Eine Bohrung bei Königslinden musste wegen Steinlager und Geröllschichten aufgegeben werden. Eine weitere Bohrung an der Försterei Schorfheide ergab in einer Tiefe von 33,20 Meter nur eine Mächtigkeit von 0,20 Metern Kohle. Daraufhin wurden die Bohrungen im südlichen Teil der Schorfheide, in der Nähe der Kammerberge, verstärkt und 1889 beendet. Zehn Jahre später wurden Bohrungen in den Revieren Hüttendorf und Altenhof durchgeführt, die negativ ausfielen. Drei Bohrungen konnten bis zu einer Tiefe von 60 beziehungsweise 70,45 Metern vorangetrieben werden, wobei nur geringe Kohlevorkommen zu finden waren. Die übrigen mussten wegen zu großer Steinschichten aufgegeben werden. Die Suche nach Steinsalz und Steinkohle, die man in noch größerer Tiefe vermutete, wurde wegen der hohen Kosten fallen gelassen.

1905 fanden in der Oberförsterei Groß Schönebeck weitere Sondierungen nach Braunkohle statt. Am Westufer des Großen Döllnsees im Jagen 33a sollte im Oktober eine Bohrung durchgeführt werden. Nach den Unterlagen waren an diesem See bis zu 20 Bohrungen vorgesehen. Mehrere wurden ebenso am Großen Glasowsee angelegt.

1908 folgten umfangreiche Untersuchungen in den Forstrevieren Zehdenick und Reiersdorf. Mehrere Bohrungen fanden im Revier Kappe, am Mahnkopf See und am »Templiner Wasser« statt. Die hier durchgeführten Bohrungen erreichten eine Tiefe von 55,19 beziehungsweise 88,17 Metern und ergaben abbauwürdige Befunde. Gleiches galt für die Funde Nr. 5 »Havel«, mit einer Tiefe von 103,55 Meter, und Nr. 7 »Neuhof«, mit einer Tiefe von 171,10 Meter. Die größte Tiefe wurde mit 226,60 Metern am Loch Nr. 6 »Burgwall« erreicht. Abbauwürdige Kohle fand sich dort aber nicht.[3] Letztendlich untersagte der Kaiser jeglichen Abbau und der Kohlenabau wurde zu den Akten gelegt.

Dennoch warfen fremde Investoren weiterhin ein Auge auf die Schorfheide. Aufgrund der angespannten wirtschaftlichen Lage nach dem Ersten Weltkrieg erinnerte sich der Leipziger Unternehmer Brinkhoff 1920 der Schorfheider Kohlenlager und beabsichtigte, diese käuflich zu erwerben. In der Folge begann eine erneute Untersuchung. Die Regierung unter Otto Braun übergab den Antrag dem Ministerium des königlichen Hauses, das ihn durch die Hofkammer prüfen ließ. Da-

bei konnte festgestellt werden, dass die Schürfrechte weiterhin beim Kronfideikommiss lagen, also beim abgedankten Haus Preußen.

Die Behörde hatte nunmehr zu prüfen, ob dem Haus Preußen innerhalb von sechs Monaten die Inbetriebnahme eines Bergwerksbetriebes aufgegeben werden könnte, oder ob andernfalls der Entzug der Bergwerkskonzession vorzunehmen war. Denn der allgemeine Bedarf an Kohle war in dieser äußerst schwierigen wirtschaftlichen Situation enorm. Schließlich ließ die Regierung Braun am 15. Februar 1921 durch den Minister für Handel und Gewerbe mitteilen, neueste Untersuchungen hätten ergeben, dass ein wirtschaftlicher Bergbaubetrieb selbst in der damaligen kohlenarmen Zeit nicht zu empfehlen sei. Damit war das Jagdgebiet auch zu Beginn der Weimarer Republik für den Reichspräsidenten Ebert und den preußischen Ministerpräsidenten Braun gerettet.

DAS HALALI DER HOFJAGDEN

Kaiser Wilhelm II. war der Schorfheide tief verbunden, kannte er doch von Jugend auf den Wald und schenkte ihm stets größte Aufmerksamkeit. Hier schoss er seinen ersten Hirsch und verbrachte erholsame Stunden. Selbst zu Weihnachten wollte er einen Weihnachtsbaum aus der Schorfheide nicht missen. 1889 mussten zwei gleich große Bäume und fünf kleinere für die Prinzen in das Neue Palais nach Potsdam geliefert werden.[4]

Wenn man seine Jagdstrecken näher betrachtet, so ist zu erkennen, dass der Kaiser das Rotwild nicht alt werden ließ und die Hirsche oft zu jung streckte. Die Hirsche schoss er, obwohl die Altersangaben fehlen, in ihrer besten Entwicklungsphase. Die Endenbildung war gut, doch lag das Geweihgewicht eindeutig unter dem Durchschnitt anderer Hochwildreviere. Von

Kaiserjagd in der Oberförsterei Zehdenick, 9. Januar 1911.

56 Rothirschen, die er zwischen 1890 bis 1899 schoss, betrug das Geweihgewicht zwei bis acht Kilogramm. (S. 200) Ein Hirsch von ungeraden 22 Enden, den er am 7. Oktober 1903 in der Oberförsterei Groß Schönebeck erlegte, hatte ein Geweihgewicht von nur vier Kilogramm; ein Hirsch von ungeraden 18 Enden, der am 15. Februar 1899 fiel, erreichte 4,62 Kilogramm.[5] Von den Rothirschen, die mit 190 und mehr Punkten bewertet werden konnten, waren die aus Zehdenick die stärksten. Kein anderes Revier der Schorfheide brachte dauerhaft stärkere Geweihgewichte hervor. Darunter waren zwei ungarische Hirsche aus dem Jahre 1907 und 1908 sowie einer vom 19. September 1905 mit 14 Enden, acht Kilogramm Geweihgewicht und 194,35 Punkten; einer vom 19. September 1908, ungeraden 16 Enden, acht Kilogramm Geweihgewicht und 195,12 Punkten; einer vom 14.10.1912, ungeraden zehn Enden, achteinhalb Kilogramm Geweihgewicht und 198,90 Punkten.[6]

Freilich konnten nur diejenigen Schorfheide-Hirsche berücksichtigt werden, zu denen Angaben vorlagen. Wie viel Trophäenträger insgesamt von Kaiser Wilhelm II. in der Schorfheide erlegt wurden, ist nicht festzustellen, da das Abschussbuch bislang verschollen ist.

Der Kaiser jagte nicht nur gern Hochwild, sondern ebenso Niederwild. Im Januar 1897 schoss er zum Beispiel auf den Feldmarken von Britz, Buckow und Groß Ziethen in zwei Standtreiben 817 Hasen.

Allein im Jahr 1902 erlegte der Kaiser in verschiedenen Revieren insgesamt 3.427 Stück Wild (s. Tab. unten).[7] Im Herbst 1912 gelang ihm in Grimnitz die Erlegung von elf Rothirschen in drei Tagen und in der Oberförsterei Groß Schönebeck erlegte er seinen 1.000. Hirsch. Dazu gratulierten ihm Jäger aus ganz Deutschland und Österreich. Ein Jahr später, im Herbst und Winter 1913/14, weilte der Kaiser letztmalig in der Schorfheide und erlegte bis zum 28. Februar 1914 in den Oberförstereien:

- Groß Schönebeck – drei Rothirsche
- Grimnitz – sieben Rothirsche und ein Damhirsch
- Pechteich – zwei Rothirsche
- Reiersdorf – ein Rothirsch

Abschüsse des Kaisers im Jahr 1902.

Monat	Revier	Strecke	Gesamt
Februar	Schorfheide	13 Rot-, und fünf Damhirsche	18 Stück
April	Primkenau	20 Birkhähne	20 Stück
Juni	Cardinnen	vier Rehböcke	4 Stück
September	Schorfheide	17 Rot-, und zwei Damhirsche	19 Stück
Sept./Okt.	Rominten	18 Rot-, ein Damhirsch, eine Sau und ein Fuchs	21 Stück
Oktober	Blankenburg	sieben Rothirsche und 75 Sauen	82 Stück
November	Sandringham	22 Hasen, 86 Kaninchen, 624 Fasane, 156 Rebhühner, 16 Enten, zwei Bekassinen, eine Schnepfe und sechs andere Vögel	915 Stück
November	Lowther	57 Hasen, 88 Kaninchen, 97 Fasane, 15 Enten, einen anderen Vogel	258 Stück
November	Bückeburg	29 Rothirsche	29 Stück
November	Neudeck	925 Fasane und zwei Hasen	927 Stück
Dezember	Groß Strelitz	765 Fasane, fünf Hasen, zehn Kaninchen, zwei andere Tiere	782 Stück
Dezember	Entenfang	128 Fasane und 225 Kaninchen	352 Stück
Gesamt			3.427 Stück

Jagdstrecke Wilhelm II. vom 12. Oktober 1911; acht Hirsche an einem Vormittag!

Es waren seine letzten 13 Rothirsche und sein letzter Damhirsch in der Schorfheide.[8] Mit seinem letzten Abschuss endeten auch die Glückwunschtelegramme zu besonders starken Geweihen. Im September 1913 gelang ihm noch die Erlegung eines Rothirsches von 26 Enden bei Fürst Pleß. Dieses Ereignis ließ der Kaiser sogleich mit den Vermessungsdaten versehen und verschiedenen Fürsten per Telegramm mitteilen. Herzog Viktor von Ratibor antwortete dem Monarchen: »Eure Majestät gnädige Benachrichtigung über Erlegung eines 26 Enders [...] mit alleruntertänigstem Dank gratuliere ich ehrerbietigst. Ich pirsche seit 10, hier noch keinen schießbaren Schaufler gesehen. Waidmannsheil.«

Fürst Richard von Dohna-Schlobitten schrieb: »Eure Majestät danke ich aller-untertänigst für die allergnädigste Übermittlung der Maße des Geweihs und Körpers des so kapitalen Hirschen. Der heilige Hubertus verleihe Euer Majestät und der Jägerei Romintens ähnliches Waidmannsheil.«

Fürst Friedrich von Solms Baruth dankte ebenfalls und bemerkte: »Schade ist es nur, dass bei jedem Geweih noch immer eine dünnste Stelle existieren muss.«[9]

Während seiner Jagdzeit in der Schorfheide erlegte der Kaiser allein in der Oberförsterei Grimnitz rund 350 starke Rothirsche. Sein Forstmeister von Hövel erlegte in 40 Dienstjahren 4.000 Stück Wild.[10]

In den 40 Jahren von 1881 bis 1920 wurden allein in der Oberförsterei Grimnitz insgesamt 6.651 Rothirsche und 8.969 Damhirsche erlegt.[11] Von Hövel schrieb zu der Jahresbilanz aus dem Jahr 1895 in einem Telegram: »Die stärksten Hirsche in meinem Revier haben S.M. bei der Pirsch im Oktober erlegt und in so großer Anzahl, daß ein weiterer Abschuß nicht tunlichst erscheint.«[12]

Abnahme der noch unversorgten Jagdstrecke durch den Kaiser.

Während des Krieges wurde der Wildstand kaum reduziert. Auch die auf Fleischmarken angewiesene Bevölkerung in den Städten konnte auf keine zusätzliche Versorgung mit Wild hoffen. Das Hofjagdamt bemühte sich, Wild aus den Hofjagdrevieren vor allem Lazaretten zu Verfügung zustellen. Besondere Berücksichtigung fanden solche Einrichtungen, die vom Kaiser oder der Kaiserin besucht worden waren.[13]

Gerade in der Zeit nach 1913 konnten sich starke Hirsche entwickeln, da Kaiser Wilhelm II. nicht mehr zur Jagd kam und niemand wagte, »seine« Hirsche zu bejagen. Der Abschuss von weiblichem Wild und schwachen Hirschen wurde dagegen so konsequent, wie es bei dem reduzierten Personalstand möglich war, weitergeführt. Es war eine Zeit, in der die gut veranlagten Hirsche alt werden konnten. Das Kriegsjahr 1917 brachte daher auch die stärksten Hirsche hervor und von Hövel sagte: »[...] setzten sie Geweihe auf wie nie zuvor!« Erst als die Monarchie zusammenbrach und es klar war, dass der Monarch hier nie mehr jagen würde, nutzten die Revierförster in einem Herbst das, was sie selbst in jahrelanger Hege aufgebaut hatten. Der Abschuss der meisten starken Hirsche durch die Revierverwalter begann im Herbst 1918 und endete im Winter 1919.

Nach dem großen Aderlass zum Ende des Weltkriegs stellte Dr. Hausendorff fest: »1922 war kaum noch einer [Hirsch] vorhanden.«[14] Wie viel Stück Rotwild zum Abschuss gelangten, ist nicht vollständig nachweisbar. An Hirschen erfolgte aber beispielsweise in Grimnitz folgender Abgang:

Jahr	Rothirsche	Damhirsche
1918	174 Stück	332 Stück
1919	126 Stück	202 Stück
1920	59 Stück	92 Stück

Die letzte jährliche Auflistung endete mit der Bemerkung, dass die Nachweisungen nun nicht mehr gewünscht würden. Nach und nach sollte die Schalenwilddichte der Schorfheide auf ein waldverträgliches Maß gesenkt werden.

In forstlicher Hinsicht hinterließ die Schorfheide ebenfalls ein schwaches Erbe. Weite Teile der Schorfheide, westlich des Werbellinsees, von Groß Schönebeck bis Joachimsthal, glichen mehr einer Park- als einer geschlossenen Waldlandschaft. Wenn auch von Hövel 1923 versuchte, den Vorwurf der vernachlässigten forstlichen Pflege zugunsten der Jagd zu entkräften, so bot doch das waldbauliche Bild einen traurigen Beweis dafür, dass die Jagd dem Waldbau übergeordnet gewesen war. Schuld daran seien, wie die Forstverwaltung oftmals argumentierte, die nicht bewilligten finanziellen Mittel gewesen. Die Hofjagdbeamten, Förster als auch Oberförster, waren und blieben eben stets Diener ihres Herrn.

Für das geschundene Land Preußen, das nun in einer Republik weiter existierte, blieb lediglich, einen Schlussstrich unter die alten Anschauungen zu ziehen. In weiten Teilen der Sozialdemokratie galt die höfische Jagdform als Privileg der bislang herrschenden Klassen. Unter dem Landwirtschaftsminister Otto Braun wurde das Hofjagdamt aufgelöst. 1919 wurden die Kosten für die ehemaligen Hofjagdreviere errechnet, wobei lediglich die Wildzauninstandhaltung und die Futterkosten zugrunde gelegt wurden. Danach bestand ein jährlicher finanzieller Bedarf in Höhe von 27.000 Mark, den das Land allein hätte tragen müssen.

Das einst so bekannte und berühmte Hofjagdamt währte keine 100 Jahre. Zum 1. Juli 1919 wurde das Hofjagdgehege in die normale Forstverwaltung eingegliedert. Gleichzeitig erfolgten keine Vergütungen mehr für die Mitglieder des Hofjagdamtes. (S. 203) Alle Zahlungen für Zaungatter und Fütterungen in der Schorfheide wurden eingestellt.

Dennoch sah die neue Regierung bald ein, dass sie weiterhin für die Unterhaltung des Wildzaunes und

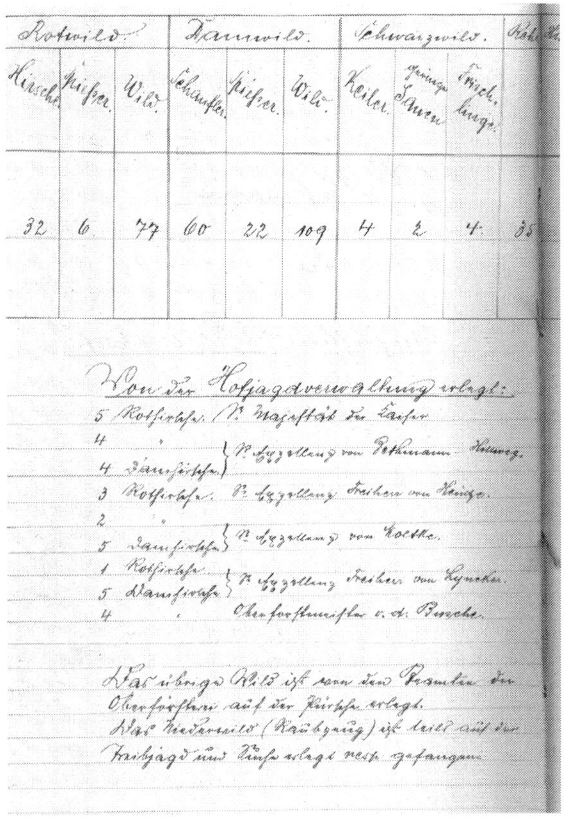

Rotwild			Damwild			Schwarzwild			
Hirsche	Spießer	Wild	Schaufler	Spießer	Wild	Keiler	geringe Sauen	Frischlinge	
32	6	77	60	22	109	4	2	4	35

Von der Hofjagdverwaltung erlegt:
5 Rothirsche S. Majestät der Kaiser
3 Rothirsche S. Exzellenz Freiherr von Heintze
4 Oberforstmeister v. d. Busche

Das übrige Wild ist von den Beamten der Oberförsterei auf der Pirsche erlegt.
Das Niederwild (Raubzeug) ist teils auf der Treibjagd und Pirsche erlegt resp. gefangen.

Nachweis der letzten Abschüsse des Kaisers 1913 in der Oberförsterei Reiersdorf.

die Versorgung des Wildstandes einstehen musste, solange die Wildreduktion noch nicht im gewünschten Maß vollzogen war. Der maximale Wildbestand sollte in den nächsten Jahren, wie in allen anderen preußischen Oberförstereien, auf nur ein Stück Rot- oder Damwild pro 50 Hektar, somit auf insgesamt 804 Stück Wild, reduziert werden. Doch dazu ist es nie gekommen.[15]

Während der Wildzaun im ehemaligen Hofjagdrevier Oranienburg abgebaut wurde, blieb er in der Schorfheide erhalten. Der Landwirtschaftsminister Otto Braun selbst ließ ihn reparieren und instand halten. Dazu wurden 35.000 Meter Maschendraht anderswo – vor allem im ehemaligen Hofjagdgebiet Oranienburg – abgebaut und auf die Reviere der

Orden vom Weißen Hirsch Sankt Huberti, die Umschrift lautet »VIVE LE ROY ET CHASSEURS« – Es lebe der König und seine Jäger.

Schorfheide verteilt. Als Jagdverwaltungskosten für die Schorfheide stellte die Regierung im Haushaltsjahr 1921 40.500 Mark ein, von denen 33.850 Mark für die Wildfütterung vorgesehen waren.

Als für jedermann ersichtlich wurde, dass der Wildzaun weiterhin instandgesetzt wurde, gingen bald erste Beschwerden ein. Am 6. November 1921 schrieb unter anderem ein Herr Erdmann an den Regierungspräsidenten in Potsdam: »Die Instandhaltung der Umzäunung im vormaligen Hofjagdamt Schorfheide erfordern ungeheuere Ausgaben, die m.E. gegenüber der Öffentlichkeit nicht zu rechtfertigen sind. Ich bitte um Auskunft, aus welchem Grunde auch jetzt noch diese Umzäunung notwendig ist und daran kostspielige Reparaturen hieran erfolgen, nachdem das Hofjagdamt als solches keine Existenzberechtigung mehr hat.«

Als Antwort erhielt der Beschwerdeführer die Auskunft, dass der Zaun durch die Staatsforstverwaltung errichtet worden sei und wegen der zu befürchtenden Schäden auf den angrenzenden Feldmarken noch bestehen bleiben müsse. Was die Regierung indes nicht mitteilte, war, dass der Reichspräsident Friedrich Ebert sich selbst zum Jäger entwickelt hatte und ein Blockhaus am Werbellinsee errichten ließ, von dem er, wenn auch eher selten, seine wenigen Jagdausflüge genoss.

Der preußische Landwirtschaftsminister und gleichzeitige Ministerpräsident Otto Braun erlag ebenso den Reizen der Schorfheide und wurde ein passionierter Jäger. Er nutzte bis zum Ende seiner Regierungszeit das alte kaiserliche Jagdhaus Hubertusstock. Ebenso sein Landwirtschaftsminister Heinrich Steiger.[16]

Da Kaiser Wilhelm II. schon 1888 – für sich – die Einrichtung von eingestellten Jagden abgelehnt und die Einzelpirsch bevorzugt hatte, hinterließ er eine umfangreiche Sammlung starker Trophäen.[17] Sie drohte nach dem Krieg auseinanderzufallen und verloren zugehen. In seinem Exil war kein Platz und so verblieben die Trophäen in einigen Schlössern und Jagdhäusern Preußens.

Schon frühzeitig nach dem Ende des Weltkriegs bemühten sich der Oberförster von Grimnitz, Dr. Hausendorff, und der Zoodirektor Dr. Lutz Heck aus Berlin um eine würdige Sammlungsstätte. Diese fand sich in dem alten markgräflichen Schloss in Schwedt, zu der Wilhelm II. von Doorn aus seine Zustimmung gab. Am 8. Mai 1932 wurde dort die damals größte zusammenhängende Trophäensammlung Preußens der Öffentlichkeit präsentiert. In 17 Räumen fanden, geordnet nach Jagdgebieten und Wildarten, die erbeuteten Trophäen aus Brandenburg, Norwegen, Rominten, Österreich, Pommern, Schlesien, Schweden, Ungarn und anderen Örtlichkeiten ihren Platz. Insgesamt lagerten dort 770 Rehkronen, 620 Damschaufler, 420 Rothirschgeweihe, 108 Gamskrickel, 84 Keilerwaffen, 42 Fuchspräparate, acht Elchgeweihe und ein Wisenthalbpräparat.[18] Darunter befanden sich auch Wil-

Seite aus den Erinnerungen des preußischen Ministers Steiger, mit Anmerkungen zum Gedenkstein für den 1000. erlegten Hirsch durch Wilhelm II.: »Bei einer Fahrt sehe ich plötzlich in dem Eichenbestand eine Fichtenschonung. Vor dem großen Gedenkstein war eine Krone in kurzgehaltenen Fichten. Das ganze war von einem Drahtzaun umgeben. Der Inhalt der Beschriftung des Steins spricht für sich.«

Wilhelm II. (Mitte) im Revier Deutschboden 1910, 2.v.l. Hegemeister Ludwig Schröder, ganz rechts Büchsenspanner Rollfing.

helms II. erster und sein tausendster Rothirsch, die er beide in der Schorfheide erlegt hatte.

Alle diese Trophäen gingen bei der Verteidigung von Schwedt im Jahre 1945 mit dem Schloss in den Kriegsflammen unter. Auch die Abschussbücher aus Rominten und der Schorfheide sind nicht mehr auffindbar und müssen als verloren angesehen werden. Nur einige wenige und nicht die kapitalsten Trophäen befinden sich heute in den Jagdschlössern Königs Wusterhausen und Groß Schönebeck. Sie hatten auf dem Dachboden des Neuen Palais im Park von Sanssouci die Nachkriegswirren überstanden.

Die gesamte Jagdstrecke des Kaisers und Königs betrug innerhalb von 46 Jagdjahren 78.330 Stück Wild. Er hatte also im Durchschnitt 1.708 Stück Wild pro Jahr erlegt. Darunter waren u.a. 44.806 Fasane, 18.025 Hasen, 3.568 Wildschweine, 3.178 Karnickel, 2.133 Rothirsche, 1.848 Damschaufler, 963 Rebhühner, 955 Rehböcke, 826 Reiher, 739 Füchse, 170 Enten, 121 Gämsen, 108 Auerhähne, 99 Damtiere, 92 Rottiere, 25 Birkhähne, zwölf Elche, elf Rentiere, acht Wisente, fünf Schnepfen, drei Muffelwidder, drei Bären, zwei Perlhühner, ein Baummarder und ein Wal.[19]

Jeweils am 30. September beging er sein Jagdjubiläum, jenem Tag, an dem er sein erstes Stück Wild erlegt hatte. Wilhelm II. war jedoch nicht der größte Nimrod seiner Zeit. Herzog Viktor von Ratibur brachte es auf rund 118.000 Kreaturen, des Kaisers früherer Oberstjägermeister Fürst Pleß auf 82.562 Stück Wild und Erzherzog Franz Ferdinand von Österreich schoss allein schon 6.916 Rothirsche.

In der Regel befand sich der Kaiser mehrere Wochen im Jahr auf der Jagd. Im Jahr 1895 etwa waren es 40 Tage, 1896 57 und im Jahr 1897 sogar 60 Tage. Noch nie zuvor hatte ein Hohenzollernfürst eine so

Kaiser Wilhelm II. an einem ung. 16 Ender, erlegt in der Oberförsterei Zehdenick; fotografiert von der Kaiserin, 1908.

hohe Jagdstrecke erreicht; er war auch in dieser Hinsicht einer der »Größten«.

Mit dem Ende der Monarchie und der Auflösung des Hofjagdamtes wandelte sich auch die wirtschaftliche Rolle der Schorfheide für die Landbevölkerung. Transportleistungen von Baumaterialien, Wildfutter oder Hilfsleistungen für Jagden entfielen und daraus resultierende Einnahmen gingen zurück. Die Revierverwalter mussten umdenken und sich nunmehr intensiver der Waldwirtschaft widmen. Diese sollte fortan Vorrang vor der Wildwirtschaft erhalten – jedoch nur für einen kurzen Zeitraum, ehe das Jagdgebiet Schorfheide eine neue, fragliche Renaissance erlebte.

ANHANG

DOKUMENTATIONEN

Die forstlichen Verhältnisse in den Hauptjagdgebieten, der Oberförstereien Groß Schönebeck, Grimnitz, Pechteich und Zehdenick Mitte des 19. Jahrhunderts

Holzartenanteile in den Oberförstereien Groß Schönebeck/Pechteich

	1845	1865	Anteil
Birke	166,47 Hektar	1.475,77 Hektar	11,99 Prozent
Buche	114,89 Hektar	182,05 Hektar	1,48 Prozent
Erlen	130,98 Hektar	172,85 Hektar	1,40 Prozent
Eiche	149,87 Hektar	605,37 Hektar	4,92 Prozent
Kiefer	8.464,47 Hektar	9.477,33 Hektar	76,99 Prozent
Laubholz gemischt 2.233,31 Hektar	-	-	
Laub-, Nadelholz	279,58 Hektar	-	-
Pflanzgärten	-	1,27 Hektar	0,01 Prozent
Freiflächen	581,37 Hektar	394,47 Hektar	3,21 Prozent
Gesamt	12.120,94 Hektar[1]	12.309,11 Hektar[2]	100 Prozent

Der Rest bestand aus Wasser- und Restflächen. Die Eiche fand sich nur noch als Überbleibsel der ehemals ausgedehnten Eichenwälder in den nun vorherrschenden Kiefern- und Birkenbeständen. Im Bereich der Kiehnheide hatten die Kiefernbestände ein Alter bis zu 140 Jahren und in der Eichheide bis zu 60 Jahren erreicht.

Holzartenanteile in den Oberförsterei Grimnitz

	1845	1865	Anteil
Birke	1.385,89 Hektar	993,72 Hektar	13,99 Prozent
Buche	3,83 Hektar	84,00 Hektar	1,18 Prozent
Erle	44,17 Hektar	41,11 Hektar	0,58 Prozent
Eiche	55,89 Hektar	214,47 Hektar	3,02 Prozent
Kiefer	4.177,33 Hektar	5.388,34 Hektar	75,87 Prozent
Laub-/Nadelholz	954,90 Hektar	-	
gem. Laubholz	293,00 Hektar	-	
Freiflächen	101,07 Hektar	380,17 Hektar	5,36 Prozent
Gesamt	7.016,08 Hektar[3]	7.101,81 Hektar[4]	100 Prozent

Holzartenanteile in den Oberförsterei Zehdenick

	1840	Anteil
Birke	1.236,78 Hektar	13,95 Prozent
Buche	136,60 Hektar	1,54 Prozent
Erle	1.789,05 Hektar	20,17 Prozent
Eiche	118,47 Hektar	1,33 Prozent
Kiefer	4.499,07 Hektar	50,73 Prozent
Freiflächen	478,22 Hektar	5,39 Prozent
Brüche	610,24 Hektar	6,88 Prozent
Gesamt	8.868,41 Hektar[5]	100 Prozent

Stürme in der Oberförsterei Groß Schönebeck 1866

11 Stürme aus dem	Norden	20,75 Prozent
14 "	Nordwesten	26,42 Prozent
5 "	Süden	9,43 Prozent
23 "	Westen	43,40 Prozent[6]
		100,00 Prozent

Nachweis des in den Oberförstereien eingetriebenen Hausviehs

Oberförsterei Groß Schönebeck

Jahr	1747	1751	1800	Stück/Hektar
Rinder	2.008	2.525	3.751	0,39
Pferde	944	1.923	1.052	0,11
Schafe	6.610	10.086	18.511	1,95
Schweine	325	keine Angaben	2.468	0,26
Gesamt/Stück	9.887	14.534	25.782[7]	2,71[8]

Die Pechteicher Reviere hatten um 1820 2.581 Schafe, 1.246 Rinder, 615 Pferde und 22 Schweine zu verkraften. Bei dieser Fülle von Nutzvieh war es nicht verwunderlich, wenn sich nur 0,95 Stück Rotwild auf 100 Hektar nachweisen ließen.[9] In der Oberförsterei Grimnitz sah das Verhältnis noch ungünstiger aus. Dort weideten 1815 auf etwa 11.892 Hektar 17.317 Stück Vieh,[10] also rund 146 Stück auf 100 Hektar. In der Oberförsterei Zehdenick hatten 1841 die Hütungsberechtigten das Recht insgesamt 12.802 Stück Vieh auf 9.444 Hektar weiden zu lassen.[11]

Errichtung weiterer Förstereien[12] in der Schorfheide

Jahr	Name	erster Verwalter
um 1804	Pehlenbruch	Unterförster Fritze[13]
1801	Spring	Holzaufseher Re(ä)hmel[14]
um 1850	Werbellinsee	Förster Schleihahn[15]
1887	Wilhelmseichen	Förster Fricke[16]
1835	Rehluch[17]	
1845	Wildfang	Förster Schlüßler
1845	Dölln/Döllnkrug	nicht gesichert
1854	Lotzin[18]	

Aus den Oberförstereien gemeldete Tiere im Jahr 1828

	Rotwild	Damwild	Schwarzwild	Rehwild	Hasen	Rebhühner
Falkenhagen	-	107	-	41	-	
Gr. Schönebeck	245	-	-	60	-	-
Grimnitz	340	-	23	60	60	90
Himmelpfort	9	-	-	36	-	-
Liebenwalde	58	14	15	44	-	-
Neu Holland	-	30	-	25	-	-
Spandau	-	156	-	6	80	30
Potsdam	-	-	-	-	50	50
Reiersdorf	61	-	-	23	-	-
Zehdenick	150	80	-	100	-	-
Gesamtbestand	863	387	38	395	190	170[19]

Fehlende Ziffern bei Hasen und Rebhühnern bedeuten nicht unbedingt, dass kein Besatz vorhanden war, sondern dass er kaum oder gar nicht ermittelt werden konnte. Da die Gesamtfläche der genannten Oberförstereien 78.589 Hektar betrug, kamen auf 100 Hektar 1,10 Stück Rotwild vor. Damwild dagegen war zu dieser Zeit noch nicht überall vertreten und kam auf etwa 0,49 Stück je 100 Hektar vor. Anhand der Meldedaten ist davon auszugehen, dass sich diese Wildart nach ihrer Einbürgerung zum Anfang des 18. Jahrhunderts nördlich von Berlin aus in die anderen Teile der Mark sukzessive ausbreitete.

Schüsse und Abschüsse einer Jagd vom 2. Januar 1829

Treiben	Abgegebene Schüsse	Damwild	Rehwild	Füchse	Hasen	Fehlschüsse
Ringbahn	13	1	-	-	3	9
Lange Berg	5	-	-	-	3	2
Bl.-schonung	9	1	-	-	1	7
Lutherberge	15	1	-	-	3	11
Kaisergrund	11	-	-	-	2	9
Hirschtränke	15	-	1	2	2	10
Rondel	29	1	-	1	4	26
Gesamt	97	4	1	3	18	74[20]

Die Auflistung der Jagd vom 2. Januar 1829 beim Forsthaus Rädel verdeutlicht, dass es ein generelles Problem war, das schnell vorbeiziehende Wild zu treffen. Anlässlich dieser Jagd wurden insgesamt sieben Treiben durchgeführt, wobei 76 Prozent aller abgegebenen Schüsse Fehlschüsse waren.

Übersicht der von den königlichen Prinzen Friedrich Wilhelm, Wilhelm, Albrecht, August und Carl zwischen 1827 und 1843 abgehaltenen 106 Jagden in den Hofjagdbezirken

Revier	Anzahl	Schüsse	erlegte Stück Wild
Hofküchengehege	12	2.994	1.098 (Rehwild, Füchse, Hasen)
Grunewald	12	1.850	471 (Dam- und Rehwild, Hasen)
Falkenhagen	12	1.452	501 (Dam- und Rehwild, Hasen)
Freienwalde	5	4.493	1.416 (Rehwild, Füchse, Hasen)
Insel Potsdam	1	550	330 (Hasen, Fuchs)
Köpenick	18	2.714	842 (Rehwild, Füchse, Hasen)
Liebenwalde	1	70	25 (Rehe, Hasen, Birkhahn)
Lehnin	11	1.168	320 (Rehwild, Füchse, Hasen)
Oranienburg	5	476	113 (Rot-, Schwarz- und Rehwild)
Rüdersdorf	8	717	200 (Rehwild, Füchse, Hasen)
Schönwalde	12	927	357 (Rot-, Schwarz- und Rehwild)
Tegel	9	1.270	341 (Rehwild, Füchse, Hasen)
	106	18.681	6.014[21]

In dieser Auflistung ist zu berücksichtigen, dass die Angaben der abgegebenen Schüsse nur das Minimum darstellen. Tatsächlich war die Zahl noch höher, da in den Unterlagen auch »circa«-Angaben oder »konnten nicht gezählt werden« vermerkt worden sind. Fast in jedem Treiben bildeten die Hasen die größte Strecke, gefolgt von Rehwild und Füchsen. Rot-, Dam- und Schwarzwild kamen nur vereinzelt vor. Dagegen fanden sich hin und wieder Abschüsse von Schnepfen, Rebhühnern und Birkwild.

Nachweisung der im Jagdjahr 1845/46 abgehaltenen Hofjagden, an denen mit Ausnahme von Berlin und Rüdersdorf der König teilnahm

Datum	Revier	Rotwild	Damwild	Schwarzwild	Rehwild	Füchse	Hasen
22.12.1845	Liebenwalde	4	2	-	18	-	3
29.12.1845	Mühlenbeck	11	-	-	10	5	10
2.1.1846	Insel Potsdam	-	-	-	-	1	207
7.1.1846	Berlin	-	-	-	-	-	224
10.1.1846	Falkenhagen	-	-	-	12	1	16
12.1.1846	Mühlenbeck	8	-	-	3	1	7
16.1.1846	Rüdersdorf	7	-	1	4	3	14
19./20.1.1846	Freienwalde	-	-	-	2	5	211
26.1.1846	Spandau	-	17	-	-	1	133
2.2.1846	Oranienburg	7	5	3	7	3	4
12.2.1846	Oranienburg	4	6	-	3	5	3
16.2.1846	Mühlenbeck	11	-	-	1	-	-
Gesamtstrecke in Stück		52	30	4	60	25	832[22]

Nachweis über abgeschossenes Rotwild in den Oberförstereien Grimnitz und Groß Schönebeck zwischen 1856 und 1867

Grimnitz

Jahr	Hirsche mit über zwölf Enden	Hirsche mit bis acht Enden	Gelttiere, alte Tiere, Gabler	Spießer, Schmaltiere, Kälber	davon von Forstbeamten erlegt	Abschuss in Stück
1856	-	2	11	8	2	21
1857	1	4	7	12	4	24
1858	3	11	5	11	5	30
1859	-	4	7	12	4	23
1860	7	11	10	6	7	34
1861	5	8	9	8	6	30
1862	8	10	10	7	7	35
1863	3	4	11	19	3	37
1864	5	5	20	9	4	39
1865	6	8	18	8	7	40
1866	9	8	9	7	6	33
1867	6	9	8	8	9	31
Gesamt	53	84	125	115	64	377

Der Gesamtabschuss in den angegebenen zwölf Jahren betrug in Grimnitz 377 Stück Rotwild. Der anteilige Abschuss an starken Hirschen vom Gesamtabschuss belief sich auf 14,05 Prozent. Während der Anteil für die ersten zehn Jahre nur zehn Prozent betrug, erhöhte er sich in den darauffolgenden sechs Jahren auf 17,2 Prozent, was somit auf eine Verbesserung der Bestandsstruktur hinweist.

Groß Schönebeck

Jahr	Hirsche mit über zwölf Enden	Hirsche mit bis acht Enden	Gelttiere, alte Tiere, Gabler	Spießer, Schmaltiere, Kälber	davon von Forstbeamten erlegt	Abschuss in Stück
1856	5	14	13	5	11	37
1857	7	22	2	6	19	37
1858	3	22	10	8	22	43
1859	3	18	12	7	14	40
1860	6	19	15	6	12	46
1861	3	19	14	14	19	50
1862	5	22	15	8	20	50
1863	-	23	21	14	21	58
1864	5	18	22	11	17	56
1865	3	22	17	6	19	48
1866	3	20	22	6	16	49
1867	2	11	29	7	9	49
Gesamt	45	230	192	98	199	563

Statistik für die einzelnen Hofjagdgebiete des Regierungsbezirkes Potsdam auf der Basis dreijähriger Beobachtungen, März 1873[23]

Oberförsterei	Rotwild			Damwild			Schwarzwild	
	männl.	weibl.	Zuwachs	männl.	weibl.	Zuwachs	Bestand	Zuwachs
Falkenhagen	-	-	-	3	12	5	-	-
Gr. Schönebeck	150	550	150	25	65	25	20	10
Grimnitz	250	650	150	25	125	45	20	15
Grunewald	-	-	-	300	900	300	-	-
Köpenick	4	9	4	-	-	-	-	-
Kunersdorf	-	-	-	30	120	60	3	2
Lehnin	-	-	-	8	20	10	15	-
Liebenwalde	10	20	9	5	10	4	-	-
Liepe (Block I)	5	16	6	-	-	-	-	-
Mühlenbeck	10	40	12	-	-	-	-	-
Oranienburg	6	20	9	3	4	2	-	-
Pechteich	80	500	125	20	80	30	25	15
Potsdam	-	-	-	10	40	20	-	-
Rüdersdorf	-	-	-	-	-	-	-	-
Gesamt/Stück	515	1.805	465	429	1.376	501	83	42

Auffallend sind das Geschlechterverhältnis beim Rot- und Damwild und der zu dieser Zeit noch sehr geringe Schwarzwildbestand. Zum Abschuss schlug von Massow 215 Stück (9,3 Prozent) Rotwild, 279 Stück (15,45 Prozent) Damwild und 47 Stück (57 Prozent) Schwarzwild vor. In dieser Aufstellung ist das Jagdgehege Königs Wusterhausen/Hammer nicht enthalten.

Zählungen in den Oberförstereien 1873/74

Rotwild (1874)

Oberförsterei	Jagdbare Hirsche	Geringe Hirsche	Tiere/Kälber	Bestand
Grimnitz	28	143	679	850
Gr. Schönebeck	56	129	571	756
Pechteich	8	66	312	386
Gesamt/Stück	92	338	1.562	1.992

Damwild (1874)

Oberförsterei	Hirsche/Spießer	Tiere/Kälber	Bestand
Grimnitz	27	180	207
Gr. Schönebeck	28	50	78
Pechteich	30	115	145
Gesamt/Stück	85	345	430[24]

Schwarzwild (1873)

Oberförsterei	Stück
Grimnitz	20
Groß Schönebeck	20
Pechteich	25
Gesamt/Stück	65[25]

Gesamtstrecke des Kaisers in den Hofjagdrevieren 1872–85

Jahr	Gesamtstrecke in den Hofrevieren	davon von Kaiser Wilhelm I. erlegtes Wild		
		Rotwild	Damwild	Schwarzwild
1872	139	-	12	13
1874	106	nahm nicht teil		
1875	230	2	11	7
1876	143	-	14	13
1877	159	-	17	10
1878	209	nahm nicht teil		
1879	287	-	9	13
1881	300	-	21	18
1883	366	-	32	20
1885	290	nahm nicht teil[26]		
Gesamt/Stück	2.229	2	16	94

Auflistung des gestreckten Wildes vom 1. Juli 1887 bis 2. Juni 1888, also des letzten Regierungsjahres Kaiser Wilhelms I. und der kurzen Regierungszeit Kaiser Friedrichs III.

Oberförsterei	Rotwild			Damwild			Rehe	Hasen	Rebhühner
	Hirsche	Spießer	Kahlwild	Schaufler	Spießer	Kahlwild			
Groß Schönebeck	47	13	125	49	30	129	19	130	35
Grimnitz	28	7	65	28	36	174	16	97	4
Pechteich	6	5	22	21	28	78	29	179	202
Reiersdorf	5	5	26	20	21	56	11	18	6
Zehdenick	7	5	20	24	31	71	9	48	4
Gesamt/Stück	93	35	258	142	146	508	84	472	251

Auffallend sind auch hier noch die hohen Strecken bei Hasen und Rebhühnern. An Schwarzwild kamen nur noch ganz geringe Strecken von elf Stück (Frischlinge/Überläufer) vor. Dagegen betrug der Abschuss von wildernden Hunden im gleichen Zeitraum mindestens 25 Stück.[27]

Abschusszahlen vom 1. Juli 1890 bis 15. März 1891 für die Schorfheide

Oberförsterei	Rotwild			Damwild			Rehe	Hasen	Rebhühner
	Hirsche	Spießer	Kahlwild	Schaufler	Spießer	Kahlwild			
Groß Schönebeck	14	4	74	9	19	117	3	303	-
Grimnitz	26	17	105	6	8	88	8	115	12
Pechteich	3	3	16	23	4	26	12	233	90
Reiersdorf	7	2	36	4	6	86	15	110	1
Zehdenick	21	4	7	13	19	51	4	47	10
Gesamt/Stück	71	30	238	55	56	368	42	808	113

Von den Oberförstereien für die Jagdsaison 1898 gemeldete Hirsche

Oberförsterei	Stück/Geweihendenzahl				
	18-Ender	16-Ender	14-Ender	12-Ender	10-Ender
Groß Schönebeck	-	3	6	14	5
Grimnitz	2	4	18	-	10
Pechteich	1	3	10	-	-
Reiersdorf	-	-	12	28	24
Zehdenick	-	-	1	1	1[28]
Gesamt/Stück	3	10	47	43	40

Durchgeführte Hofjagden und Hofjagdamtsjagden sowie kleinere Treib- und Übungsjagden mit folgenden Strecken im Jagdjahr 1879/80

Zeitpunkt	Ort	Strecke sämtlicher Wildarten in Stück Wild[29]
24. Oktober 1879	Schorfheide	146
7./8. November 1879	Colbitz-Letzlinger Heide	663
15. November 1879	Göhrde	200
18. November 1879	Fürstenwald bei Ohlau	270
22. November 1879	Hammer, Königs Wusterhausen	304
27. November 1879	Saupark Springe	178
12. Dezember 1879	Grunewald	337
3. Januar 1880	Feldjagdgehege bei Berlin	192
9. Januar 1880	Colbitz-Letzlinger Heide	356
10. Januar 1880	Feldjagd bei Königs Wusterhausen	213
13. Januar1880	Feldjagdgehege bei Berlin	156
14. Januar 1880	Canne, Oberförsterei Köpenick	52
15. Januar 1880	Feldjagd bei Potsdam	141
16. Februar 1880	Fasanenjagd im Eichwald bei Kassel	88
30. April 1880	Feldjagd bei Berlin	6
Gesamtstrecke der Hofjagden		3.302
Von der Forstverwaltung in den Hofjagdgehegen erlegt		1.472
Von der Forstverwaltung auf den Feldjagden erlegt		3.426
Gesamtstrecke in den Hofjagdrevieren		8.200

Anteil der Wildarten an der Strecke

Rothirsche	173 Stück	Rotkahlwild	282 Stück
Damhirsche	379 Stück	Damkahlwild	1.435 Stück
Schwarzwild	592 Stück	Rehwild	75 Stück
Hasen	1.630 Stück	Füchse	170 Stück
Marder	22 Stück	Iltis	62 Stück
Wiesel	115 Stück	Trappen	6 Stück
Fasane	348 Stück	Rebhühner	1.169 Stück
Enten/Gänse/Schnepfen	194 Stück	Raubvögel	507 Stück
Dachse/Hunde/Katzen/Reiher/Krähen und sonstiges			1.041 Stück

Rot- und Damwildbestände in den fünf Schorfheider Oberförstereien im Jahr 1914 (gezählt zum 1. März)

Rotwild

Oberförsterei	starke Hirsche	geringe Hirsche	Spießer	Alttiere	Schmaltiere	Kälber	Gesamt
Groß Schönebeck	106	189	35	184	88	140	742
Grimnitz	180	212	65	331	70	-	838
Pechteich	51	68	21	190	101	-	431
Reiersdorf	52	130	27	187	130	-	526
Zehdenick	50	150	40	150	90	100	580
Gesamt/Stück	439	749	188	1.042	479	240	3.117[30]

Damwild

Oberförsterei	starke Schaufler	Halbschaufler	geringe Hirsche	Spießer	Alttiere	Schmaltiere	Gesamt
Groß Schönebeck	6	26	193	32	135	160	552
Grimnitz	-	78	280	80	334	50	822
Pechteich	5	60	70	24	150	75	384
Reiersdorf	7	45	180	50	160	120	562
Zehdenick	-	5	200	100	300	350	953
Gesamt/Stück	18	214	923	286	1.079	755	3.273

Nach oben korrigierter, genehmigter Damwildabschuss in der Schorfheide für das Jagdjahr 1913/14

Von der Hofjagdverwaltung

Oberförsterei	starke Schaufler	Halbschaufler	geringe Hirsche	Spießer	Alttiere	Schmaltiere	Kälber	Gesamt
Groß Schönebeck	2	-	25	4	-	-	-	31
Grimnitz	-	8	40	10	-	-	-	58
Pechteich	1	8	10	4	-	-	-	23
Reiersdorf	4	13	26	8	-	-	-	51
Zehdenick	-	-	30	10	-	-		40
Gesamt/Stück	7	29	131	36	-	-	-	203

Vom Forstpersonal[31]

Oberförsterei	starke Schaufler	Halbschaufler	geringe Hirsche	Spießer	Alttiere	Schmaltiere	Kälber	Gesamt
Groß Schönebeck	-	-	45	11	50	25	95	226
Grimnitz	-	2	40	20	150	50	80	342
Pechteich	-	2	30	6	60	35	70	203
Reiersdorf	-	3	30	13	55	55	45	201
Zehdenick	-	-	40	30	130	120	70	390
Gesamt/Stück	-	7	185	80	445	285	360	1.362

Bestandszahlen des Rot- und Damwilds zum Kriegsende 1918

Rotwild

Oberförsterei	starke Hirsche	geringe Hirsche	Spießer	Alttiere	Schmaltiere	Kälber	Gesamt
Groß Schönebeck	83	128	49	169	106	-	535
Grimnitz	170	170	40	250	80	-	710
Pechteich	31	43	2	140	51	-	267
Reiersdorf	89	86	23	140	155	-	493
Zehdenick	82	139	23	96	34	-	374
Gesamt/Stück	455	566	137	795	426	-	2.379

Damwild

Oberförsterei	starke Schaufler	Halbschaufler	geringe Hirsche	Spießer	Alttiere	Schmaltiere	Kälber	Gesamt
Groß Schönebeck	2	8	102	20	108	60	-	300
Grimnitz	-	60	160	60	300	100	-	680
Pechteich	4	42	51	9	106	49	-	261
Reiersdorf	5	30	73	23	75	98	-	304
Zehdenick	-	81	150	60	200	80	-	571
Gesamt/Stück	11	221	536	172	789	387	-	2.116[32]

Aufstellungen zum Ungarnwild

Anzahl und Abschuss des Ungarnwildes 1895

29 Hirsche davon 9 aus dem Jahr 1892
29 Hirsche davon 7 aus dem Jahr 1893
29 Hirsche davon 6 aus dem Jahr 1894
29 Hirsche davon 7 aus dem Jahr 1895
und 111 weibliche Stücke[33]

Anzahl des Ungarnwildes im Zehdenicker Ungarn-Vollblutgatter 1897

8 Hirsche und 9 Tiere	aus dem Jahr 1889	= 17 Stück
4 Hirsche und 5 Tiere	aus dem Jahr 1892	= 9 Stück
5 Hirsche und 4Tiere	aus dem Jahr 1893	= 9 Stück
4 Hirsche und 5Tiere	aus dem Jahr 1894	= 9 Stück
6 Spießer und 2 Schmaltiere	aus dem Jahr 1895	= 8 Stück
4 Spießer und 5 Schmaltiere	aus dem Jahr 1896	= 9 Stück
Gesamt		61 Stück

Abschussnachweis von Hirschen aus der Ungarnkreuzung (unvollständig)

Oberförsterei	Erlegung	Enden	Geweihgewicht in kg	Punkte
Groß Schönebeck	07.10.1904	ung. 16	6,5	186,45
Groß Schönebeck	11.10.1909	ung. 14	7,5	184,40
Grimnitz	5.2.1908	ung. 14	6	166,25
Grimnitz	7.2.1908	ung. 14	6	158,10
Grimnitz	10.2.1908	ung. 16	5,5	162,55
Grimnitz	9.1.1911	12	-	174,10
Grimnitz	10.1.1911	ung. 18	6,5	173,23
Grimnitz	7.10.1911	14	6	173,30
Grimnitz	9.10.1913	ung. 20	6	167,12
Reiersdorf	9.1.1911	22	7	176,25
Grimnitz	13.10.1911	12	5,5	165,12
Grimnitz	11.1.1911	ung. 18	6,5	159,70
Zehdenick	14.10.1903	ung. 14	7	188,27
Zehdenick	14.10.1903	12	8	188,30
Zehdenick	18.9.1907	12	9,5	193,30
Zehdenick	18.9.1907	12	8	185,32
Zehdenick	19.9.1908	ung. 12	7,5	194,55
Zehdenick	19.9.1908	ung. 16	6	181,10[34]

Kastellane im Jagdhaus Hubertusstock

1848/49	Förster	Muhme, † 25.11. an der Wassersucht
1849/50	Hilfsaufseher	Regling
1850		Seifert, Johann; zeitweise
1851–1857	Förster	Bast; wurde nach Kahlenberg versetzt
1857–1862	Kastellan	Seifert, Johann
1862–1889	Förster und Kastellan	Fratsche
1889–1893	Kastellan	Ziebell
1894–1896	Kastellan	Knopp
1896/97	Kastellan	Schaße
1897–1907	Kastellan	Vierow, Fritz
1907–1920	Forstaufseher und Kastellan	Bruchmüller

Geweihgewicht der von Wilhelm II. zwischen 1890 und 1899 geschossenen 56 Hirsche

Geweih/Stück	Geweihgewicht in kg
1	2
1	3
2	3,50
1	3,87
5	4,50
5	4,75
1	5,12
1	5,37
4	6
1	8
1	2,50
1	3,15
2	3,75
9	4,00
1	4,62
11	5
3	5,25
5	5,50
1	6,25

Forstverwaltungsstruktur in der Schorfheide 1840/47

Oberförsterei Groß Schönebeck / Oberförster Westpfahl bis 1851

Revier	Förster
Dölln	Klose
Grüneberg	Dau
Hirschberg	Waldmann
Pechteich	Wagner (Hegemeister)
Prötze	Weber
Rehluch	Sannberg
Trämmersee	Hoffmann
Wildfang	Schlüssler[35]

Zwei Hilfsförster ohne Prüfung, Hilfsaufseher oder -jäger genannt, wohnten in Groß Schönebeck.

Oberförsterei Grimnitz / Oberförster von Zychlinski bis 1847

Revier	Förster
Joachimsthal	Herrmann (Hilfsaufseher)
Cölln	Bahr
Spring/Schorfheide	Muhme, J. F. W. (I)
Altenhof	Muhme, Philipp (II)
Hüttendorf	Demantowski
Ziethen	Woite (Hilfsaufseher)[36]

Oberförsterei Zehdenick / Oberförster von Ladenberg

Revier	Förster
Deutschboden	Heinrich
Burgwall	Kählike
Exin	Busch (Hegemeister)
Hammelspring	Billinger
Kappe	Rumler
Wesendorf	Voigt[37]

Hilfsjäger Koerber, der je nach Bedarf auf einzelne Reviere eingeteilt wurde, wohnte in einer gemieteten Wohnung im Dorf Hast.

Forstverwaltungsstruktur in der Schorfheide zum Zeitpunkt der Auflösung des Hofjagdamtes 1919

Oberförsterei Groß Schönebeck

Revier	Förster
Hirschberg	Purbs
Kl. Dölln	Schwerthelm
Lotzin	Brandt (Hegemeister)
Prötze	Warwach
Rehluch	Reich
Trämmersee	Petzer

Oberförsterei Grimnitz

Revier	Förster
Altenhof	Linke
Groß Ziethen	Hirsekorn
Kölln	Gehrke
Hüttendorf	Nennhaus
Joachimsthaler Mühle	Thieme (Hegemeister)
Schorfheide	Scholz
Wilhelmseichen	Rauch

Oberförsterei Pechteich

Revier	Förster
Grünberg	Wetzel
Eichhorst	Mogwitz
Eichheide	Pysall
Pechteich	Zierach
Wildfang	Albrecht (Hegemeister)

Oberförsterei Reiersdorf

Revier	Förster
Döllnkrug	Hoffmann
Dusterlake	Dalchow
Gollin	Müller
Groß Väter	Kannstädt
Ringofen	Roschke
Vietmannsdorf	Kempe
Wucker	Puls (Hegemeister)

Oberförsterei Zehdenick

Revier	Förster
Burgwall	Ohnsorge
Deutschboden	Schröder
Exin	Stösewand
Hammelspring	Großmann
Kappe	Hecht sen.[38]
Kurtschlag	Reese (Hegemeister)
Vogelsang	Bislich
Wesendorf	Knebusch[39]

Minister, Oberjägermeister, Oberförster und Förster

Minister für Landwirtschaft, Domänen und Forsten

Juni 1848	September 1848 Rudolf Eduard Julius Gierke
1848–1850	Otto Theodor von Manteuffel
1850–1854	Ferdinand Otto Wilhelm Henning von Westphalen
1854–1858	Karl Otto von Manteuffel
1858–1862	Erdmann III. Graf von Pückler-Limpurg
1862–1873	Werner Ludolph Erdmann von Selchow
Januar–Dezember 1873	Otto von Königsmark
1873/74	Heinrich Karl Julius von Achenbach
1874–1879	Karl Rudolf Friedenthal
1879–1890	Robert Sigmund Maria Joseph Lucius von Ballhausen
1890–1894	Wilhelm Carl Heinrich von Heyden-Cadow
1894–1901	Ernst von Hammerstein-Loxten
1901–1906	Victor Adolf Theophil von Podbielski
1906–1910	Johann Friedrich Bernd von Arnim Criewen
1910–1917	Clemens August Freiherr von Schorlemer-Lieser
1917/18	Paul von Eisenhart-Rothe
1918–1921	Otto Braun

Minister des königlichen Hauses 1848–1918

1848/49	Fürst von Wittgenstein
1849–1853	Anton Graf zu Stolberg-Wernigerode
(1851)	Wilhelm Fürst zu Sayn-Wittgenstein
1854–1860	von Massow
1861–1887	Freiherr von Schleinitz
1888	Otto Graf zu Stolberg-Wernigerode
1889–1907	von Wedel
1908–1918	August Graf zu Eulenburg

Oberjägermeister in Preußen 1803–1918

1803–1825	Friedrich Detlev Graf von Moltke, *28.8.1750, +2.9.1825, königlicher Oberjägermeister und Wirklicher Geheimer Rat, Ritter hoher Orden
1828–1849	Heinrich Fürst zu Carolath-Beuthen, stellt im April 1848 den Antrag auf Entlassung
1849–1855	von Pachelbl-Gehag[40], bat im April 1849 darum, ihm die Stelle zu übertragen, und wurde ernannt
1856–1864	Ludwig Graf von der Asseburg-Falkenstein auf Meisdorf, seine Ernennung durch Wilhelm I. erfolgte am 31. Januar 1856, er bat am 2. Juni 1864 aus Altersgründen (69 Jahre alt) um seine Entlassung
1869–1872	Eberhard Graf zu Stolberg-Wernigerode, wurde als Landrat im Februar 1857 zum Vize-Oberjägermeister ernannt. Wilhelm I. ernannte ihn am 30. Oktober 1869 zum Oberjägermeister. Er erlag am 8. August 1872 in Johannesbad in Schlesien einem Schlaganfall. Reichskanzler von Bismarck schlug am 20. August 1872 als Nachfolger den ehemaligen hannoverschen Oberjägermeister im Herzogtum Lauenburg, Graf von Bernsdorf-Gyldenstein, vor. Kaiser Wilhelm I. verfügte jedoch am 3. September 1872, dass der bisherige Vize-Oberjägermeister Kammerherr von Meyeringk Chef des Hofjagdamtes werden sollte.[41]
1872–1892	Hans Heinrich XI. Fürst (später Herzog) von Pleß, Graf von Hochberg, freier Standesherr zu Fürstenstein. Er wurde im November 1872 ernannt.[42] Wegen seiner Zugehörigkeit zu den Obersten Hofchargen nannte er sich als einziger Oberstjägermeister und behielt den Titel bis zu seinem Tod. Er wurde von Kaiser Wilhelm II. am 16. Dezember 1892 von seinem Amt entbunden, »unter dem Vorbehalte des Rechts die Leitung der Hofjagden zu übernehmen, sobald er es für angezeigt erachtet«; er blieb bis zu seinem Tode 1907 Mitglied des Hofjagdamtes. Am 23. Oktober 1907 schrieb der Oberstkämmerer Fürst zu Solms, dass das Amt und die Würde eines »Oberst Jägermeisters« künftig nicht mehr besetzt werden soll, da damals bei der Übernahme des Amtes durch den Fürsten Pleß der Titel nur »pro Person neu geschaffen« worden war.[43]
1892–1918	Heinrich Freiherr von Heintze-Weißenrode, er war der letzte Oberjägermeister der Monarchie. Am 14. Januar 1866 war er zum Hofjagdjunker und am 18. Januar 1872 zum Hofjägermeister ernannt worden.[44] Kaiser Wilhelm II. hatte zu Heintze ein sehr vertrauensvolles Verhältnis und überhäufte ihn mit hohen Auszeichnungen. Zu seinem 50. Dienstjubiläum am 1. August 1908 verlieh er ihm die Brillanten zum Großkreuz des Roten Adlerordens mit Eichenlaub. Auf einer seiner Nordlandreisen telegrafiert der Kaiser von seiner Jacht »Hohenzollern« an von Heintze, dass er ihm die seltene und höchste preußische Auszeichnung den »Orden vom schwarzen Adler« verliehen habe: »Ich rechne noch lange auf Ihre verdienstvolle Fürsorge für meine Jagd und Jagdvergnügen und verbleibe mit herzlichem Waidmannsheil. Ihr wohlgeneigter und stets dankbarer Wilhelm R.« Heintze antwortete unter anderem: »Darf Euer Majestät ich noch ein Weilchen dienen, so sei's um meine grosse Dankbarkeit zu sühnen. Heintze.«[45]

Mitglieder des Hofjagdamtes 1918

Burggraf und Graf Richhard zu Dohna-Schlobitten, Vice Oberjägermeister
von Alvensleben, Oberforstmeister in Potsdam, zuständig für Angelegenheiten des Regierungsbezirks Potsdam
von Blum, Oberforstmeister, zuständig für Angelegenheiten im Regierungsbezirk Hannover
Frhr. von Salmuth, Oberforstmeister in Magdeburg, zuständig für Angelegenheiten des Regierungsbezirks Magdeburg
von Stünzner, Oberforstmeister, zuständig für Angelegenheiten in den königl. Hofkammer Forsten von Wurmb, Oberforstmeister, zuständig für Angelegenheiten im Regierungsbezirk Hannover

Oberförster der Schorfheide 1793–1924

Revier	Oberförster	Dienstzeit
Groß Schönebeck	Wartenberg	1793–1825
	Westpfhal	1825–1851
	Lelm	1851–1864
	Witte	1864–1896
	von Minckwitz	1896–1924
	Monicke	1924–?
Grimnitz	zur Megede	1809–1842
	von Zychlinski	1842–1848
	Schmidt	1848–1863
	Stävie	1863–1879
	von Hövel	1879–1919
	Weißwange	1919–?
Pechteich	Schulze	bis 1822
	Westphal	1822–1825
	Sachse	1869–1893
	von Bismarck	1880 erwähnt
	Dressler	1893–1919
	von Wurmb	1919–?
Zehdenick*	Bartikow	1803–1822
	Boening	1822 erwähnt
	Walter	bis 1850
	von Ladenberg	1850–1862
	Steffens	1862–1868
	Lange	1869–1877
	von Schütz	1878–1891
	Nitsche	1892–1922
	Knebusch	1922–?
Reiersdorf	Walter	1822–1847
	Bauermeister	1847 erwähnt
	Schinkel	1851 erwähnt
	Oppermann	1861 erwähnt
	Euen	erwähnt
	Boening	bis 1890 (?)
	von Schütz	1891 erwähnt
	Fischer (gest. 15.03.1915)	1890–1915
	Revierförster Dalchow	bis 1916
	Revierförster Graf Korff genannt Schmissing-Kerßenbrock	ab 1916

* Die Oberförster von Reiersdorf und Zehdenick verwalteten infolge von Vakanz ihre Dienstbezirke zeitweise gegenseitig.

TABELLEN

1: Wildzählungen in den Hofjagdrevieren Groß Schönebeck und Grimnitz 1871–1886

Oberförsterei Groß Schönebeck

Jahr	Rotwild		Gesamt	Damwild		Gesamt
	Hirsche	Mutterwild/ Kälber		Hirsche	Mutterwild/ Kälber	
1871/72	173	553	726	26	44	70
1872/73	239	646	885	32	79	111
1873/74	260	800	1060	30	73	103
1874/75	275	965	1240	21	59	80
1876/76	237	915	1152	30	102	132
1876/77	146	806	952	37	143	180
1877/78	273	759	1032	45	106	151
1878/79	229	820	1049	87	98	185
1879/80	250	804	1054	115	184	299
1880/81	211	801	1012	148	148	296
1881/82	268	927	1195	53	153	206
1882/83	146	500	646	40	112	152
1883/84	-*	-	700	-	-	100
1884/85	240	570	810	50	130	180
1885/86	260	690	950	82	260	342

Oberförsterei Grimnitz

Jahr	Rotwild		Gesamt	Damwild		Gesamt
	Hirsche	Mutterwild/ Kälber		Hirsche	Mutterwild/Kälber	
1871/72	171	679	850	27	180	207
1872/73	188	769	957	19	144	163
1873/74	184	719	903	20	140	160
1874/75	189	636	825	24	210	234
1876/76	189	653	842	21	223	244
1876/77	-**	-	690	-	-	160
1877/78	190	542	732	35	135	170
1878/79	153	629	782	19	232	251
1879/80	263	737	1000	22	291	313
1880/81	270	902	1172	50	400	450
1881/82	293	1038	1331	32	340	372
1882/83	260	1040	1300	40	210	250
1883/84	270	1030	1300	40	210	250
1884/85	250	930	1180	40	220	260
1885/86	250	880	1130	60	240	300

* In den Revieren der Oberförsterei Groß Schönebeck konnten keine genauen Zählungen durchgeführt werden.
** In den Revieren der Oberförsterei Grimnitz konnten keine genauen Zählungen durchgeführt werden.

2: Wildzählungen in den Hofjagdrevieren Grunewald und Pechteich 1871–1886

Oberförsterei Grunewald

Jahr	Rotwild		Gesamt	Damwild		Gesamt
	Hirsche	Mutterwild/Kälber		Hirsche	Mutterwild/Kälber	
1871/72	-	-	-	233	1122	1355
1872/73	-	-	-	174	1043	1217
1873/74	-	-	-	156	874	1030
1874/75	-	-	-	113	413	526
1875/76	-	-	-	120	667	787
1876/77	-	-	-	-	-	1200*
1877/78	-	-	-	148	602	750
1878/79	-	-	-	235	782	1017
1879/80	-	-	-	176	809	985
1880/81	-	-	-	173	823	996
1881/82	-	-	-	180	620	800
1882/83	-	-	-	229	666	895
1883/84	-	-	-	185	847	1032
1884/85	-	-	-	191	752	943
1885/86	-	-	-	318	868	1186

Oberförsterei Pechteich

Jahr	Rotwild		Gesamt	Damwild		Gesamt
	Hirsche	Mutterwild/Kälber		Hirsche	Mutterwild/ Kälber	
1871/72	54	256	310	20	86	106
1872/73	120	663	783	26	101	127
1873/74	64	559	623	19	77	96
1874/75	100	361	461	15	61	76
1875/76	50	242	292	14	31	45
1876/77	70	320	390	35	50	85
1877/78	59	223	282	33	63	96
1878/79	81	504	585	43	40	83
1879/80	129	582	711	44	99	143
1880/81	43	397	440	51	61	112
1881/82	122	175	297	59	68	127**
1882/83	159	429	588	60	100	160
1883/84	110	280	390	56	65	121***
1884/85	72	262	334	45	118	163
1885/86	71	191	262	48	85	133

* In den Revieren der Oberförsterei Grunewald konnten keine genauen Zählungen durchgeführt werden.
** Die Angaben beruhen nur aus den Revieren Eichheide und Wildfang der Oberförsterei Pechteich. In den Revieren Pechteich und Üderheide konnten keine genauen Zählungen durchgeführt werden. Dort lagen Schätzungen vor.
*** In diesem Jahr konnten die Angaben in der Oberförsterei Pechteich nur geschätzt werden.

3: Rotwildbestand der Schorfheide im Februar/März 1888[1]

Rotwild

Oberförsterei	Hirsche		Tiere			
	starke Hirsche	geringe Hirsche	Spießer	Alttiere	Schmaltiere	Summe
Groß Schönebeck	40	90	40	380	150	700
Grimnitz	69	210	54	653	214	1.200
Pechteich	12	60	16	97	50	235
Reiersdorf	6	52	18	105	42	223
Zehdenick	5	35	30	192	74	336
Gesamt/Stück	132	447	158	1.427	530	2.694

Damwild

Oberförsterei	Schaufler			Tiere			
	starke Schaufler	Halb-Schaufler	geringe Schaufler	Spießer	Alttiere	Schmaltiere	Summe
Groß Schönebeck	-	-	12	30	108	50	200
Grimnitz	-	-	50	60	220	120	450
Pechteich	-	9	35	15	34	40	133
Reiersdorf	-	4	20	15	72	20	131
Zehdenick	-	2	44	60	230	90	426
Gesamt/Stück	-	15	161	180	664	320	1.340

4: Geplante Hof- und Hofjagdamtsjagden für das Jahr 1869/70 im Regierungsbezirk Potsdam

Oberförsterei	Oberförster	Revier	Anzahl der		Mögliche Strecke an						Anzahl
			Schützen	Treiben	Rot-,	Dam-,	Schwarz-,	Rehwild	Füchse	Hasen	Treiber
Cunersdorf	von Schleinitz	Flottstelle	30	8	-	6	2	2	3	15	60
Lehnin	Scheffler	Wildstand zu gering									
Köpenick	Reiche	Wildstand zu gering									
Mühlenbeck*	Oehme	Wolters-dorf	25	5	1	2	1	2	4	10	80
Oranienburg	Ruschen-busch	Wildstand zu gering									
Potsdam	Schmidt	Ahrens-dorf	20	12	-	-	-	-	2	30	60
"	"	Zedlitz	20	11	1	1	1	-	2	30	60
Rüdersdorf	Becker	Wildstand zu gering									
Spandau	Benda	Grune-wald	25	6	-	30–40	-	2	4	10	80
Tegel**	Seidel	Jungfern-heide	35	5	-	4	-	4	2	15	60

* Wegen der Forstberechtigungen war die Jagd nur an einem Mittwoch oder Sonnabend möglich.
** Wegen der Moore war die Jagd nur bei Frostwetter möglich. Am Jagdtage durften auf dem nahen Militärschießplatz keine Übungen stattfinden.[2]

5: Jährliche Fütterungskosten pro Stück Rotwild nach Oberförstereien in den Jahren 1897–1906 (in Mark)

Oberförstereien	1897	1898	1899	1900	1901	1902	1903	1904	1905	1906
Groß Schönebeck	17,27	17,18	22,10	19,72	20,08	18,91	18,92	24,66	17,16	23,67
Grimnitz	20,96	21,43	23,22	23,46	25,01	27,21	30,65	32,60	24,51	31,39
Pechteich	16,05	14,51	17,22	16,80	22,25	18,18	23,66	33,96	21,54	25,92
Reiersdorf	15,61	18,61	17,82	15,85	24,65	27,93	40,12	42,67	26,36	25,21
Zehdenick	15,57	15,58	8,36	5,01	20,53	19,24	21,35	18,56	22,57	27,15
Durchschnitt pro Stück	17,09	17,46	17,74	16,16	22,50	22,29	26,94	30,49	22,43	26,66 Mark[3]

6: Bei Hofjagden in den Hofjagdrevieren Groß Schönebeck, Grimnitz und Pechteich von 1862–1881 erlegtes Wild

Oberförsterei Groß Schönebeck

Jahr	Rotwild		Damwild	
	Hirsche	Wild	Schaufler	Wild
25.1.1873	18	13	-	-
24./25.9.1874	9	-	-	-
5.12.1874	66	167	-	-
10.12.1875	13	10	6	3
9.12.1876	82	177	2	4
24.11.1877	23	102	-	4
25.10.1879	52	83	-	11
5.11.1881	96	194	14	18
Gesamt/Stück	359	746	22	40

Oberförsterei Grimnitz

Jahr	Rotwild		Damwild	
	Hirsche	Wild	Schaufler	Wild
28./29.10.1862	4	3	-	-
8./9.10.1866	6	-	-	-
17.12.1869	17	59	-	-
23.9.1872	4	-	-	-
25.9.1873	23	42	-	18
25.9.1874	3	-	-	-
6.11.1880	36	22	-	6
Gesamt/Stück	93	126	-	24

Oberförsterei Pechteich

Jahr	Rotwild		Damwild	
	Hirsche	Wild	Schaufler	Wild
25.9.1873	38	15	-	3
25.9.1874	2	2	1	-
10.12.1875	62	99	10	46
6.11.1880	80	148	12	8
Gesamt/Stück	182	264	23	57

(In Groß Schönebeck auch fünf Stück Schwarzwild.)

7: Wildstand und Abschussplanung in den Oberförstereien der Schorfheide aus den Zählungen vom Februar/März 1894

Rotwild

Oberförsterei	**Hirsche**		**Tiere**			
	starke Hirsche	geringe Hirsche	Spießer	Alttiere	Schmaltiere	Summe
Groß Schönebeck	82	130	40	340	60	652
Grimnitz	81	241	63	415	185	985
Pechteich	45	36	20	90	30	221
Reiersdorf	59	95	24	90	100	368
Zehdenick	16	30	10	80	40	176
Gesamt/Stück	283	532	157	1.015	415	2.402

Damwild

Oberförsterei	**Schaufler**			**Tiere**			
	starke Schaufler	Halbschaufler	geringe Schaufler	Spießer	Alttiere	Schmaltiere	Summe
Groß Schönebeck	10	30	60	30	160	60	350
Grimnitz	-	15	51	15	76	35	192
Pechteich	-	15	35	15	40	20	125
Reiersdorf	1	22	72	23	49	64	231
Zehdenick	-	6	45	12	25	15	103
Gesamt/Stück	11	88	263	95	350	194	1.001

Abschussplan pauschal, für alle fünf Reviere, für das Jagdjahr 1894[4]

Rotwild

Hirsche		**Tiere**				
starke Hirsche	geringe Hirsche	Spießer	Alttiere	Schmaltiere	Kälber	Summe
	50	15	200	40	95	400

Damwild

Schaufler				**Tiere**			
starke Schaufler	Halbschaufler	geringe Schaufler	Spießer	Alttiere	Schmaltiere	Kälber	Summe
5	25	85	30	200	65	90	500

8: Rotwildbestand und -abschuss in der Schorfheide 1897–1906

Oberförsterei		Hirsche				Tiere			Gesamt	Kälber		Gesamt
		starke Hirsche	geringe Hirsche	Spießer	Gesamt	Alttiere	Schmaltiere	Gesamt		männl.	weibl.	
Groß Schönebeck	Bestand	1.125	1.788	786	3.699	2.195	1.388	3.583	7.282	-	-	7.282
	Abschuss	68	172	99	339	223	104	328	667	206	272	1.145
	Fallwild				139			59			100	298
Grimnitz	Bestand	716	2.970	1.160	4.846	3.746	1.642	5.388	10.234	-	-	10.234
	Abschuss	144	319	63	526	502	84	386	912	356	325	1.793
	Fallwild				140			75			204	419
Pechteich	Bestand	751	765	170	1.686	1.250	532	1.782	3.468	-	-	3.468
	Abschuss	53	135	24	212	94	60	154	366	152	122	809
	Fallwild				42			24			50	116
Reiersdorf	Bestand	705	850	211	1.766	989	866	1.855	3.621	-	-	3.621
	Abschuss	80	141	26	247	181	186	495	742	100	95	809
	Fallwild				31			30			30	91
Zehdenick	Bestand	721	1.201	445	2.367	2.506	1.489	3.995	6.362	-	-	6.362
	Abschuss	32	263	125	420	344	151	495	915	143	194	1.252
	Fallwild				55			66			84	205
Gesamt/ Stück	Bestand	4.018	7.574	2.772	14.364	10.686	5.917	16.603	30.967	-	-	30.967
	Abschuss	377	1.030	337	1.744	1.344	585	1.858	3.602	957	1.008	5.567
	Fallwild				407			254			468	1.129[5]

9: Durchschnittliche Rotwilddichte nach dem Durchschnitt von 1897–1906 (zehn Jahre) für je 1.000 Hektar eingezäunter Revierfläche[6]

Oberförsterei		Hirsche				Tiere			Gesamt
	Gatterfläche	starke Hirsche	geringe Hirsche	Spießer	Summe	Alttiere	Schmaltiere	Summe	
Groß Schönebeck	7.800 Hektar	113	179	79	371	220	139	359	730
Stück auf 1.000 Hektar	14,49	22,95	10,13	47,56	28,20	17,82	46,03	93,59	
Grimnitz	7.300 Hektar	72	297	116	485	375	164	539	1.024
Stück auf 1.000 Hektar	9,85	40,68	15,89	66,43	51,37	22,46	73,83	140,27	
Pechteich	4.500 Hektar	75	77	17	169	125	53	178	347
Stück auf 1.000 Hektar	16,67	17,11	3,78	37,56	27,78	11,78	39,56	77,11	
Reiersdorf	6.400 Hektar	71	85	21	177	99	87	186	363
Stück auf 1.000 Hektar	11,09	13.28	3,28	27,65	15,47	13,59	29,06	56,71	
Zehdenick	7.100 Hektar	72	120	45	237	251	149	400	637
Stück auf 1.000 Hektar	10,14	16,90	6,34	33,38	35,35	20,99	56,34	89,72	
Gesamte Schorfheide	33.100 Hektar	403	758	278	1.439	1.070	592	1.662	3.101
Stück auf 1.000 Hektar	12,17	22,90	8,40	43,47	32,33	17,88	50,21	93,68	

10: Prozentualer Anteil der Wildklassen nach dem Durchschnitt von 1897–1906 (zehn Jahre) am Wildbestand und -abschuss sowie Fallwild[7]*

Schorfheide	**Hirsche**				**Tiere**			**Gesamt**	**Kälber**	**Gesamt**
	starke Hirsche	geringe Hirsche	Spießer	Summe	Alttiere	Schmal-tiere	Summe			
vom durchschnittlichen Wildstand pro Jahr an	402	757	277	1.436	1.069	592	1.661	3.097		3.097
sind in Prozent	13	24	9	46	35	19	54			
von den Hirschen sind in Prozent	28	53	19							
von den Tieren sind in Prozent					64	36				
vom durchschnittlichen Abschuss pro Jahr von	38	103	34	175	134	59	193	368	197	565
sind in Prozent	7	18	6	31	24	10	34	65	35	
abgeschossenen Hirschen sind in Prozent	22	59	19							
abgeschossenen Tieren sind in Prozent					69	31				
an durchschnittlichen Fallwild pro Jahr von	12	21	9	42	17	8	5	67	47	114
sind in Prozent		11	18	8	37	15	7	22	59	41
Fallwild an Hirschen sind in Prozent	29	50	21							
Fallwild an Tieren sind in Prozent					68	32				

* Alle Angaben in Stück.

11: Prozentualer Anteil der Wildklassen nach Oberförstereien im Durchschnitt von 1897–1906 (zehn Jahre)[8]

Oberförsterei	**Hirsche**				**Tiere**			**Gesamt in Stück**
	starke Hirsche	geringe Hirsche	Spießer	Gesamt	Alttiere	Schmaltiere	Gesamt	
Groß Schönebeck 1897	16	22	7	45	29	26	55	651
vom Wildbestand waren 1906	13	29	9	51	34	15	49	100 Prozent vom Bestand 587
im zehnjährigen Durchschnitt	15	25	11	51	30	19	49	100 Prozent vom Bestand 730
Grimnitz 1897	8	28	6	42	43	15	58	1.002
vom Wildbestand waren 1906	6	33	11	50	33	17	50	100 Prozent vom Bestand 900
im zehnjährigen Durchschnitt	7	29	11	47	37	16	53	100 Prozent vom Bestand 1.024
Pechteich 1897	20	23	7	50	36	14	50	277
vom Wildbestand waren 1906	24	18	4	46	37	17	54	100 Prozent vom Bestand 357
im zehnjährigen Durchschnitt	22	22	5	49	36	15	51	100 Prozent vom Bestand 347
Reiersdorf 1897	23	20	10	53	29	18	47	372
vom Wildbestand waren 1906	13	28	5	46	31	23	54	100 Prozent vom Bestand 401
im zehnjährigen Durchschnitt	20	23	6	49	27	24	51	100 Prozent vom Bestand 363
Zehdenick 1897	4	6	10	20	47	33	80	252
vom Wildbestand waren 1906	13	21	6	40	43	17	60	100 Prozent vom Bestand 700
im zehnjährigen Durchschnitt	11	19	7	37	39	24	63	100 Prozent vom Bestand 637

12: Prozentualer Anteil des Abschusses nach Oberförstereien für 1897 und 1906 und nach dem zehnjährigen Durchschnitt von 1897–1906[9]

Oberförsterei	Hirsche				Tiere			Gesamt in Stück
	starke Hirsche	geringe Hirsche	Spießer	Gesamt	Alttiere	Schmaltiere	Gesamt	
Groß Schönebeck 1897	9	23	9	41	46	13	59	56
vom Abschuss waren 1906	7	38	9	54	41	5	46	100 Prozent vom Abschuss 56
in Prozent im zehnjährigen Durchschnitt	10	25	15	50	33	17	50	100 Prozent vom Abschuss 67
Grimnitz 1897	20	32	8	60	25	15	40	89
vom Abschuss waren 1906	12	30	5	47	51	2	53	100 Prozent vom Abschuss 112
in Prozent im zehnjährigen Durchschnitt	13	29	5	47	46	7	53	100 Prozent vom Abschuss 110
Pechteich 1897	18	22	6	46	30	24	54	33
vom Abschuss waren 1906	2	49	8	59	26	15	41	100 Prozent vom Abschuss 39
in Prozent im zehnjährigen Durchschnitt	14	39	5	58	25	17	42	100 Prozent vom Abschuss 36
Reiersdorf 1897	5	12	4	21	38	41	79	56
vom Abschuss waren 1906	13	35	8	56	21	23	44	100 Prozent vom Abschuss 75
in Prozent im zehnjährigen Durchschnitt	13	22	5	40	29	31	60	100 Prozent vom Abschuss 62
Zehdenick 1897	4	53	14	71	15	14	29	51
vom Abschuss waren 1906	5	38	4	47	45	8	53	100 Prozent vom Abschuss 118
in % im zehnjährigen Durchschnitt	3	29	14	46	38	16	54	100 Prozent vom Abschuss 91

13: Prozentualer Anteil der Wildklassen am Abschuss nach Oberförstereien für 1897 und 1906 nach dem zehnjährigen Durchschnitt von 1897–1906[10]

Oberförsterei	**Hirsche**				**Tiere**			**Gesamt**
	starke Hirsche	geringe Hirsche	Spießer	Gesamt	Alttiere	Schmaltiere	Gesamt	Hirsche/Tiere
Groß Schönebeck 1897	4,9	9,0	11,1	7,9	13,6	4,1	9,1	8,6
vom Abschuss waren 1906	5,3	12,3	9,1	10,0	11,5	3,4	9,1	9,5
in Prozent im zehnjährigen Durchschnitt	6,2	9,3	12,7	9,2	10,0	7,9	9,2	9,2
Grimnitz 1897	23,6	10,1	11,6	12,8	5,1	8,6	6,0	8,9
vom Abschuss waren 1906	26,0	11,3	6,0	11,7	19,0	1,3	13,1	12,0
in Prozent im zehnjährigen Durchschnitt	19,4	10,4	5,2	10,7	13,3	4,9	10,8	10,7
Pechteich 1897	11,1	10,8	11,1	10,9	10,0	20,0	12,8	11,9
vom Abschuss waren 1906	1,2	28,7	2,0	13,7	7,6	10,0	8,4	10,9
in Prozent im zehnjährigen Durchschnitt	6,7	18,1	11,7	12,4	7,2	11,3	8,4	10,3
Reiersdorf 1897	3,5	9,3	5,5	6,2	19,2	33,8	24,9	15,0
vom Abschuss waren 1906	18,9	23,4	27,2	22,6	13,1	18,2	15,3	18,7
in Prozent im zehnjährigen Durchschnitt	11,2	16,4	14,3	14,1	18,2	21,8	19,8	17,1
Zehdenick 1897	20,0	180,0	25,9	69,3	6,7	8,8	7,5	20,2
vom Abschuss waren 1906	6,5	30,6	12,5	20,0	17,7	7,5	14,8	16,9
in Prozent im zehnjährigen Durchschnitt	4,2	21,7	28.9	17,7	13,5	10,0	12,3	14,3

14: Jagdunterhaltungskosten 1897–1906 in Mark[11]

Schorfheide	Fütterungen	Wildäcker	Zaunbau	Jagdpacht	Sonstiges	Gesamt
1.7.1897/98	46.149	1.296	2.261	5.299	2.122	57.127
1.7.1898/99	52.168	1.542	6.475	5.341	2.645	68.171
1.7.1899/00	61.722	1.493	8.003	6.803	1.036	79.057
1.7.1900/01	58.697	1.239	4.566	7.733	468	72.703
1.7.1901/02	68.491	1.142	4.738	7.741	640	82.752
1.7.1902/03	72.300	1.766	3.839	7.834	816	86.555
1.7.1903/04	78.752	2.107	2.810	7.715	2.139	93.523
1.7.1904/05	94.557	2.191	2.948	8.005	2.370	110.071
1.7.1905/06	73.709	1.576	1.954	7.863	1.376	86.478
1.7.1906/07	80.518	1.347	1.494	7.909	1.718	92.986
Summe in zehn Jahren	687.063	15.699	39.088	72.243	15.330	829.423 Mark
Durchschnitt jährlich	68.706	1.570	3.909	7.224	1.533	82.942 Mark

15: Jagdunterhaltungskosten über zehn Jahre (1897–1906) nach Oberförstereien in Mark

Schorfheide	Fütterungen	Wildäcker	Zaunbau	Jagdpacht	Sonstiges	Gesamt
Groß Schönebeck	145.101	-	8.029	9.608	348	163.086
Grimnitz	263.376	5.531	4.649	40.413	9.076	323.045
Pechteich	73.465	-	8.675	3.756	372	86.268
Reiersdorf	88.651	9.134	12.474	5.286	3.946	119.491
Zehdenick	116.470	1.034	5.261	13.180	1.588	137.533
Summe in zehn Jahren	687.063	15.699	39.088	72.243	15.330	829.423 Mark

16: In den Hofjagdrevieren des Regierungsbezirkes Potsdam erlegtes Wild – Vergleich der Jagdjahre 1913/14 und 1917/18[12]

1914

Oberförsterei	Rotwild			Damwild			Schwarzwild	Rehe	Fasan	Hasen	Rebhühner	Füchse
	Hirsche	Spießer	Wild	Hirsche	Spießer	Wild						
Falkenhagen	-	-	-	6	5	24	19	31	52	355	44	30
Groß Schönebeck	14	-	99	33	9	158	2	10	-	96	76	34
Grimnitz	40	1	113	109	29	187	1	81	-	60	34	28
Oranienburg	1	-	-	171	14	151	-	4	1	63	-	17
Pechteich	19	7	84	42	6	232	-	11	-	80	-	10
Potsdam	-	-	-	3	6	20	2	23	27	216	8	37
Reiersdorf	25	9	95	81	17	188	2	41	-	48	26	26
Zehdenick	23	4	10	192	67	157	11	25	-	-	-	85
Gesamt/Stück	122	21	401	637	153	1.117	37	226	80	918	188	267

1918

Oberförsterei	Rotwild			Damwild			Schwarzwild	Rehe	Fasan	Hasen	Rebhühner	Füchse
Falkenhagen	-	-	-	2	5	20	10	19	-	59	-	34
Groß Schönebeck	8	-	70	24	6	208	6	3	-	34	4	38
Grimnitz	26	3	22	74	6	184	9	23	1	34	-	34
Oranienburg	2	1	5	54	7	140	-	3	-	11	-	31
Pechteich	14	-	34	29	7	109	1	5	-	2	-	21
Potsdam	-	-	-	1	1	9	3	16	-	82	-	18
Reiersdorf	15	8	76	42	16	74	3	8	-	9	-	16
Zehdenick	34	1	34	67	34	224	16	9	-	-	-	87
Gesamt/Stück	99	13	241	293	82	968	48	86	1	231	4	279
Differenz	-23	-8	-160	-344	-71	-149	+11	-140	-79	-687	-184	+12

ANMERKUNGEN

Vorbemerkung

1 Kloosterhuis, Jürgen: Archivarbeit für Preußen, Arbeitsberichte Bd. 2.
2 Hier sind Seitenlängen von einem Meter gemeint.
3 Brandenburgisches Landeshauptarchiv (im Folgenden BLHA): Rep. 2 A III F, Nr. 95.
4 Maßgebend war hierbei die Reichsmark nach 1871 mit einem Wert von 0,3584 Gramm Gold pro Mark. Dabei ist dem Autor bewusst, dass mit dem Umrechnungsfaktor von einer Reichsmark zu 7,16 Euro nur ein annähernder Wert wiedergegeben werden kann, der keinen Anspruch auf den heutigen tatsächlichen Wert erhebt. Die Reichsmark fiel später immer weiter ab, erreichte um 1914 einen Stand von 4,70 Euro und 1915 nur noch 3,50 Euro.

Einführung

1 Geheimes Staatsarchiv Preußischer Kulturbesitz (im Folgenden GStPK): BPH, Rep. 118, Nr. 245.
2 Kraft, H.: Holz-, Mast-, und Jagdordnung aus dem Jahre 1720, Moers 1980.
3 Wichert von: Polizeiverordnungen im Reg.-Bezirk Potsdam, Potsdam 1856.
4 Radtke, Richard: Handbuch für den preußischen Förster, 1908.
5 Wichert von: Polizeiverordnungen im Reg.-Bezirk Potsdam, Potsdam 1856.
6 Hausendorff, Dr. E.: Aus der Geschichte des Forstamtes Grimnitz, Sonderdruck aus: Zeitschrift für Forst- und Jagdwesen.
7 Schmettausches Kartenwerk 1767–1787, Brandenburg-Section 51, Liebenwalde und Urmesstischblatt von 1826, Nr. 3046. 3047, 3048, 3146 und 3147.
8 Kunze, J.: Schorfheide und verwandte Namen, Berlin 2007.
9 Riedel: A XIII, 114 ff.
10 GStPK: I. HA, Rep. 9, AV, R 2a, Fasz. 2.
11 Oberförsterei Groß Schönebeck, Grimnitz, Pechteich, Reiersdorf und Zehdenick.
12 BLHA: Rep. 2 A III F, Nr. 7642.
13 BLHA: Rep. 2 A III F, Nr. 3768.
14 Zum besseren Verständnis der damaligen örtlichen Verhältnisse wird in dieser Arbeit der alte Begriff »Jagen« und »Gestell« für die Forsteinteilung benutzt. Die Jagengröße war keine einheitliche Konstante und konnte durchaus in Revierteilen von unterschiedlicher Größe sein. Sie richtete sich immer nach den jeweiligen Verhältnissen. Die Angaben hier beziehen sich auf die früheren Oberförstereien Groß Schönebeck, Grimnitz, Pechteich, Reiersdorf und Zehdenick. Von der Oberförsterei Zehdenick gehörten nur Teile zum Hofjagdrevier, worauf im Text nicht immer hingewiesen wird. Bei der Nennung von Jageneinteilungen werden die verwendet, die bis zum Jahre 1877 gültig waren. Danach folgen die Angaben nach der Neueinteilung. Das bedeutet, dass die vor 1877 verwendeten Einteilungen nicht mit den heutigen übereinstimmen.
15 Abschätzungswerk der Oberförsterei Grimnitz, 1845.
16 BLHA: Rep. 2 A III F, Nr. 7966.
17 BLHA: Rep. 2 A III F, Nr. 8111.
18 BLHA: Rep. 2 A III F, Nr. 7966.
19 BLHA: Rep. 2 A III F, Nr. 7788, Bd. 1.
20 BLHA: Rep. 2 A III F, Nr. 8095.
21 Archiv Suter: Abschätzungswerk der Oberförsterei Groß Schönebeck, 1847.
22 Archiv Amt f. Forstwirtschaft Eberswalde: Abschätzungswerk der Oberförsterei Grimnitz, 1845.
23 Dienstinstruktion für die Königlich Preußischen Förster, vom 23.10.1868.
24 GStPK: BPH, Rep. 118, Nr. 136.
25 GStPK: I. HA., Rep. 87 D, Nr. 530.
26 BLHA: Rep. 15 B Oberförsterei Eberswalde, Nr. 32.
27 BLHA: Rep. 2 A III F, Nr. 7621.
28 GStPK: BPH, Rep. 113, Nr. 2719.
29 BLHA: Rep. 7 Amt Neustadt Eberswalde, Nr. 637/1.
30 GStPK: BPH, Rep. 118, Nr. 15.
31 BLHA: Rep. 2 A III F, Nr. 3766.
32 BLHA: Rep. 15 C Pechteich, Nr. 26.
33 Siehe hierzu: Gautschi, Andreas/Suter, Helmut: Ferdinand von Raesfeld, Wirken und Werk eines Altmeisters des deutschen Weidwerks, Melsungen 2006.
34 GStPK: BPH, Rep. 113, Nr. 2092.
35 GStPK: BPH, Rep. 113, Nr. 2093.
36 Nimmergut, Jörg: Deutsche Orden und Ehrenzeichen bis 1945, Bd. 2: Limburg–Reuss, München 1997 und Tewes, Lothar: Das Königliche preußische Ehrenzeichen, Orden und Ehrenzeichen Heft 16, Dezember 2001.
37 Nach einer Kopie aus dem Familienbesitz von Hövel.
38 BLHA: Rep. 2 A III F, Nr. 7984.
39 Suter, Helmut: Errichtung der ersten Preußischen Forstschule in Groß Schönebeck und deren Niedergang, Broschüre, Groß Schönebeck 1993.
40 Ebenda.
41 Ebenda.
42 Der 1. September war bis zum Ende der Monarchie ein Gedenktag zur Erinnerung an den Sieg über Frankreich im Jahre 1870.

Das Hofjagdamt

1 GStPK: BPH, Rep. 118, Nr. 427.
2 Ebenda.
3 Ebenda.
4 GStPK: I. HA, Rep. 89 j. P., Nr. 31748.
5 GStPK: BPH, Rep. 118, Nr. 366.
6 GStPK: BPH, Rep. 118, Nr. 482.
7 GStPK: I. HA, Rep. 89, Nr. 3226.
8 BLHA: Rep. 2 A III F, Nr. 4020.
9 Ebenda.
10 GStPK: I. HA, Rep. 87 D, Nr. 4959.
11 Ebenda.
12 GStPK: BPH, Rep. 118, Nr. 40.
13 Ebenda.
14 Nach alten Überlieferungen wurden Wilddiebe auf einen gefangenen, lebenden Hirsch gebunden, den man anschließend freiließ.

15 GStPK: I. HA, Rep. 96 A ä. P., Nr. 23 K.
16 Ebenda.
17 GStPK: BPH, Rep. 118, Nr. 2.
18 Ebenda.
19 GStPK: BPH, Rep. 50 L I, Nr. 1 b.
20 Ebenda.
21 Ebenda.
22 Ebenda.
23 GStPK: BPH, Rep. 118, Nr. 2.
24 Ebenda.
25 GStPK: BPH, Rep. 118, Nr. 465.
26 Genthe, Franz: Die preußischen Oberjägermeister, in: Hohenzollern-Jahrbuch, 1906.
27 GStPK: BPH, Rep. 118, Nr. 2.
28 GStPK: BPH, Rep. 118, Nr. 427.
29 Ebenda.
30 GStPK: BPH, Rep. 118, Nr. 428.
31 BLHA: Rep. 15 B Oberförsterei Eberswalde, Nr. 32.
32 Ebenda.
33 Günther, Dr. R.: Allgemeine Geschichte der Handfeuerwaffen, Leipzig 1909.
34 GStPK: BPH, Rep. 118, Nr. 245.
35 GStPK: BPH, Rep. 118, Nr. 280.
36 GStPK: BPH, Rep. 118, Nr. 245.
37 GStPK: BPH, Rep. 118, Nr. 244.
38 GStPK: BPH, Rep. 118, Nr. 266.
39 GStPK: BPH, Rep. 118, Nr. 268.
40 GStPK: BPH, Rep. 118, Nr. 280.
41 GStPK: BPH, Rep. 118, Nr. 429.
42 BLHA: Rep. 15 C Grimnitz, Nr. 22.
43 BLHA: Rep. 2 A III F, Nr. 3671.
44 BLHA: Rep. 2 A III F, Nr. 92.
45 GStPK: BPH, Rep. 118, Nr. 446.
46 BLHA: Rep. 2 A III F, Nr. 94.
47 BLHA: Rep. 2 A III F, Nr. 3766.
48 Wild und Hund, 29. Jahrgang, Nr. 50, 14.12.1923.

Friedrich Wilhelm III. und die Jagd

1 Wiegeler, Paul: Wilhelm der Erste, Hellerau 1927.
2 Ebenda.
3 GStPK: BPH, Rep. 118, Nr. 455.
4 Die Metze ist ein altes Fruchtmaß: Ein Kubikmeter entsprach 291,11 pr. Metzen.
5 GStPK: BPH, Rep. 118, Nr. 455.
6 Ebenda.
7 BLHA: Rep. 2 A III F, Nr. 11855.
8 Wild und Hund, 1936, Nr. 56.
9 GStPK: BPH, Rep. 118, Nr. 441.
10 Ebenda.
11 Ebenda.
12 Ebenda.
13 GStPK: BPH, Rep. 118, Nr. 429.
14 Ebenda.
15 Ebenda.
16 Ebenda.
17 GStPK: BPH, Rep. 118, Nr. 430.
18 Ebenda.
19 Ebenda.
20 Ebenda.
21 GStPK: BPH, Rep. 118, Nr. 431.
22 GStPK: BPH, Rep. 118, Nr. 432.
23 GStPK: BPH, Rep. 118, Nr. 431.
24 GStPK: I. HA, Rep. 87 D, Nr. 4968.
25 GStPK: BPH, Rep. 118, Nr. 432.
26 GStPK: I. HA, Rep. 89 j. P., Nr. 31748.
27 GStPK: BPH, Rep. 50 L 1, Nr. 1 a.
28 Ebenda.
29 GStPK: BPH, Rep. 118, Nr. 465.
30 Ebenda.
31 GStPK: BPH, Rep. 118, Nr. 484.
32 GStPK: BPH, Rep. 118, Nr. 448.
33 GStPK: BPH, Rep. 118, Nr. 472.
34 Hier handelt es sich um die Jageneinteilung von 1822.
35 GStPK: BPH, Rep. 118, Nr. 439.
36 GStPK: BPH, Rep. 118, Nr. 472.
37 Ebenda.
38 Schneider, Louis: Aus meinem Leben, Bd. 3, 1875.
39 GStPK: BPH, Rep. 118, Nr. 13.
40 Ebenda.
41 Ebenda.
42 GStPK: BPH, Rep. 118, Nr. 2013.

Friedrich Wilhelm IV.

1 GStPK: I. HA, Rep. 89 j. P., Nr. 31748.
2 BLHA: Rep. 15 C Grimnitz, Nr. 22.
3 Ebenda.
4 Schmidt, Rudolf: Geschichte der Stadt Eberswalde, Bd. 2, 1941.
5 GStPK: BPH, Rep. 113, Nr. 1990.
6 GStPK: BPH, Rep. 118, Nr. 442.
7 GStPK: BPH, Rep. 113, Nr. 1990.
8 GStPK: BPH, Rep. 118, Nr. 448.
9 Ebenda.
10 GStPK: BPH, Rep. 118, Nr. 390.
11 GStPK: I. HA, Rep. 89, Nr. 3226.
12 Ein Sohn des Prinzen Karl und Neffe des Kaisers Wilhelm I.
13 GStPK: BPH, Rep. 118, Nr. 390.
14 Ebenda.
15 Ebenda.
16 GStPK: BPH, Rep. 50 J, Nr. 995 Fasz. 22.
17 Ebenda.
18 GStPK: BPH, Rep. 113, Nr. 1991.
19 GStPK: BPH, Rep. 118, Nr. 439.
20 GStPK: BPH, Rep. 118, Nr. 245.
21 GStPK: BPH, Rep. 118, Nr. 244.
22 GStPK: BPH, Rep. 118, Nr. 280.
23 GStPK: BPH, Rep. 118, Nr. 268.
24 BLHA: Rep. 2 A III F, Nr. 92.
25 BLHA: Rep. 2 A III F, Nr. 3651.

Wilhelm I. und seine Leidenschaft

1 GStPK: I. HA, Rep. 89, Nr. 3226.
2 Ebenda.
3 Damit sind Tiere gemeint, die kein Kalb setzen.
4 BLHA: Rep. 2 A III F, Nr. 3665.
5 Durch Teilung der Oberförsterei Groß Schönebeck entstand die Oberförsterei Pechteich mit Sitz in Groß Schönebeck.
6 GStPK: BPH, Rep. 118, Nr. 446.
7 GStPK: I. HA, Rep. 89, Nr. 3226.
8 BLHA: Rep. 2 A III F, Nr. 93.
9 Ebenda.
10 GStPK: BPH, Rep. 118, Nr. 144.
11 Ebenda.
12 BLHA: Rep. 2 A III F, Nr. 93.
13 BLHA: Rep. 2 A III F, Nr. 3666.
14 BLHA: Rep. 2 A III F, Nr. 3665.
15 BLHA: Rep. 2 A III F, Nr. 97.
16 GStPK: BPH, Rep. 118, Nr. 448.
17 GStPK: I. HA, Rep. 89, Nr. 3226.
18 Ebenda.
19 Ebenda.
20 Ebenda.
21 Ebenda.
22 Die Länge wurde mit 4.000 Ruten angegeben: Eine Rute entsprach 3,76 Metern.
23 GStPK: I. HA, Rep. 89, Nr. 3226.
24 BLHA: Rep. 2 A III F, Nr. 7971.
25 Ebenda.
26 BLHA: Rep. 2 A III F, Nr. 3746.
27 BLHA: Rep. 2 A III F, Nr. 93.
28 BLHA: Rep. 2 A III F, Nr. 3665.
29 BLHA: Rep. 2 A III F, Nr. 104.
30 BLHA: Rep. 2 A III F, Nr. 15276.
31 GStPK: BPH, Rep. 118, Nr. 15.
32 Die Mark zu 6,40 Euro gerechnet.
33 BLHA: 2 A III F, Nr. 3748.
34 Ebenda.
35 Ebenda.
36 Der Bär, XII. Jahrgang, 1886.
37 Zitiert aus der Chronik von Lanke, Teil 2 undatiert und ohne Angabe des Autors, vermutlich nach 1991.
38 Wiegeler, Paul: Wilhelm der Erste, Hellerau 1927.
39 BLHA: Rep. 15 C Grimnitz, Nr. 99.
40 GStPK: BPH, Rep. 118, Nr. 451.
41 Ebenda.
42 BLHA, Rep. 2 A III F, Nr. 106.
43 GStPK: BPH, Rep. 50 L 1, Nr. 1 a.
44 Steeger: Ortsgeschichte der Parochie Groß Schönebeck, Groß Schönebeck 1917.
45 GStPK: BPH, Rep. 118, Nr. 446.
46 BLHA: Rep. 15 C Pechteich, Nr. 26.
47 GStPK: BPH, Rep. 118, Nr. 448.
48 BLHA: Rep. 2 A III F, Nr. 93.
49 BLHA: 2 A III F, Nr. 13625.
50 GStPK: BPH, Rep. 113, Nr. 1832.
51 GStPK: BPH, Rep. 118, Nr. 390.
52 Wild und Hund, 29. Jahrgang, Nr. 47/48.
53 BLHA: 2 A III F, Nr. 95.
54 Ebenda.
55 BLHA: Rep. 15 C Pechteich, Nr. 27.
56 BLHA: Rep. 15 C Pechteich, Nr. 26.
57 GStPK: BPH, Rep. 118, Nr. 15.
58 BLHA: Rep. 2 A III F, Nr. 99.
59 BLHA: Rep. 15 C Pechteich, Nr. 27.
60 BLHA: Rep. 2 A III F, Nr. 104.
61 BLHA: Rep. 2 A III F, Nr. 96.

Wilhelm II. und seine Hirsche

1 Aus: Sammlung von Jagdtrophäen im Schloss Schwedt.
2 Archiv Suter.
3 GStPK: BPH, Rep. 118, Nr. 392.
4 Steeger: Ortsgeschichte der Parochie Groß Schönebeck, Groß Schönebeck 1917.
5 BLHA: Rep. 15 C Pechteich, Nr. 26.
6 GStPK: BPH, Rep. 118, Nr. 390.
7 BLHA: Rep. 2 A III F, Nr. 94.
8 BLHA: Rep. 2 A III F, Nr. 95.
9 GStPK: BPH, Rep. 118, Nr. 390.
10 BLHA: Rep. 2 A III F, Nr. 98.
11 Wild und Hund, 29. Jahrgang, Nr. 47/48.
12 Ebenda.
13 BLHA: Rep. 2 A III F, Nr. 98.
14 BLHA: Rep. 2 A III F, Nr. 3766.
15 BLHA: Rep. 15 C Pechteich, Nr. 27.
16 BLHA: Rep. 2 A III F, Nr. 106.
17 Ebenda.
18 Ebenda.
19 Ebenda.
20 BLHA: Rep. 2 A III F, Nr. 100.
21 Gautschi, Andreas: Wilhelm II. und das Waidwerk: Jagen und Jagden des letzten Deutschen Kaisers, Melsungen 2000.
22 Ebenda.
23 Wild und Hund, 29. Jahrgang, Nr. 50.
24 GStPK: BPH, Rep. 113, Nr. 2088.
25 GStPK: BPH, Rep. 113, Nr. 112.
26 GStPK: BPH, Rep. 113, Nr. 2088.
27 Wild und Hund, 29. Jahrgang, Nr. 49.
28 GStPK: BPH, Rep. 113, Nr. 2095.
29 GStPK: BPH, Rep. 113, Nr. 2100.
30 BLHA: Rep. 15 C Grimnitz, Nr. 22.
31 705 Scheffel, der Scheffel zu je 54,96 Liter gerechnet.
32 BLHA: Rep. 15 C Grimnitz, Nr. 99.
33 BLHA: Rep. 2 A III F, Nr. 93.
34 BLHA: Rep. 15 C Grimnitz, Nr. 98.
35 Ebenda.
36 BLHA: Rep. 2 A III F, Nr. 3665.
37 Ebenda.
38 Wild und Hund, 29. Jahrgang, Nr. 46, 16.11.1923.
39 BLHA: Rep. 2 A III F, Nr. 3762.
40 BLHA: Rep. 2 A III F, Nr. 3768.
41 Wild und Hund, 29. Jahrgang, Nr. 46, 16.11.1923.
42 BLHA: Rep. 2 A III F, Nr. 3767.
43 Ebenda.

44 Ebenda.
45 BLHA: Rep. 2 A III F, Nr. 102.
46 BLHA: Rep. 2 A III F, Nr. 116.
47 Ebenda.
48 Ebenda.
49 BLHA: Rep. 2 A III F, Nr. 117.
50 BLHA: Rep. 2 A III F, Nr. 3750.
51 BLHA: Rep. 2 A III F, Nr. 117.
52 BLHA: Rep. 2 A III F, Nr. 3751.
53 BLHA: Rep. 2 A III F, Nr. 119.
54 GStPK: BPH, Rep. 113, Nr. 2090.
55 BLHA: Rep. 2 A III F, Nr. 3768.
56 Wild und Hund, 29. Jahrgang, Nr. 51, 21.12.1923.
57 Archiv Suter.
58 BLHA: Rep. 2 A III F, Nr. 3766.
59 BLHA: Rep. 2 A III F, Nr. 3773.
60 BLHA: Rep. 2 A III F, Nr. 3752.
61 Ebenda.
62 BLHA: Rep. 2 A III F, Nr. 3773.
63 Ebenda.
64 GStPK: BPH, Rep. 113, Nr. 2094.
65 Ebenda.
66 Ebenda.
67 GStPK: BPH, Rep. 113, Nr. 2088.
68 Wild und Hund, 29. Jahrgang, Nr. 51, 21.12.1923.
69 GStPK: BPH, Rep. 113, Nr. 2088.
70 König, Wolfgang: Wilhelm II. und die Moderne, Paderborn 2007.
71 BLHA: Rep. 2 A III F, Nr. 7834.
72 Vereinsschrift für Forst-, Jagd- und Naturkunde, 2. Heft, Prag 1885/6.
73 BLHA: Rep. 2 A III F, Nr. 5237.
74 BLHA: Rep. 2 A III F, Nr. 8046.
75 BLHA: Rep. 2 A III F, Nr. 7835.
76 BLHA: Rep. 2 A III F, Nr. 7836.
77 BLHA: Rep. 15 B Oberförsterei Eberswalde, Nr. 32.
78 BLHA: Rep. 2 A III F, Nr. 3720.
79 Ebenda.
80 Ebenda.
81 BLHA: Rep. 2 A III F, Nr. 3725.
82 BLHA: Rep. 2 A III F, Nr. 3720.
83 BLHA: Rep. 2 A III F, Nr. 3724.
84 BLHA: Rep. 2 A III F, Nr. 3721.
85 BLHA: Rep. 2 A III F, Nr. 3726.
86 BLHA: Rep. 15 B Oberförsterei Eberswalde, Nr. 33.
87 BLHA: Rep. 2 A III F, Nr. 12511.
88 BLHA: Rep. 2 A III F, Nr. 7628.
89 BLHA: Rep. 2 A III F, Nr. 8116.
90 Ebenda.
91 Ebenda.
92 BLHA: Rep. 2 A III F, Nr. 3665.
93 BLHA: Rep. 2 A III F, Nr. 3748.
94 BLHA: Rep. 2 A III F, Nr. 3768.
95 BLHA: Rep. 2 A III F, Nr. 8116.
96 BLHA: Rep. 2 A III F, Nr. 3654.

Das Leben im Wald

1 BLHA: Rep. 15 C, Grimnitz, Nr. 22.
2 BLHA: Rep. 2 A III F, Nr. 7970.
3 Ebenda.
4 BLHA: Rep. 15 C, Grimnitz, Nr. 22.
5 BLHA: Rep. 2 A III F, Nr. 7970.
6 Ebenda.
7 GStPK: BPH, Rep. 113, Nr. 2717.
8 GStPK: I. HA, Rep. 89, Nr. 3226.
9 GStPK: BPH, Rep. 50 J, Nr. 995 Fasz. 22.
10 GStPK: BPH 50 J, Nr. 995, Fasz. 23.
11 GStPK: BPH, Rep. 113, Nr. 2717.
12 GStPK: BPH, Rep. 113, Nr. 2718.
13 GStPK: BPH, Rep. 113, Nr. 2719.
14 GStPK: BPH, Rep. 113, Nr. 2720 u. 2721.
15 GStPK: BPH, Rep. 113, Nr. 2087.
16 BLHA: Rep. 2 A III F, Nr. 7788.
17 GStPK: BPH, Rep. 118, Nr. 2085.
18 GStPK: BPH, Rep. 118, Nr. 15.
19 BLHA: Rep. 2 A III F, Nr. 108.
20 BLHA: Rep. 2 A III F, Nr. 7940.
21 Ebenda.
22 GStPK: BPH, Rep. 113, Nr. 2717.
23 GStPK: BPH, Rep. 113, Nr. 2090.
24 Archiv Schorfheide-Museum: Akte betreffend Hubertusstock.
25 GStPK: BPH, Rep. 113, Nr. 2089.
26 BLHA: Rep. 2 A III F, Nr. 7663.
27 BLHA: Rep. 2 A III F, Nr. 7663/1.
28 Archiv Schorfheide-Museum: Akte betreffend Hubertusstock.
29 GStPK: BPH, Rep. 113, Nr. 2085.
30 GStPK: I. HA, Rep. 90 A, Nr. 3647.
31 GStPK: BPH, Rep. 113, Nr. 2087.
32 GStPK: X. HA, Rep. 44 C, Nr. 222.
33 GStPK: BPH, Rep. 113, Nr. 2088.
34 Archiv Schorfheide-Museum: Akte betreffend Hubertusstock.
35 GStPK: BPH, Rep. 113, Nr. 2723.
36 Ebenda.
37 BLHA: AG Eberswalde, GB Grimnitz Forst, Bd. 2.
38 Archiv Suter: Berliner Tageblatt, 07.07.1931.
39 GStPK: BPH, Rep. 113, Nr. 3752.
40 Nach den Augenzeugenberichten der Fam. Raasch und Fildebrandt wiedergegeben.
41 GStPK: BPH, Rep. 113, Nr. 2091.
42 GStPK: BPH, Rep. 113, Nr. 2092.
43 GStPK: BPH, Rep. 113, Nr. 2087.
44 GStPK: BPH, Rep. 113, Nr. 1991.
45 GStPK: BPH, Rep. 113, Nr. 2088.
46 GStPK: BPH, Rep. 113, Nr. 1271.
47 GStPK: BPH, Rep. 113, Nr. 2086.
48 GStPK: BPH, Rep. 113, Nr. 2087.
49 GStPK: BPH, Rep. 113, Nr. 2007.
50 BLHA: Rep. 2 A III F, Nr. 96.
51 GStPK: BPH, Rep. 113, Nr. 2004.
52 GStPK: BPH, Rep. 113, Nr. 2088.

Glanz und Ende der Hofjagden

1 GStPK: I. HA, Rep. 100, Nr. 959/1.
2 BLHA: Rep. 2 A III F, Nr. 13640/1.
3 BLHA: Rep. 15 C, Reiersdorf Nr. 49.
4 GStPK: BPH, Rep. 118, Nr. 15.
5 Jagdtrophäen des Kaisers Wilhelm II. im Schloss Schwedt, Museum Schwedt C 37.
6 Ebenda.
7 GStPK: I. HA, Rep. 89., Nr. 3225.
8 BLHA: Rep. 2 A III F, Nr. 102.
9 GStPK: I. HA, Rep. 89., Nr. 3225.
10 Wild und Hund, 29. Jahrgang, Nr. 51, 21.12.1923.
11 BLHA: Rep. 2 A III F, Nr. 7973.
12 GStPK: BPH, Rep. 118, Nr. 2086.
13 BLHA: Rep. 2 A III F, Nr. 7973.
14 Wild und Hund: 39. Jahrgang, Nr. 20, 19.5.1933.
15 BLHA: Rep. 2 A III F, Nr. 3768.
16 Ebenda.
17 Steeger: Ortsgeschichte der Parochie Groß Schönebeck, Groß Schönebeck 1917.
18 Jagdtrophäen des Kaisers Wilhelm II. im Schloss Schwedt, Museum Schwedt C 37; s.a. Wild und Hund, 1932, Nr. 25.
19 Wild und Hund, 1920, S. 786.

Dokumentationen

1 Archiv Suter: Abschätzungswerk der Oberförsterei Groß Schönebeck, 1847.
2 Archiv Amt f. Forstwirtschaft Eberswalde: Abschätzungswerk der Oberförsterei Groß Schönebeck, 1866.
3 Archiv Amt f. Forstwirtschaft Eberswalde: Abschätzungswerk der Oberförsterei Grimnitz, 1845.
4 Archiv Amt f. Forstwirtschaft Eberswalde: Abschätzungswerk der Oberförsterei Grimnitz, 1865/67.
5 Archiv Suter: Abschätzungswerk der Oberförsterei Zehdenick, 1840.
6 Archiv Amt f. Forstwirtschaft Eberswalde: Abschätzungswerk der Oberförsterei Groß Schönebeck, 1866.
7 BLHA: Rep. 15 C, Groß Schönebeck, Nr. 11.
8 Bezogen auf das Jahr 1800.
9 Archiv Amt f. Forstwirtschaft Eberswalde: Beschreibung, Taxation vom Pechteicher Forst, 1820.
10 BLHA: Rep. 2 A III F, Nr. 7642 (Flächenangabe), Angaben zum Viehbestand aus Hausendorff, Dr. E.: Aus der Geschichte des Forstamtes Grimnitz, Sonderdruck aus: Zeitschrift für Forst- und Jagdwesen.
11 Archiv Suter: Abschätzungswerk der Oberförsterei Zehdenick, 1841.
12 Der Nachweis ist nicht vollständig und enthält nur eine Auswahl.
13 BLHA: Rep. 2 A III F, Nr. 1194.
14 Ebenda.
15 BLHA: Rep. 2 A III F, Nr. 7622.
16 BLHA: Rep. 2 A III F, Nr. 7623.
17 GStPK: I. HA, Rep. 87D, Nr. 4660.
18 GStPK: I. HA, Rep. 87D, Nr. 4664.
19 GStPK: BPH, Rep. 118, Nr. 368.
20 Ebenda.
21 GStPK: BPH, Rep. 118, Nr. 388.
22 GStPK: BPH, Rep. 118, Nr. 437.
23 Ebenda.
24 GStPK: BPH, Rep. 118, Nr. 446.
25 BLHA: Rep. 2 A III F, Nr. 93.
26 Ebenda.
27 Grimnitz und Reiersdorf meldeten keine detaillierten Angaben.
28 BLHA: Rep. 2 A III F, Nr. 108.
29 BLHA: Rep. 2 A III F, Nr. 94.
30 BLHA: Rep. 2 A III F, Nr. 3768.
31 Ebenda.
32 Ebenda.
33 BLHA: Rep. 2 A III F, Nr. 3751.
34 Jagdtrophäen des Kaisers Wilhelm II. im Schloss Schwedt, Museum Schwedt C 37.
35 Archiv Suter: Abschätzungswerk der Oberförsterei Groß Schönebeck, 1847.
36 Archiv Amt f. Forstwirtschaft Eberswalde: Abschätzungswerk der Oberförsterei Grimnitz, 1845.
37 Archiv Suter: Abschätzungswerk der Oberförsterei Zehdenick, 1841.
38 Angabe nach Aussage von Herrn Dr. Bormeister, 21.11.2007, Zehdenick.
39 BLHA: Rep. 2 A III F, Nr. 2413 (Stand sicher bis 1915).
40 GStPK: BPH, Rep. 118, Nr. 448.
41 GStPK: I. HA, Rep. 89., Nr. 3217.
42 BLHA: Rep. 2 A III F, Nr. 93.
43 GStPK: I. HA, Rep. 89., Nr. 3218.
44 GStPK: I. HA, Rep. 89., Nr. 3217.
45 GStPK: I. HA, Rep. 89., Nr. 3219.

Tabellen

1 BLHA: Rep. 2 A III F, Nr. 3766.
2 GStPK: BPH, Rep. 118, Nr. 446.
3 BLHA: Rep. 15 C, Reiersdorf, Nr 63.
4 BLHA: Rep. 2 A III F, Nr. 3766.
5 BLHA: Rep. 15 C, Reiersdorf, Nr. 63.
6 Ebenda.
7 Ebenda.
8 Ebenda.
9 Ebenda.
10 BLHA: Rep. 15 C, Reiersdorf, Nr. 63.
11 Ebenda.
12 BLHA: Rep. 2 A III F, Nr. 103.

DANK

Der Autor dankt: Oberförster i. R. Joachim Bandau, Revierförster i. R. Hans Brandstäter, Dr. Burghard Ciesla, Dr. Andreas Gautschi, Wolfgang Gäbler (†), Jürgen Krüger, Landkreis Barnim Strukturentwicklungsamt, Michaela Kuntzsch, Revierförster Mayer-Giesecke, Waltraud Nowe, Viktor Schröder (†) und Gundela Suter für wertvolle Hinweise und freundliche Unterstützung.

ABBILDUNGSNACHWEIS

Archiv Huis Doorn 126/Umschlagseite vorne; **Archiv Nowe, Waltraut** 19l., 23, 118; **Archiv Schorfheide Museum e.V.** 74, 156, 162, 167, 171, 186; **Archiv Suter** 11, 19r., 21, 24, 25, 26, 27, 28, 29, 30, 31, 32, 49, 62, 79, 95, 101, 105, 106, 107, 108, 114, 116, 119, 121, 122, 125/Umschlagseite hinten links, 127, 137, 141, 142, 158, 166, 168, 169, 170/Umschlagseite hinten mitte, 179, 181; **Auktionshaus Thies** 184; **Berger, Arthur, Die Jagd aller Völker, Berlin 1928** 34, 37, 149, 151; **Blüchel, Kurt G., Die Jagd** 60; **Brandenburgisches Landeshauptarchiv** 14, 15, 16, 17, 18, 20, 22, 64, 66, 75, 89, 91, 92, 103, 104, 120, 131, 133, 134, 153, 164, 183; **Bundesarchiv** 123 (Bild 183-R15121), 174 (Bild 183-R28302); **Burckhardt, Thomas** 13; **Deutsches Jagd- und Fischereimuseum München** 93, 111, 113, 117, 175, 187/Umschlagseite hinten rechts; **Familienarchiv v. Minckwitz** 90; **Geheimes Staatsarchiv Preußischer Kulturbesitz** 43, 55, 56, 58, 61, 67, 68, 81, 82, 83, 85, 96, 98, 99, 112, 157, 159, 160, 161, 163, 165, 173l., 185; **Hochschulbibliothek der Hochschule für nachhaltige Entwicklung Eberswalde** 145; **Kreisarchiv Barnim** 72; **Nach einer Xerokopie aus dem Gästebuch von Gut Liebenberg** 173r.; **Sammlung Gäbler** 138; **Staatsbibliothek** 38; **Stiftung Huis Doorn** 115, 182; **ullstein bild** 52, 140; **Wikimedia (gemeinfrei)** 69; **Wild und Hund, 1913** 110